珍贵树种用地优化布局

以福建省为例

邢世和　周碧青　范协裕　著

中国农业科学技术出版社

图书在版编目（CIP）数据

珍贵树种用地优化布局：以福建省为例 / 邢世和，周碧青，范协裕著. --北京：中国农业科学技术出版社，2021.4

ISBN 978-7-5116-5237-9

Ⅰ.①珍… Ⅱ.①邢… ②周… ③范… Ⅲ.①珍贵树种—农业用地—布局—研究—福建 Ⅳ.①F321.1 ②F326.275.7

中国版本图书馆 CIP 数据核字（2021）第 049739 号

责任编辑　崔改泵　李　华
责任校对　马广洋
责任印制　姜义伟　王思文

出 版 者　中国农业科学技术出版社
　　　　　北京市中关村南大街12号　　邮编：100081
电　　话　（010）82109194（编辑室）　（010）82109702（发行部）
　　　　　（010）82109709（读者服务部）
传　　真　（010）82106650
网　　址　http: // www.CASTP.cn
经 销 者　各地新华书店
印 刷 者　北京地大彩印有限公司
开　　本　210 mm×285 mm　1/16
印　　张　19.25
字　　数　569千字
版　　次　2021年4月第1版　　2021年4月第1次印刷
定　　价　150.00元

内容提要

　　本书是基于适地适树理念和地理信息系统（GIS）与数学模型集成技术，利用福建省林地资源大数据开展省域珍贵树种用地适宜性及其优化布局系列研究成果汇编而成的专著。在分析福建省林地资源现状及其优劣势以及概述香樟等19种福建省主要珍贵树种形态特征及其立地条件要求的基础上，系统介绍了基于GIS与数学模型集成技术的珍贵树种用地适宜性评价以及基于GIS与"适地适树—集约经营—经济高效"理念的珍贵树种用地优化布局的技术方法，分析了福建省19种珍贵树种适宜用地的数量及其空间分布，揭示了福建省19种主要珍贵树种用地的质量（即适宜程度）及其空间分布规律；详细分析了福建省19种主要珍贵树种用地的空间优化布局；介绍了基于WebGIS技术的福建省主要珍贵树种用地优化布局信息管理系统的设计思路及其功能模块，为实现区域珍贵树种用地优化布局的信息化、动态化和可视化管理提供重要的信息化技术支撑。

　　本书可供自然资源、林业和生态环境保护行政部门管理人员、相关科研单位研究人员以及高等院校师生参考。

前　言

珍贵树种是地球上宝贵的种质资源，具有极高的经济、生态与社会价值。随着我国城镇化建设的高速发展以及人民生活水平的提高，人们对珍贵树种木材的需求量不断增加，使珍贵树种的发展前景日益广阔，而我国珍贵树种现有资源量严重匮乏，后备资源不足，难以满足社会经济发展对珍贵树种日益增长的需求。此外，珍贵树种发展也面临着诸如种植面积小、生长周期长、树种杂乱、林地资源利用不合理等一系列问题。因此，推动珍贵树种发展，调整和优化林地树种结构，优化珍贵树种用地的空间布局，对维护区域生态系统平衡、促进区域社会经济发展和保障生态安全等均具有重要的现实意义。

福建省地处亚热带，气候温暖湿润，雨量充沛，土层深厚，海拔高差大，地貌类型复杂多样，得天独厚的自然条件使得福建省成为许多珍贵树种的适生区。据资料统计，全省现有44种属于国家重点保护的珍贵树种，主要集中分布于闽北地区，而闽南较少。长期以来，由于人类觊觎珍贵树种的经济价值，乱砍滥伐、盗伐、肆意破坏时有发生，致使珍贵树种用地生态环境退化，物种自身繁殖更新困难，导致福建省现有珍贵树种资源日益稀少。为了科学调控不合理的林分结构、改善林地生态系统的生物多样性，实现经济、社会、生态综合效益的最大化，近年来，福建省坚持发展与保护并重原则，启动实施了珍贵树种种业创新与产业化工程项目，开展全省乡土珍贵树种建设专项调研，将珍贵树种纳入全省"十三五"林业规划，并实施乡土珍贵树种造林补助政策，同时将福建省珍贵树种名录由原来的40多种提高到70种，扩大了珍贵树种补助的范围。根据福建省珍贵树种种业创新与产业化工程项目的要求，全省应利用优越的气候条件和山地资源优先发展经济价值高的珍贵树种。由于不同的珍贵树种对气候、地形、土壤等立地条件具有选择性，相同珍贵树种在不同立地环境下生长也具有很大的差异性，故根据不同珍贵树种生长发育的立地要求，基于"适地适树—集约经营—经济高效"的理念科学安排和发展珍贵树种生产用地，是顺利实施珍贵树种产业化工程项目、科学调控不合理林分结构、改善全省林地生态系统生物多样性、提高林地经营的生态、社会和经济效益的关键。但是，由于福建省至今尚缺乏主要珍贵树种适宜用地的数量、质量及空间分布等基础性资料，导致全省在发展主要珍贵树种生产及其用地空间布局上存在一定程度的盲目性。为此，福建省土壤环境健康与调控重点实验室利用土地利用现状调查、水土流失调查、气象观测以及林地（或山地）土壤调查分析资料，根据福建省主要珍贵树种的生长习性以及立地条件要求，在探讨建立福建省主要珍贵树种用地适宜性评价因子及其指标体系的基础上，借助GIS与数学模型集成技术，开展福建省樟科、豆科、木兰科、壳斗科、桦木科和红豆杉科等19种主要珍贵树种用地适宜性评价，进而基于"适地适树—集约经营—经济高效"的理念开展福建省19种主要珍贵树种用地的空间优化布局，通过WebGIS软件的二次开发，研制福建省主要珍贵树种用地优化布局信息管理系统，不仅可为福建省发展主要珍贵树种用地生产及科学布局提供决策依据，而且可为科学调整福建省不合理的林分结构、改善林地生态系统的生物多样性、促进森林生态系统平衡、实现林地可持续经营和经济、社会、生态效益的最大化提供信息化管理技术支撑。

本项目研究得到福建省林业局、自然资源厅、气象局以及各设区市和县（市、区）林业局等相关部门领导的高度重视和大力支持，本专著撰写过程中还引用了国内外部分学者的相关研究资料，在此谨向有关部门领导和作者表示衷心的感谢。本专著第一章和第二章由周碧青正高级实验师执笔，第十章由范协裕副教授执笔，其他章节均由邢世和教授执笔，图件由游碧君编制，参与编写工作的还有张黎明、毛艳铃、邱龙霞、陈瀚阅和龙军等，全书由邢世和教授负责统稿。此外，与作者共同开展珍贵树种用地优化布局系列研究的还有游碧君、齐义、郑巧丽、翁青青等硕士研究生，故本专著的撰写和出版也有他们的贡献。

由于本书撰写时间较仓促，书中不妥和错误之处在所难免，热忱希望广大读者批评指正。

邢世和

2020年9月于福州

目　录

第一章　福建林地资源现状与优劣势分析

林地是森林生长的重要基础，林地与森林之间通过物质与能量的相互交换，共同构成陆地生态系统的主体，是人类赖以生存的重要的自然资源和环境条件。区域林地资源的数量及其质量状况，对改善区域生态环境、维护生态系统平衡起着决定性的作用，同时对区域社会和经济可持续发展具有极其重要的战略意义。林地是由气候、土壤、地形、地貌和生物等因素构成的自然综合体，由于构成因素的不同，致使自然界中不同区域林地的立地条件、质量、生产力、适宜用途和价值等千差万别，不同的林地资源利用方式各异，而同一块林地资源也可以有不同的利用方式，但利用结果却各不相同，不适宜的利用方式会严重破坏林地的质量和生产力，而适宜的利用方式则可以促进林地资源的高效、持续利用。因此，开展区域林地资源调查，摸清区域宜林地资源的数量、空间分布及其优劣势，对于合理开发利用区域林地资源，加强林地资源的科学管理和利用规划，促进区域生态环境的改善和林业的可持续发展等均具有十分重要的现实意义。

第一节　福建林地资源现状分析

一、林地资源数量及其分布

根据福建省土地利用现状变更调查结果（表1-1、图1-1），2018年福建省林地资源总面积为8 323 980.66hm²，占全省土地总面积的67.15%，主要分布于南平、三明、龙岩和宁德等设区市（图1-2），合计面积达6 240 021.57hm²，占全省林地资源总面积的74.97%。可见，福建省林地资源主要分布于中亚热带的闽东、闽中、闽北和闽西地区。

从各设区市的林地资源面积分布来看（表1-1），福州市林地资源主要分布于永泰、闽侯、闽清、罗源、连江和福清等县（市），合计面积达609 331.81hm²，占福州市林地资源总面积的88.77%；厦门市林地资源主要分布于同安、集美和翔安区，合计面积达42 325.01hm²，占厦门市林地资源总面积的86.00%；莆田市林地资源主要分布于仙游、涵江和城厢等县（区），合计面积达177 132.33hm²，占莆田市林地资源总面积的95.34%；三明市林地资源主要分布于尤溪、永安、将乐、宁化、大田、清流和明溪等县（市），合计面积达1 351 581.13hm²，占三明市林地资源总面积的73.91%；泉州市林地资源主要分布于德化、安溪、永春和南安等县（市），合计面积达510 159.88hm²，占泉州市林地资源总面积的90.94%；漳州市林地资源主要分布于南靖、平和、华安、漳浦和诏安等县，合计面积达463 931.32hm²，占漳州市林地资源总面积的78.26%；南平市林地资源主要分布于建瓯、建阳、浦城、邵武、武夷山、延平和光泽等县（市、区），合计面积达1 677 229.07hm²，占南平市林地资源总面积的82.34%；龙岩市林地资源主要分布于长汀、漳平、上杭、连城、新罗和武平等县（市、区），合计面积达1 359 656.38hm²，占龙岩市林地资源总面积的89.46%；宁德市林地资源主要分布于古田、屏南、福安、寿宁、蕉城和霞浦等县（市、区），合计面积达654 311.71hm²，占宁德市林地资源总面积的76.57%。

二、林地资源利用类型及其分布

根据福建省土地利用现状变更调查结果（表1-1、图1-1），2018年福建省林地资源利用类型包括有林地、灌木林地和其他林地，分别占全省林地总面积的88.83%、1.64%和9.53%，表明福建省林地以有林地为主，其次是其他林地。全省有林地主要分布于南平、三明、龙岩和宁德等设区市，合计面积达5 623 307.55hm²，占全省有林地总面积的76.05%（图1-3）；福建省灌木林地主要分布于宁德、福州、南平、漳州和龙岩等设区市，合计面积达114 215.28hm²，占全省灌木林地总面积的83.80%（图1-4）；全省其他林地主要分布于南平、三明、龙岩、宁德、漳州和福州等设区市，合计面积达686 808.62hm²，占全省其他林地总面积的86.53%（图1-5）。

表1-1　2018年福建省林地利用现状面积

行政区	林地面积合计（hm²）	各类型林地面积（hm²）		
		有林地	灌木林地	其他林地
鼓楼区	354.69	352.68	0.22	1.79
台江区	0.00	0.00	0.00	0.00
仓山区	816.82	702.02	11.86	102.94
马尾区	13 453.58	11 917.25	146.47	1 389.86
晋安区	39 882.73	36 321.65	401.29	3 159.79
长乐区	22 608.79	19 142.32	3 120.24	346.23
闽侯县	133 290.24	114 782.90	2 848.27	15 659.07
连江县	66 635.56	50 856.40	9 214.38	6 564.78
罗源县	74 433.08	60 146.46	351.11	13 935.51
闽清县	108 647.12	89 174.43	2 793	16 679.69
永泰县	168 937.86	159 414.43	329.26	9 194.17
福清市	57 387.95	47 353.81	2 580.12	7 454.02
思明区	2 000.17	1 842.44	8.99	148.74
海沧区	4 598.21	4 357.45	47.87	192.89
湖里区	289.29	252.92	0.00	36.37
集美区	7 109.41	6 843.64	93.08	172.69
同安区	27 240.12	24 212.31	1 175.64	1 852.17
翔安区	7 975.48	7 258.65	229.65	487.18
城厢区	19 824.07	16 119.00	26.93	3 678.14
涵江区	39 213.20	34 906.73	881.46	3 425.01
荔城区	3 948.99	3 331.78	22.23	594.98
秀屿区	4 699.54	3 106.92	843.44	749.18
仙游县	118 095.06	96 141.43	3 991.25	17 962.38

（续表）

行政区	林地面积合计（hm²）	各类型林地面积（hm²）		
		有林地	灌木林地	其他林地
梅列区	26 544.74	24 557.94	97.60	1 889.20
三元区	63 766.41	59 820.99	286.93	3 658.49
明溪县	147 548.30	137 411.68	779.32	9 357.30
清流县	150 989.54	140 289.71	1 139.81	9 560.02
宁化县	180 712.25	170 363.73	120.23	10 228.29
大田县	167 045.68	137 752.43	977.54	28 315.71
尤溪县	268 036.82	243 510.27	20.91	24 505.64
沙县	138 939.13	126 273.52	16.54	12 649.07
将乐县	193 952.54	183 435.40	780.00	9 737.14
泰宁县	119 582.61	107 568.39	2 253.81	9 760.41
建宁县	128 343.49	124 809.07	1 365.52	2 168.90
永安市	243 296	235 608.83	1 259.96	6 427.21
鲤城区	609.61	556.23	8.80	44.58
丰泽区	2 191.57	2 101.43	28.06	62.08
洛江区	20 490.94	16 734.40	208.69	3 547.85
泉港区	9 073.62	7 808.76	106.69	1 158.17
惠安县	12 908.81	11 719.28	182.33	1 007.20
安溪县	158 432.83	127 902.60	314.68	30 215.55
永春县	82 336.83	73 021.02	312.94	9 002.87
德化县	176 050.02	165 360.95	586.88	10 102.19
金门市	0.00	0.00	0.00	0.00
石狮市	1 419.17	1 261.61	54.92	102.64
晋江市	4 155.89	3 688.99	29.35	437.55
南安市	93 340.20	70 065.15	2 458.13	20 816.92
芗城区	3 273.03	3 187.72	1.71	83.60
龙文区	1 503.44	589.54	2.30	911.60
云霄县	40 836.55	30 214.91	656.56	9 965.08
漳浦县	62 196.14	43 049.68	1 747.58	17 398.88
诏安县	51 838.89	40 627.69	1 535.60	9 675.60
长泰县	47 808.37	38 532.66	2 288.88	6 986.83
东山县	4 284.70	3 547.97	95.41	641.32
南靖县	135 758.28	126 272.13	749.63	8 736.52

（续表）

行政区	林地面积合计（hm²）	各类型林地面积（hm²）		
		有林地	灌木林地	其他林地
平和县	128 031.12	105 271.73	2 769.16	19 990.23
华安县	86 106.89	81 063.01	108.20	4 935.68
龙海市	31 190.26	23 346.65	2 167.01	5 676.60
延平区	209 704.88	195 034.11	766.62	13 904.15
顺昌县	156 273.33	129 997.28	2 736.19	23 539.86
浦城县	269 171.82	250 638.91	2 507.67	16 025.24
光泽县	188 373.40	173 199.41	1 039.18	14 134.81
松溪县	79 064.03	72 102.98	1 956.79	5 004.26
政和县	124 367.97	117 033.71	4 020.98	3 313.28
邵武市	232 319.11	209 775.74	1 034.47	21 508.90
武夷山市	223 645.38	210 661.28	305.99	12 678.11
建瓯市	282 502.31	251 427.84	4 721.81	26 352.66
建阳区	271 512.17	259 093.62	1 471.99	10 946.56
新罗区	215 694.42	199 382.33	1 320	14 992.09
长汀县	249 429.91	212 925.75	752.05	35 752.11
永定区	160 141.76	148 428.05	981.20	10 732.51
上杭县	219 480.13	205 124.72	616.71	13 738.70
武平县	211 994.83	191 259.15	627.46	20 108.22
连城县	216 190.04	198 314.73	2 023.51	15 851.80
漳平市	246 867.05	223 287.28	5 004	18 575.77
蕉城区	93 572.34	84 838.97	741.81	7 991.56
霞浦县	90 288.98	69 275.08	7 186.29	13 827.61
古田县	164 354.87	107 106.74	22 747.89	34 500.24
屏南县	108 252.69	99 273.26	1 826.86	7 152.57
寿宁县	96 846.04	71 819.69	1 582.24	23 444.11
周宁县	76 881.79	59 526.61	6 176.81	11 178.37
柘荣县	38 516.15	33 231.44	956.75	4 327.96
福安市	100 996.79	85 574.27	3 925.08	11 497.44
福鼎市	84 821.87	73 572.64	3 266.67	7 982.56
平潭实验区*	8 679.97	6 189.93	1 365.48	1 124.56
福建省	8 323 980.66	7 393 959.21	136 290.94	793 730.51

*平潭实验区是平潭综合实验区的简称，全书用简称。

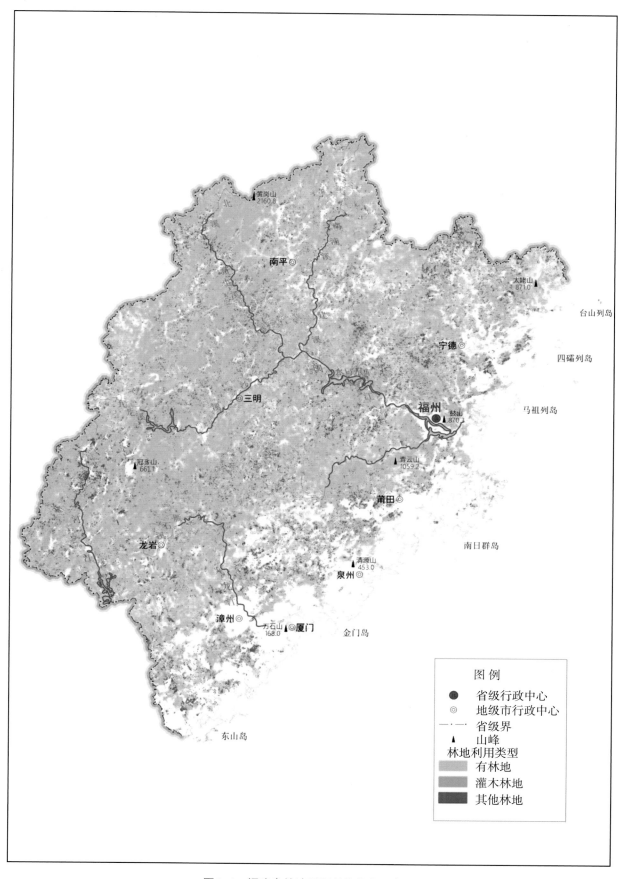

图1-1　福建省林地利用现状分布示意图

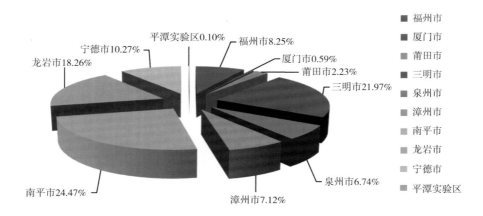

图1-2 福建省设区市林地面积比例

　　从各设区市的林地利用类型面积分布来看（表1-1），福州市的有林地主要分布于永泰、闽侯、闽清、罗源、连江和福清等县（市），合计面积达521 728.43hm²，占全市有林地总面积的88.40%；灌木林地主要分布于连江、长乐、闽侯、闽清和福清等县（市、区），合计面积达20 556.01hm²，占全市灌木林地总面积的94.31%；其他林地主要分布于闽清、闽侯、罗源和永泰等县，合计面积为55 468.44hm²，占全市其他林地总面积的74.47%。厦门市的有林地主要分布于同安、翔安、集美和海沧区，合计面积达42 672.05hm²，占全市有林地总面积的95.32%；灌木林地主要分布于同安区，面积达1 175.64hm²，占全市灌木林地总面积的75.59%；其他林地主要分布于同

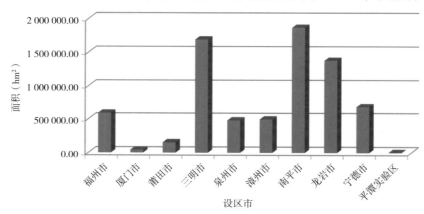

图1-3 福建省设区市有林地面积

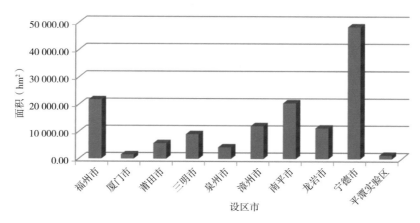

图1-4 福建省设区市灌木林地面积

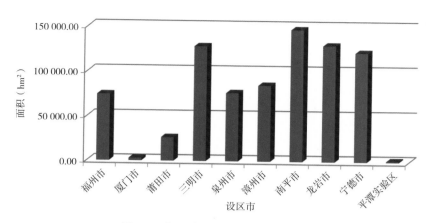

图1-5　福建省设区市其他林地面积

安和翔安区，合计面积为2 339.35hm²，占全市其他林地总面积的80.95%。莆田市的有林地主要分布于仙游和涵江等县（区），合计面积达131 048.16hm²，占全市有林地总面积的85.31%；灌木林地主要分布于仙游县，面积达3 991.25hm²，占全市灌木林地总面积的69.23%；其他林地主要分布于仙游、城厢和涵江等县（区），合计面积为25 065.53hm²，占全市其他林地总面积的94.91%。三明市的有林地主要分布于尤溪、永安、将乐、宁化、清流、明溪和大田等县（市），合计面积达1 248 372.05hm²，占全市有林地总面积的73.81%；灌木林地主要分布于泰宁、建宁、永安、清流和大田等县（市），合计面积达6 996.64hm²，占全市灌木林地总面积的76.90%；其他林地主要分布于大田、尤溪、沙县、宁化、泰宁、将乐、清流和明溪等县，合计面积为114 113.58hm²，占全市其他林地总面积的88.97%。泉州市的有林地主要分布于德化、安溪、永春和南安等县（市），合计面积达436 349.72hm²，占全市有林地总面积的90.86%；灌木林地主要分布于南安、德化、安溪和永春等县（市），合计面积达3 672.63hm²，占全市灌木林地总面积的85.58%；其他林地主要分布于安溪、南安、德化和永春等县（市），合计面积为70 137.53hm²，占全市其他林地总面积的91.69%。漳州市的有林地主要分布于南靖、平和、华安、漳浦和诏安等县，合计面积达396 284.24hm²，占全市有林地总面积的79.94%；灌木林地主要分布于平和、长泰、龙海、漳浦和诏安等县（市），合计面积达10 508.23hm²，占全市灌木林地总面积的86.69%；其他林地主要分布于平和、漳浦、云霄、诏安、南靖和长泰等县，合计面积为72 753.14hm²，占全市其他林地总面积的85.59%。南平市的有林地主要分布于建阳、建瓯、浦城、武夷山、邵武、延平和光泽等县（市、区），合计面积达1 549 830.91hm²，占全市有林地总面积的82.92%；灌木林地主要分布于建瓯、政和、顺昌、浦城、松溪和建阳等县（市），合计面积达17 415.43hm²，占全市灌木林地总面积的84.70%；其他林地主要分布于建瓯、顺昌、邵武、浦城、光泽、延平和武夷山等县（市、区），合计面积为128 143.73hm²，占全市其他林地总面积的86.93%。龙岩市的有林地主要分布于漳平、长汀、上杭、新罗、连城和武平等县（市、区），合计面积达1 230 293.96hm²，占全市有林地总面积的89.23%；灌木林地主要分布于漳平、连城、新罗、永定和长汀等县（市、区），合计面积达10 080.76hm²，占全市灌木林地总面积的89.01%；其他林地主要分布于长汀、武平、漳平、连城和新罗等县（市、区），合计面积为105 279.99hm²，占全市其他林地总面积的81.14%。宁德市的有林地主要分布于古田、屏南、福安、蕉城、福鼎、寿宁和霞浦等县（市、区），合计面积达591 460.65hm²，占全市有林地总面积的86.44%；灌木林地主要分布于古田、霞浦、周宁、福安和福鼎等县（市），合计面积达43 302.74hm²，占全市灌木林地总面积的89.45%；其他林地主要分布于古田、寿宁、霞浦、福安和周宁等县（市），合计面积为9 447.77hm²，占全市其他林地总面积的77.48%。平潭实验区的有林地总面积较少。

第二节 福建林地资源优劣势分析

一、林地资源优势分析

（一）林地资源较为丰富，森林覆盖率高

根据福建省土地利用现状调查结果，2018年全省林地资源总面积达8 323 980.66hm²，人均林地面积达0.211hm²/人，为2018年全国人均林地面积（0.182hm²/人）的1.16倍。其中南平、三明、龙岩和宁德市的林地资源尤为丰富，人均林地面积分别高达0.766、0.717、0.578和0.296hm²/人，分别为全国人均林地面积的4.21倍、3.94倍、3.18倍和1.63倍。

根据国家林业局审定的第八次全国森林资源清查结果（福建省森林资源管理总站，2014），福建省森林覆盖率达65.95%，仅次于中国台湾和中国香港地区，连续36年保持中国内地第一。全省活立木总蓄积量达4.96亿m³，林分蓄积量达4.44亿m³。全省天然林面积为329.80万hm²，天然林蓄积量为2.63亿m³；人工林面积达234.07万hm²，人工林蓄积量达1.80亿m³，竹林面积达88.53万hm²，经济林面积达112.60万hm²。

（二）光温水条件优越，林地生产力较高

福建省属亚热带海洋性季风气候，全省年均太阳辐射量（427～532）×10³J/cm²，年日照时数为1 700～2 300h；东南沿海地区日照时数为2 000～2 300h，西北内陆地区为1 800～20 060h，山区为1 700～1 800h。全省年均气温14.6～21.3℃，≥10℃活动积温5 000～7 800℃，无霜期235～365d；南亚热带地区年均气温19.5～21.2℃，≥10℃活动积温6 500～7 800℃，无霜期350d以上；中亚热带地区年均气温17.5～20.3℃，≥10℃活动积温5 000～6 500℃，无霜期260～300d。全省年均降水量1 000～2 100mm，其中80%的区域年均降水量在1 500～2 100mm，闽东南沿海地区年均降水量1 000～1 700mm，闽西北地区则高达1 700～2 000mm。全省光温水条件总体呈现湿热同季、热量丰富、雨水充沛、日照充足等特点，为林木生长发育提供了优越的光温水条件。

福建省林地生产力估测结果表明（邢世和等，2006），全省林地生产力介于262.2～2 100.6g/（m²·年），均值为1 592.4g/（m²·年）。全省林地低生产力区面积仅占林地总面积的0.20%，生产力介于262.00～916.00g/（m²·年），均值为608.93g/（m²·年），主要分布于泰宁、清流、延平、古田、顺昌、南安、莆田、周宁、沙县和永安等10个县（市、区），合计占全省林地低生产力区总面积的73.36%。全省林地中生产力区占林地总面积的23.54%，生产力介于917.00～1 500.00g/（m²·年），均值为1 365.54g/（m²·年），主要分布于闽北地区的浦城、政和、光泽、武夷山、建瓯、建阳和邵武；闽中地区的德化、泰宁、尤溪和将乐；闽东地区的古田、屏南、周宁、霞浦和寿宁；闽南地区的安溪和永春以及闽西地区的建宁等19个县（市、区），合计占全省林地中生产力区总面积的63.85%。全省林地高生产力区占林地总面积的76.26%，生产力介于1 501.00～2 100.00g/（m²·年），均值为1 662.15g/（m²·年），主要分布于闽北地区的建瓯、建阳、延平、邵武、浦城、武夷山、顺昌和光泽；闽西地区的漳平、长汀、新罗、上杭、武平、连城和永定；闽中地区的尤溪、永安、大田、永泰、将乐、宁化、沙县、明溪、清流和闽侯以及闽南地区的平和及南靖等27个县（市、区），合计占全省林地高生产力区总面积的71.51%。可见，福建省林地生产力较高，以高、中生产力区占绝对优势，合计占全省林地总面积的99.80%。

（三）林地植被群落类型多样，适生木本植物种类繁多

福建省林地原生植被群落类型主要包括南亚热带雨林、中亚热带常绿阔叶林、常绿针阔混交林、常绿针叶林和灌丛群落等。南亚热带雨林主要分布于闽东南沿海地区的丘陵台地，受人类频繁活动的影响，原生植被已破坏殆尽，目前仅存的、发育成熟的南亚热带雨林植被位于南靖县境内的和溪乐土"风水林"，其主要树种构成包括华南栲树、卡尔锥栗、米槠、乌来石栎、大叶赤楠、杜英、黄楣和茜草树等；该区现有植被均为次生和人工植被，主要是旱生性稀疏马尾松幼林、乌桕、苦楝、相思树、榕树、桉树、无患子、荔枝、龙眼、枇杷、杧果、柑橘和柚子等。中亚热带常绿阔叶林主要分布于闽西南、闽中、闽东北、闽西北及闽东南中低山地区，主要树种有青冈栎、栲树、甜槠、苦槠、黄楣、猴喜欢、大叶锥栗、细柄阿丁枫、华杜英和罗浮栲等；该区现有植被也均为次生和人工植被，主要有马尾松、杉木、毛竹、柑橘、油茶、桃、柿、板栗、油茶和油桐等。常绿针阔混交林呈零星状分布于海拔1 300m以下的丘陵山地区，主要树种包括马尾松、油杉、红豆杉、福建柏、木荷、甜槠、青冈栎、枫香和杨梅等。常绿针叶林种类不多，多属常绿乔木，主要树种有马尾松、杉木、油杉、柳杉、山刺柏、福建柏、铁杉、三尖杉、红豆杉、穗花杉、黄山松和竹柏等，其中以马尾松和杉木分布最广，是福建省最主要的次生林树种。灌丛群落多属过渡性次生林，种类繁杂，主要分布于村落附近和人类活动频繁的丘陵山地区；沿海丘陵低山区灌丛群落多为喜热阳性旱生树种（如桃金娘、车桑子、岗松、豺皮樟、黄瑞木、山芝麻、黄楣子、石斑木等）；两大山带丘陵区灌丛群落多属耐寒阳性植物，以檵木、柃木、乌饭、杜鹃、马醉木、乌药、黄瑞木、南烛、石斑木和毛冬青等为主；中山区灌丛群落多属落叶性灌木，主要有白栎、圆锥八仙花、山胡椒、杜鹃和吊钟花等。

据调查统计，全省林地有高等植物4 703种，占全国高等植物种类的15.7%；有木本植物1 943种（含变种153种），分属142科、543属，约占全国木本植物科的81%、属的55%、种的39%。其中，裸子植物有9科、31属、61种和2变种，以中国特有的马尾松为主，海拔1 000m以上出现黄山松；杉木广布全省，还有柳杉、福建柏、油杉等，是构成常绿针叶林的主要成分。被子植物以壳斗科和樟科种类最多，其中许多种类是省内森林植被的建群种、优势种或主要树种，金缕梅科、山茶科、茜草科、木兰科、蝶形花科、苏木科、含羞草科、桑科、大戟科、紫金牛科、山矾科、五加科、蔷薇科、桃金娘科、芸香科、野牡丹科、杜英科、安息香科、山龙眼科、夹竹桃科、石楠科等与森林植被的组成关系较为密切；全省壳斗科有6属、60种，樟科有12属、66种、9变种和1变型，木兰科有9属、35种，金缕梅科有11属、20种、6变种，桑科有8属、40种，蝶形花科、苏木科和含羞草科等也有一定的种类分布。

二、林地资源劣势分析

（一）森林结构不尽合理，森林资源总体质量不高

福建省处于我国东部湿润森林区，原生森林植被为南亚热带季雨林和中亚热带常绿阔叶林，但由于长期受人为活动的影响，原生森林植被已破坏殆尽，现有植被多为人工次生林，全省森林的林种结构、林龄结构和林分结构不甚合理。据第八次全国森林资源调查结果（福建省森林资源管理总站，2014），全省现有森林林种结构中用材林、经济林、防护林、薪炭林和特用林分别占58.63%、10.96%、24.38%、0.48%和5.55%，用材林比例偏大，而防护林比例偏小。全省用材林的林龄结构中近熟和过熟林面积、蓄积量比重仅分别占18.84%、28.39%，而中龄和幼龄林面积、蓄积量比重则分别高达81.16%、71.61%，中幼龄林面积是近熟、过熟林面积的4.31倍，林分平均蓄积量比全国平均水平低6.3m³/hm²，可伐森林资源量较少；乔木林中树种和林分结构较单一，针叶、阔叶和针阔混交林的面积之比为44∶43∶13，人工乔木林的针叶、阔叶和针阔混交林的面积之比

为70：18：12，表现为单纯林多、混交林少，针叶林多、阔叶林少，杉木和马尾松林多、其他树种少；全省乔木林单位面积蓄积量、年平均生长量分别为100.20m³/hm²和7.45m³/hm²，低于林业发达国家的平均水平；乔木林平均胸径仅12.4cm，人工林蓄积量仅为89.44m³/hm²；林龄结构不尽合理，中幼林比例较大，乔木林郁闭度均值为0.62，郁闭度低、中、高等级面积比为11：42：47，人工林平均郁闭度较低，均值为0.59，郁闭度低、中、高等级面积比为17：42：41，林分郁闭度为0.2～0.4的低产林面积占全省林分总面积的35.25%。此外，近年来人工造林缺乏适地适树，造林树种单一、结构不合理，杉木多代连栽面积较大，森林经营的集约度较低，从而导致全省森林资源总体质量不高，森林生态系统结构、功能脆弱，生物多样性不丰富。

（二）林地资源开发利用不尽合理，后备林地资源数量有限

根据第八次全国森林资源清查结果（福建省森林资源管理总站，2014），清查间隔5年内全省林地转为非林地面积较第七次清查有所增加，面积达6.01万hm²，其中建设用地占用林地面积达4.57万hm²，年均占用林地面积达0.91万hm²，局部区域非法占用林地问题较突出。在森林资源开发利用和林地更新上，仍多采用皆伐炼山的利用方式，大量的研究结果表明，皆伐炼山是导致人工次生林林地水土流失、肥力衰退的主要原因。据最新的水土流失调查结果，福建省水土流失总面积达1 085 847hm²，占全省土地总面积的8.87%。其中，轻度流失面积597 963.00hm²，占全省水土流失总面积的55.07%；中度流失面积283 786.00hm²，占全省水土流失总面积的26.13%；强烈流失面积144 643.00hm²，占全省水土流失总面积的13.32%；极强烈流失面积36 984.00hm²，占全省水土流失总面积的3.41%；剧烈流失面积22 471.00hm²，占全省水土流失总面积的2.07%。全省林地利用以针叶林多代连栽为主，随着栽植代数的增加，土壤矿质养分失衡，参与土壤中各类物质转化作用的土壤酶（如转化酶、脲酶、磷酸酶和过氧化物酶等）活性明显下降，林地土壤肥力明显衰退，杉木林平均生物量、林分生物量及林分净生产力均呈逐代下降趋势。此外，由于林木对矿质养分存在着选择性吸收，连作的结果还会引起土壤微量元素（如硼、锌等）的缺乏，导致矿质养分的比例失调。全省现有适宜开发的后备林地面积12.04万hm²，不仅数量十分有限，而且质量较差，91.8%的后备林地属于坡度较大的荒山荒地，造林难度很大。

（三）防护林总体质量不高，林分老化

福建省海岸线曲折绵亘，全省大陆海岸线3 324km，乡级以上岛屿岸线532.6km，重视和加强全省沿海防护林体系建设，对于防灾减灾、改善沿海地区生态环境、促进社会经济可持续发展等均具有极其重要的作用。但是，全省现有沿海防护林总体质量不高，主要存在以下几方面问题：一是沿海防护林结构不合理，存在树种类型单一、结构简单、纯林多而混交林少等问题。全省沿海防护林带的树种主要为木麻黄纯林，水土保持林、水源涵养林树种主要为马尾松，树种单一，层次结构简单；防护林带的林分蓄积量仅为14.36m³/hm²，林分生态系统稳定性差，防护功能不强。二是沿海防护林带老化、断带、变窄。由于沿海防护林基干林带多营造于20世纪50—60年代，目前大多进入成熟、过熟林老化阶段，树冠稀疏平顶，枯枝断梢普遍，现有基干林带木麻黄进入防护衰老期而亟需更新的面积占基干林带木麻黄总面积的42%（黄义雄，2013）；此外，现有农田防护林和护岸林被伐被占，残缺不全，非农建设盲目征占沿海防护林林地，致使防护林林带、林网遭到破坏，全省沿海防护基干林带老化、断带、农田防护林网变窄现象十分严重，林带平均宽度不足50m，显著削弱了沿海防护林的功能。三是沿海防护林带抗病、抗逆性差，病虫害频繁发生，松树的病虫害尤为严重。四是沿海防护林体系建设难度大，主要表现为基干林带合拢难、用地难和更新难。由于上述种种问题，致使全省沿海防护林总体质量不高，防御风害的能力不强。

第二章　福建主要珍贵树种概述

珍贵树种是陆地生态系统生物多样性的重要组成部分，是珍贵的自然资源，具有极高的生态和经济价值。福建省地处东南沿海，属亚热带季风气候，气候温和，雨量充沛，适合多种珍贵树种生长发育，具有发展珍贵树种得天独厚的优越自然条件。根据原福建省林业厅先后两批公布的珍贵栽培树种参考名录，福建省主要栽培的珍贵树种包括香樟、铁刀木等70种，其中属于国家重点保护的珍贵树种44种。本章主要通过查阅相关文献资料，重点介绍香樟、沉水樟、花榈木、红豆树、降香黄檀、厚朴、鹅掌楸、观光木、深山含笑、福建含笑、乳源木莲、锥栗、红锥、吊皮锥、光皮桦、西南桦、南方红豆杉、香榧等19种主要珍贵种树的形态特征和立地条件，为这些珍贵树种用地适宜性评价因子及其指标体系的建立奠定科学理论基础。

第一节　樟科主要珍贵树种与立地条件

一、闽楠

（一）形态特征

闽楠［*Phoebe bournei*（Hemsl.）Yang］俗称楠木，是中国特有的珍贵树种，系国家二级珍稀渐危树种。闽楠属常绿大乔木，树高可达20m，胸径可达2.5m，树干端直，树冠浓密，树皮为淡黄色，呈片状剥落。小枝有柔毛或近无毛，冬芽被有灰褐色的柔毛。树叶呈革质、披针形或倒披针形。圆锥花序生于新枝中下部叶腋，紧缩不开展，被毛。果实呈椭圆形或长圆形，花期4月，果期10—11月（引自360百科）。

（二）立地条件

闽楠为亚热带常绿阔叶树种，适宜生长在气候温暖湿润、云雾较多、相对湿度大、土壤肥沃的地方。闽楠生长发育的年均温适宜范围为16.45～20.55℃，最高月均温适宜范围为26.56～30.04℃，最低月均温适宜范围为4.88～10.55℃，极端低温范围为−1.96～0.23℃，年降水量均值为1 505.65mm，要求土层深厚、腐殖质较高、排水良好、土质疏松、pH值为中性或微酸性的壤土或砂壤土。闽楠常见散生于海拔1 000m以下沟谷、山洼、山坡下部及河边台地的天然杂木林中（陈存及等，2000；葛永金等，2012；陈淑容，2010；刘志雄，2011）。

二、香樟

（一）形态特征

香樟（*Cinnamomum bodinieri*）属常绿大乔木，树高可达30m，胸径可达3m，树冠广展，枝叶茂密，树形高大。香樟的枝、叶及木材均有樟脑气味，幼时树皮绿色且平滑，老时渐变为黄褐色或灰褐色，有不规则的纵裂。叶互生，卵状椭圆形，长6～12cm，宽2.5～5.5cm，先端急尖，基部宽楔形至近圆形，边缘全缘，软骨质，有时呈微波状，上面绿色或黄绿色，有光泽，下面黄绿色或灰绿色，无光泽，两面无毛或下面幼时略被微柔毛，具离基三出脉；叶柄纤细，长2～3cm，腹凹背凸，无毛。圆锥花序腋生，长3.5～7cm，梗长2.5～4.5cm；花绿白或带黄色，长约3mm；花梗长1～2mm，无毛；花被外面无毛或被微柔毛，内面密被短柔毛，花被筒倒锥形，长约1mm，花被裂片椭圆形，长约2mm；雄蕊长约2mm，花丝被短柔毛；子房球形，长约1mm，无毛，花柱长约1mm。果卵球形或近球形，直径6～8mm，紫黑色；果托杯状，长约5mm，顶端截平，宽达4mm，基部宽约1mm，具纵向沟纹。花期4—5月，果期8—11月（引自360百科）。

（二）立地条件

香樟是亚热带常绿阔叶林的代表树种，又是世界著名的五大树种之一。香樟为喜光树种，幼树喜在庇阴环境下生长，到壮年时需强光；且喜暖热湿润的气候条件，耐寒性不强，适生年均气温为16℃以上，气温低于-5℃时，容易发生冻梢，低于-7℃，枝梢冻枯；耐水湿，年降水量1 000mm以上，降水量少于600mm或者多于2 600mm均生长不良。对水肥要求较高，不耐石灰质、干旱、瘠薄和盐碱土，以深厚、肥沃、湿润、微酸性或者中性的黄壤、黄红壤和红壤为宜。多生长于海拔600m以下的低山、丘陵和平原，越往南其垂直分布越高（陈存及等，2000；龙汉利等，2011；李志辉等，2011）。

三、沉水樟

（一）形态特征

沉水樟［Cinnamomum micranthum（Hay.）Hay.］属于樟科常绿乔木，树高可达40m，胸径可达1.5m，因其樟叶所含的樟脑油比重大于水，故而得名。沉水樟树皮坚硬，厚达4mm，黑褐色或红褐灰色，内皮褐色，外有不规则纵向裂缝。叶互生，常生于幼枝上部，长圆形、椭圆形或卵状椭圆形，长7.5～10cm，宽4～6cm，先端短渐尖，基部宽楔形至近圆形，坚纸质或近革质，叶缘呈软骨质而内卷，干时上面黄绿色，下面黄褐色，两侧无毛，羽状脉，叶柄长2～3cm，腹平背凸，茶褐色，无毛。圆锥花序顶生及腋生，长3～5cm，干时茶褐色，近无毛或基部略被微柔毛，末端为聚伞花序；花白色或紫红色，具香气，长约2.5mm；花被外面无毛，内面密被柔毛，花被筒钟形，长约1.2mm，花被裂片长卵圆形，长约1.3mm；雄蕊长约1mm，花丝基部被柔毛，花药宽长圆形。果椭圆形，长1.5～2.2cm，直径1.5～2cm，鲜时淡绿色，具斑点，光亮无毛；果托壶形，长9mm，边缘全缘或具波齿。花期7—8（10）月，果期10月（引自360百科）。

（二）立地条件

沉水樟是偏喜光的树种，幼林较耐阴，适合生长于冬季温和、夏季暖热、雨量多、湿度大的区域，适宜的年平均温16～21℃，日平均气温5～15℃，极端最低温为-5℃；适宜年降水量1 660～2 100mm，适宜相对湿度为82%～85%。沉水樟耐湿性强，不耐旱，要求土层深厚、肥沃，不耐瘠薄；适生于强酸性（pH值<5.0）的黄红壤、红壤或赤红壤，多分布于海拔600m以下的山坡、山谷密林、路边或河旁水边（陈远征等，2010；岳军伟等，2011）。

第二节　豆科主要珍贵树种与立地条件

一、花榈木

（一）形态特征

花榈木（*Ormosia henryi* Prain）属于豆科常绿小乔木，树高可达16m，胸径可达40cm。树皮呈灰绿色，平滑，有浅裂纹。奇数羽状复叶，长13～35cm；小叶2～3对，革质，椭圆形或长圆状椭圆形，长4～17cm，宽2～7cm，钝或短尖，基部圆或宽楔形，叶缘微反卷，上面深绿色且光滑无毛，下面及叶柄均密被黄褐色茸毛。圆锥花序顶生或总状花序腋生，长11～17cm，密被淡褐色茸毛；花长2cm，径2cm；花萼钟形，齿裂至2/3处，萼齿三角状卵形，内外均密被褐色茸毛；花冠中央淡绿色，边缘绿色微带淡紫；旗瓣近圆形，基部具胼胝体，半圆形；翼瓣倒卵状长圆形，淡紫绿色；龙骨瓣倒卵状长圆形；雄蕊分离，花丝淡绿色，花药淡灰紫色；子房扁，沿缝线密被淡褐色长毛，其余无毛，花柱线形，柱头偏斜。荚果扁平，长椭圆形，长5～12cm，宽1.5～4cm，顶端有喙，果瓣革质，厚2～3mm，紫褐色，无毛，内壁有横隔膜；种子椭圆形或卵形，长8～15mm，种皮鲜红色，有光泽。花期7—8月，果期10—11月（引自360百科）。

（二）立地条件

花榈木的幼树较耐阴，长大后逐渐喜光，喜温暖，有一定的耐寒性，属于中性偏阳树种。萌芽力强，对立地条件适应性较强，适宜年平均气温18℃以上区域生长，酸性至中性的土壤均能生长。适宜生长的年平均气温17.4～18.1℃，极端最低气温-11℃，极端最高气温41.5℃，适宜年降水量1 427～1 700mm；喜湿润土壤，多生长于海拔600～1 200m山坡下部、水洼及河边冲积地（孟宪帅等，2011a；王兴龙等，2012；孟宪帅等，2011b）。

二、红豆树

（一）形态特征

红豆树（*Ormosia hosiei* Hemsl. et Wils.）属豆科常绿或落叶乔木，因种子皮色鲜红而得名，为国家二级重点保护被子植物。树高可达20m以上，胸径可达1m。幼树树皮呈灰绿色，具灰白色皮孔，老树皮呈暗灰褐色。奇数羽状复叶，长12.5～23cm；小叶1～4对，薄革质，卵形或卵状椭圆形，长3～10.5cm，宽1.5～5cm，先端急尖或渐尖，基部圆形或阔楔形，上面深绿色，下面淡绿色，幼叶疏被细毛，老则脱落无毛或仅下面中脉有疏毛。圆锥花序顶生或腋生，长15～20cm；花疏，有香气；花萼钟形，浅裂，萼齿三角形，紫绿色，密被褐色短柔毛；花冠白色或淡紫色，旗瓣倒卵形，长1.8～2cm，翼瓣与龙骨瓣均为长椭圆形；雄蕊，花药黄色；子房光滑无毛，内有胚珠5～6粒，花柱紫色，线状弯曲，柱头斜生。荚果近圆形，扁平，长3.3～4.8cm，宽2.3～3.5cm，先端有短喙，果瓣近革质，厚2～3mm，干后褐色，无毛，内壁无隔膜；种子近圆形或椭圆形，长1.5～1.8cm，宽1.2～1.5cm，厚约5mm，种皮红色。花期4—5月，果期10—11月（引自360百科）。

（二）立地条件

红豆树幼苗喜湿耐阴，中龄以后较喜光；耐寒性较好，适生于年均温18～25℃、极端低温-8.4℃、极端高温35.6℃的生境；对水分要求较高，对土壤肥力要求中等以上，能适应pH值4.5～7.0的土壤。多散生于海拔650m以下的低山丘陵、河边，人工林在土壤肥沃、湿润的立地条件下生长良好，但是在水分缺乏的山坡、丘陵顶部则生长不良（李晓艳，2012；甘国勇，2011）。

三、降香黄檀

（一）形态特征

降香黄檀（*Dalbergia odorifera*）属于豆科半落叶乔木，树高10～25m，胸径可达80cm。树皮呈浅灰黄色，略粗糙。奇数羽状复叶，长15～26cm，小叶近纸质，卵形或椭圆形，长3.5～8cm，宽1.5～4.0cm，先端急尖，钝头，基部圆形或宽楔形。圆锥花序腋生，由多数聚伞花序组成，长4～10cm；花淡黄色或乳白色；花瓣近等长，雄蕊。荚果舌状，长椭圆形，扁平，不开裂，长5～8cm，宽1.5～1.8cm，果瓣革质，有种子部分明显隆起，种子肾形。花叶同时抽出，果实成熟期10—12月（引自360百科）。

（二）立地条件

降香黄檀具有抗逆性和萌芽性强的特性，分布区常年温度较高，属阳性树种。适宜生长的年均温为20.5～25℃，极端低温-3℃，≥10℃有效积温7 000℃以上；年降水量1 200～1 600mm，忌水涝；对立地条件要求不严，适应性广，土壤以赤红壤为主。宜在北热带及南亚热带南缘地区生长，多分布在海拔600m以下的平原或丘陵区的阳坡、半阳坡，在陡坡山脊、干旱、瘠瘦的生境中均能生长（倪臻等，2008；王超等，2008；吴银兴，2011）。

第三节　木兰科主要珍贵树种与立地条件

一、厚朴

（一）形态特征

厚朴（*Magnolia officinalis* Rehd. et Wils.）属于木兰科落叶乔木，树高可达20m。树皮厚，褐色，不开裂。叶大，近革质，7～9片聚生于枝端，长圆状倒卵形，长22～45cm，宽10～24cm，先端具短急尖或圆钝，基部楔形，全缘而微波状，叶上面呈绿色，无毛，下面呈灰绿色，被灰色柔毛，有白粉。花白色，直径10～15cm，芳香；花梗粗短，被长柔毛；花被片9～17片，厚肉质，外轮3片呈淡绿色，长圆状倒卵形，长8～10cm，宽4～5cm，盛开时常向外反卷；内两轮花被片呈白色，倒卵状匙形，长8～8.5cm，宽3～4.5cm，基部具爪；最内轮花被片长7～8.5cm，花盛开时中内轮直立；雄蕊约72枚，长2～3cm；花药长1.2～1.5cm，内向开裂；花丝长4～12mm，红色；雌蕊群为椭圆状卵圆形，长2.5～3cm。聚合果为长圆状卵圆形，长9～15cm；种子呈三角状倒卵形，长约1cm。花期5—6月，果期8—10月（引自360百科）。

（二）立地条件

厚朴喜湿润的温凉气候，适宜栽培在雾气浓、相对湿度较大、且有充足阳光的地方。适宜生长的年平均气温14～20℃，较耐寒，年均降水量1 500mm，无霜期应不低于240d。在疏松、湿润、肥沃、排水良好、有机质含量丰富、pH值4.5～7.5的微酸性、中性山地轻壤土中生长最适宜（姜卫兵等，2005；张志翔，2008；斯金平等，1994）。

二、鹅掌楸

（一）形态特征

鹅掌楸［*Liriodendron chinense*（Hemsl.）Sarg.］属于木兰科落叶大乔木，中国特有的珍稀植物。树高可达40m，胸径可达1m以上，小枝灰色或灰褐色。叶形如马褂，叶片的顶部平截，犹如马褂的下摆；叶片的两侧平滑或略微弯曲，好像马褂的两腰；叶片的两侧端向外突出，仿佛是马褂伸出的两只袖子，故鹅掌楸又名马褂木。花单生枝顶，杯状；花被片9枚，外轮3片呈萼状，绿色，内二轮6片，花瓣状，倒卵形，长3～4cm，绿色，具黄色纵条纹；花药长10～16mm，花丝长5～6mm，花期时雌蕊群超出花被之上，心皮黄绿色；形似郁金香。聚合果长7～9cm，具翅的小坚果长约6mm，顶端钝或钝尖，具种子1～2颗。花期5月，果期9—10月（引自360百科）。

（二）立地条件

鹅掌楸喜温暖湿润和阳光充足的环境，有一定的耐寒性，要求年平均气温12～18.1℃，极端低温-12.4℃，极端高温41.0℃，年降水量约1 700mm，无霜期不低于220d；喜欢结构疏松、肥沃、深厚、湿润、具有良好排水能力、pH值4.5～6.5的酸性或微酸性土壤，多生长于海拔900～1 000m的山地中（杨志成，1988；周志凯等，2010；Helmi el al，2012）。

三、观光木

（一）形态特征

观光木［*Michelia odora*（Chun）Noot. et B. L. Chen］属于木兰科常绿乔木，系国家珍稀濒危二级保护植物。树高可达25m，新枝、芽、叶柄、叶下面密被褐色柔毛。树皮呈淡灰褐色，具深皱纹。叶片厚膜质，倒卵状椭圆形，中上部较宽，长8～17cm，宽3.5～7cm，顶端急尖或钝，基部楔形，叶上面呈绿色，有光泽。花蕾的佛焰苞状苞片一侧开裂，被柔毛，花梗长约6mm，具1苞片脱落痕，芳香；花被片呈象牙黄色，有红色小斑点，狭倒卵状椭圆形，外轮的最大，长17～20mm，宽6.5～7.5mm，内轮的长15～16mm，宽约5mm；雄蕊30～45枚，长7.5～8.5mm，花丝呈白色或带红色，长2～3mm；雌蕊9～13枚，狭卵圆形，密被平伏柔毛，花柱钻状，红色，长约2mm；雌蕊群柄粗壮，长约2mm，具槽，密被糙伏毛。聚合果为长椭圆体形，有时上部的心皮退化而呈球形，长达13cm，直径约9cm，垂悬于具皱纹的老枝上，外果皮为榄绿色，有苍白色孔，干时为深棕色，具显著的黄色斑点；果瓣厚1～2cm；果梗长宽均为1～2cm；每心皮内有种子4～6枚，椭圆体形或三角状倒卵圆形，长约15mm，宽约8mm。花期3月，果期10—12月（引自360百科）。

（二）立地条件

观光木为弱阳性树种，幼龄耐阴，长大喜光，适生于气候温暖湿润地区。要求年平均气温15～20℃，极端低温可达0℃，年降水量1 200～1 900mm，无霜期250～310d；具有较强的抗旱能力，过高或过低的温度都会引起观光木因顶芽受害而使植株生长缓慢，甚至死亡（陈存及等，2000；张志翔，2008；姜卫兵等，2005）。花岗岩或砂质页岩风化物发育形成的山地黄壤、红黄壤较适合观光木生长，在土层深厚、肥沃湿润、有机质丰富、结构疏松、pH值4.0～6.0的土壤中最适宜生长；在中等立地条件下也能生长，但贫瘠的立地条件生长较差。

四、深山含笑

（一）形态特征

深山含笑（*Michelia maudiae* Dunn）属于木兰科常绿乔木，中国特有树种。树高可达20m，各部均无毛；树皮薄、浅灰色或灰褐色平滑不裂；芽、嫩枝、叶下面、苞片均被白粉。叶互生，革质深绿色，叶背淡绿色，长圆状椭圆形，长7～18cm，宽3.5～8.5cm，先端骤狭短渐尖或短渐尖而尖头钝，基部楔形、阔楔形或近圆钝，上面深绿色，有光泽，下面灰绿色，被白粉。花梗绿色具3环状苞片脱落痕，佛焰苞状苞片，淡褐色，薄革质，长约3cm；花芳香，花被片9片，纯白色，基部稍呈淡红色，外轮花被片呈倒卵形，长5～7cm，宽3.5～4cm，顶端具短急尖，基部具长约1cm的爪，内两轮花被片则渐狭小，近匙形，顶端尖；雄蕊长1.5～2.2cm，药隔伸出长1～2mm的尖头，花丝宽扁，淡紫色，长约4mm；雌蕊群长1.5～1.8cm，柄长5～8mm，心皮绿色，狭卵圆形，连花柱长5～6mm。聚合果长7～15cm，蓇葖长圆体形、倒卵圆形或卵圆形，顶端圆钝或具短突尖头。种子红色，斜卵圆形，长约1cm，宽约5mm，稍扁。花期2—3月，果期9—10月（引自360百科）。

（二）立地条件

深山含笑喜温暖、湿润环境，有一定耐寒能力，幼时较耐阴。要求年平均气温15.4～18.1℃，年降水量1 200mm以上；喜疏松、湿润、肥沃土壤，在排水良好、有机质含量丰富、土壤pH值4.5～6.5的微酸性的砂壤土上生长最为适宜（何开跃等，2004；卢洪霖等，2003；田如男等，2004）。

五、福建含笑

（一）形态特征

福建含笑（*Michelia fujianensis* Q. F. Zheng）是木兰科常绿乔木。树高可达16m，胸径可达1m。树皮光滑，灰白色；芽、嫩枝、叶柄、嫩叶面、叶背及花梗密被平伏灰白色或褐色长柔毛。叶狭椭圆形或狭倒卵状椭圆形，先端渐尖或急尖，基部圆形或阔楔形，长8～15cm，宽3～5cm。花蕾卵圆形，长1.5cm，紧接花被下具1佛焰苞状苞片，距花被下约2mm具1苞片脱落痕，花梗粗短，长约7mm；花被片4轮约12枚，外轮3片狭倒卵形，长1～1.2cm，次轮倒卵形，长1.3～1.5cm，最内2轮狭卵形，较狭小，长约1cm；雄蕊群超出雌蕊群，雄蕊长4～5.5mm；花药长3.5～4mm，两药室分离0.5～0.8mm，内向侧向开裂，药隔伸出成长1～1.5mm的钝头；花丝宽扁，长1～1.5mm；雌蕊群圆柱形，长约5mm，柄长约1mm，被柔毛；雌蕊圆球形，密被短茸毛。聚合果常因心皮多数不育而弯，长2～3cm，蓇葖黑色，倒卵圆形，顶端圆，长1.5～2cm，有明显的白色皮孔；种子宽扁，横椭圆体形，长1.5cm，高约1cm，内种皮黑褐色，顶端凹入，缺口具凸尖，腹面具窝穴及宽的纵沟，背面具不规则凸起，基部具短尖。花期4—5月，果期8—9月（引自360百科）。

（二）立地条件

福建含笑是福建省重点保护植物，为福建省特有的木兰科植物，主要分布在海拔500m以下的丘陵山地；对温度的适应幅度较宽，但要求湿润气候，年降水量1 600～2 000mm；年平均气温17～20℃，无霜期265～300d；适宜于pH值4.5～6.0的酸性红壤或黄壤上生长（苏秀城，2000；何开跃等，2004）。

六、乳源木莲

（一）形态特征

乳源木莲（*Manglietia yuyuanensi* Law）属于木兰科乔木，树高可达8m，胸径可达18cm。树皮呈灰褐色，树枝呈黄褐色。叶倒披针形，长8~14cm，宽2.5~4cm，基部阔楔形或楔形，叶上面为深绿色，下面为淡灰绿色，叶边缘稍背卷；叶柄上面具渐宽的沟。花梗长1.5~2cm，直径约4mm，具1环苞片脱落痕；花被片3轮，外轮3片带绿色，薄革质，倒卵状长圆形，长约4cm，宽约2cm，中轮与内轮肉质，纯白色，中轮倒卵形，长约2.5cm，宽约2cm，内轮3片狭倒卵形，长约3cm，宽约1cm；雄蕊长4~7mm，花药长3~5mm，药隔伸出成近半圆形的尖头，长约1mm；雌蕊群椭圆状卵圆形，下部心皮狭椭圆形，上部露出面具乳头状凸起，花柱长1~1.5mm。聚合果卵圆形，熟时呈褐色。花期5月，果期9—10月（引自360百科）。

（二）立地条件

乳源木莲喜温暖湿润气候环境，偏阴性，幼树耐阴。适宜生长的年平均气温10~18.5℃，要求雨量充沛，无霜期240~290d，具有较强的耐寒力，可耐-17℃的极端低温。多生长在海拔700~1 200m的山地沟谷或山坡下部，适宜生长于土层深厚、潮润、肥沃、排水良好、pH值4~6.5的酸性砂壤土（康永武，2012；陈存及等，2001）。

第四节 壳斗科主要珍贵树种与立地条件

一、锥栗

（一）形态特征

锥栗［*Castanea henryi*（Skan）Rehd. et Wils.］属于林果兼用型壳斗科落叶乔木，树高可达30m，胸径可达1.5m，小枝呈暗紫褐色。叶长圆形或披针形，长10~23cm，宽3~7cm，顶部长渐尖至尾状长尖，新生叶的基部狭楔尖，两侧对称，成长叶的基部圆或宽楔形，一侧偏斜，叶缘的裂齿有长2~4mm的线状长尖，叶背无毛，但嫩叶有黄色鳞腺且在叶脉两侧有疏长毛。雄花序长5~16cm，花簇有花1~5朵；每壳斗有雌花1（偶有2或3）朵，仅1花（稀2或3）发育结实；花柱无毛，在下部有疏毛。成熟壳斗近圆球形，连刺径2.5~4.5cm，刺或密或稍疏生，长4~10mm；坚果长15~12mm，宽10~15mm，顶部有伏毛。花期5—7月，果期9—10月（引自360百科）。

（二）立地条件

锥栗喜温暖湿润的环境，喜光，耐寒、耐旱、耐瘠薄，适应性较强。适生于年均气温17~19℃、≥10℃年活动积温达6 000h以上、年降水量不低于1 000mm、年日照时数不低于1 500h、花期（5—6月）均温不低于15℃、无霜期不高于280d、极端低温不低于-9.3℃的地区，对水分有较强的适应性，以排水良好、土层深厚、富含有机质、pH值4.5~7.6的砂质壤土至黏壤土生长良好（林桂桃等，2013；黄铭利，2011；朱周俊，2016），多分布于海拔100~1 800m的丘陵与山地。

二、红锥

（一）形态特征

红锥（*Castanopsis hystrix* Miq.）属壳斗科乔木，树高可达25m，胸径可达1.5m，当年生枝条呈紫褐色，纤细，与叶柄及花序轴相同，均被或疏或密的微柔毛及黄棕色细片状蜡鳞，二年生枝条呈暗褐黑色，无或几无毛及蜡鳞，密生与小枝同色的皮孔。叶纸质或薄革质，披针形，有时兼有倒卵状椭圆形，叶长4～9cm，宽1.5～4cm，顶部短至长尖，基部甚短尖至近于圆，全缘或有少数浅裂齿，嫩叶背面沿中脉被有脱落性的短柔毛以及松散而厚、或较紧实而薄的红棕色或棕黄色细片状蜡鳞层。雄花序为圆锥花序或穗状花序；雌穗状花序单穗位于雄花序之上部叶腋间，花柱3枚或2枚，斜展，长1～1.5mm，通常被有稀少的微柔毛，柱头位于花柱的顶端，增宽而平展。果序长达15cm；壳斗有坚果1个，连刺径25～40mm，整齐的4瓣开裂，刺长6～10mm，数条在基部合生成刺束，间有单生，将壳壁完全遮蔽，被稀疏微柔毛；坚果宽圆锥形，高10～15mm，横径8～13mm，无毛，果脐位于坚果底部。花期4—6月，果翌年8—11月成熟（引自360百科）。

（二）立地条件

红锥属热带中性偏阴树种，喜温暖、湿润、多雨的季风气候，较耐阴，不耐干旱。适生于年降水量1 100～2 000mm的地区，以1 300mm以上地区较为适宜；适生的年均温18～24℃，最适宜生长温度为20～22℃，可忍耐的极端低温为-4℃，无霜期290d以上。在pH值为4.5～6、土层深厚、疏松、肥沃的酸性红壤、黄壤或砖红壤性红壤上生长良好（丘小军等，2006；唐熙麟，2010；黄招，2013）。红锥不宜种植在砂质土、贫瘠的石砾土、山脊、土层薄（<50cm）的重壤土和排水不良的土壤上，也不宜在石灰岩地区种植。

三、吊皮锥

（一）形态特征

吊皮锥（*Castanopsis kawakamii* Hay.）又名格氏栲，属壳斗科乔木，树高可达28m，胸径30～80cm，树皮纵向带浅裂，老树皮脱落前如蓑衣状吊在树干上，枝、叶均无毛。叶革质，叶片卵形或披针形，长6～12cm，宽2～5cm，顶部长尖，两面同色。雄花序多为圆锥花序，花序轴被疏短毛，雄蕊10～12枚；雌花序无毛，长5～10cm，花柱3枚或2枚，长不及1mm。壳斗有坚果1个，圆球形，连刺横径60～80mm，刺长20～30mm，合生至中部或中部稍下成放射状多分枝的刺束，将壳壁完全遮蔽，成熟时4瓣开裂，刺被稀疏短毛或几无毛，壳斗内壁密被灰黄色长茸毛。坚果扁圆形，高12～15mm，横径17～20mm，密被黄棕色伏毛，果脐占坚果面积的1/3。花期3—4月，果翌年8—10月成熟（引自360百科）。

（二）立地条件

吊皮锥属于中性偏喜光、深根性树种，多零星分布于海拔200～1 000m丘陵山地区。适生于年降水量1 500mm以上、年均温19.5℃左右、极端低温-6.5℃的地区，在土层深厚、质地为砂壤土、腐殖质含量丰富、pH值为4.5～6.5、水肥条件较好的酸性红壤或黄壤上生长良好（吴承祯等，2000；何中声，2012；杨玉盛等，1998）。

第二章　福建主要珍贵树种概述

第五节　桦木科主要珍贵树种与立地条件

一、光皮桦

（一）形态特征

光皮桦（*Chionanthus retusus*）属于桦木科乔木，树高可达20m，胸径可达80cm。树皮红褐色或暗黄灰色，坚密，平滑；枝条红褐色，无毛，有蜡质白粉；小枝黄褐色，密被淡黄色短柔毛，疏生树脂腺体；芽鳞无毛，边缘被短纤毛。叶矩圆形、宽矩圆形、矩圆披针形、有时为椭圆形或卵形，长4.5～10cm，宽2.5～6cm，顶端骤尖或呈细尾状，基部圆形，有时近心形或宽楔形，边缘具不规则的刺毛状重锯齿，叶上面仅幼时密被短柔毛，下面密生树脂腺点，沿脉疏生长柔毛，脉腋间有时具髯毛。雄花序2～5枚簇生于小枝顶端或单生于小枝上部叶腋；序梗密生树脂腺体；苞鳞背面无毛，边缘具短纤毛。果序大部单生，间或在一个短枝上出现两枚单生于叶腋的果序，长圆柱形，长3～9cm，直径6～10mm；序梗长1～2cm，下垂，密被短柔毛及树脂腺体；果苞长2～3mm，背面疏被短柔毛，边缘具短纤毛，中裂片矩圆形、披针形或倒披针形，顶端圆或渐尖，侧裂、片小，卵形，有时不甚发育而呈耳状或齿状，长仅为中裂片的1/4～1/3。小坚果倒卵形，长约2mm，背面疏被短柔毛，膜质翅宽为果的1～2倍（引自360百科）。

（二）立地条件

光皮桦喜光、喜温暖湿润气候，适生于年日照时数1 300h以上、无霜期255～330d、年降水量1 500mm以上、年均温15.3～19.6℃、极端低温-10℃的地区生长。喜肥沃、酸性或微酸性土壤，在pH值4.5～7.6土壤上生长良好，较耐干旱瘠薄，多生长于向阳干燥山坡，垂直分布于海拔600～1 700m，集中分布于海拔1 000～1 400m区域（谢一青等，2008；许雪英，2012；陈家兴等，2007）。

二、西南桦

（一）形态特征

西南桦（*Betula alnoides*）是北半球桦木科分布最南的落叶乔木，树高可达30m，胸径可达80cm。枝条细软下垂，树皮褐色至红褐色，具光泽，有多数环形大皮孔，纸状剥落。叶纸质，矩圆状卵形，长4～12cm，边缘有不规则重锯齿，上面无毛，下面疏生长柔毛和腺点。花单性，雌雄同株，雄花序长达12cm，下垂。果序长圆柱状，2～5个排成总状，下垂，长5～10cm，直径4～6mm，翅果倒卵形，膜质翅与果等宽或比果稍宽。西南桦一般冬季开花，3—4月果熟，种子细小，成熟后容易飞散（引自360百科）。

（二）立地条件

西南桦属强阳性树种，喜光，不耐阴蔽。适生于年均温13.5～21℃（最适生长温度16.3～19.3℃）、年降水量一般超过1 000mm、极端低温-5.7℃、极端高温41.3℃的地区。多生长在pH值4.2～6.5的酸性和微酸性、质地为砂壤土和轻壤土的土壤上，石灰土上不见分布，对土壤肥力要求不高，能耐一定瘠薄，在土层深厚、排水良好的土壤上生长良好，多生长在海拔800～1 500m山地，在海拔200m以下的地区生长易产生日灼危害（付小勇等，2014；郑海水等，2004；黄林青，2006）。

第六节　红豆杉科主要珍贵树种与立地条件

一、南方红豆杉

（一）形态特征

南方红豆杉［*Taxus chinensis*（Pilger）Rehd. var. *mairei*（Lemee et Levl.）Cheng et L. K. Fu］属于红豆杉科常绿乔木，树高可达30m，胸径可达60～100cm。树皮呈灰褐色、红褐色或暗褐色，裂成条片脱落；大枝开展，一年生枝条呈绿色或淡黄绿色，秋季变成绿黄色或淡红褐色，二年生、三年生枝条呈黄褐色、淡红褐色或灰褐色；冬芽呈黄褐色、淡褐色或红褐色，有光泽，芽鳞三角状卵形，背部无脊或有纵脊，脱落或少数宿存于小枝的基部。叶排列成两列，条形，微弯或较直，长1～3cm，宽2～4mm，上部微渐窄，先端常微急尖，稀急尖或渐尖，上面呈深绿色，有光泽，下面呈淡黄绿色，有两条气孔带，中脉带上有密生均匀而微小的圆形角质乳头状突起点，常与气孔带同色，稀色较浅。雄球花呈淡黄色，雄蕊8～14枚，花药4～8枚。种子生于杯状红色肉质的假种皮中，生于近膜质盘状的种托之上，常呈卵圆形，上部渐窄，稀倒卵状，长5～7mm，径3.5～5mm，微扁或圆，上部常具二钝棱脊，先端有突起的短钝尖头，种脐近圆形或宽椭圆形，稀三角状圆形（引自360百科）。

（二）立地条件

南方红豆杉属于典型的阴性树种，喜温暖湿润气候，自然生长在海拔1 000m或1 500m以下的阴坡、沟谷溪旁。适生于年均温11～19.6℃、年均降水量1 300mm以上、无霜期220～300d、年日照时数1 700h左右、极端低温-11℃的区域。对土壤的适应能力强，在土层深厚、肥沃、pH值5～7的微酸性砂壤土上生长最佳，耐干旱瘠薄，忌地势低洼、积水、质地黏重的土壤（谢春平，2014；茹文明，2006；易东等，2009）。

二、香榧

（一）形态特征

香榧（*Torreya grandis*）属于红豆杉科常绿乔木，树高可达20m，胸径可达1m，其上有3～4个斜上伸展的树干；小枝下垂，一年生、二年生小枝呈绿色，三年生枝条呈绿紫色或紫色。叶深绿色，质较软；种子连肉质假种皮呈宽矩圆形或倒卵圆形，长3～4cm，径1.5～2.5cm，有白粉，干后呈暗紫色，有光泽，顶端具短尖头；种子矩圆状倒卵形或圆柱形，长2.7～3.2cm，径1～1.6cm，微有纵浅凹槽，基部尖，胚乳微内皱（引自360百科）。

（二）立地条件

香榧属半阴性树种，喜温湿凉爽气候，比较耐寒。适生于年均温14～19℃、≥10℃活动积温7 000℃以上、年降水量1 200～1 700mm、无霜期210～290d、极端低温≥-15℃的区域；夏季气温≥38℃易产生日灼危害。多分布于海拔200～1 000m的丘陵山地区，香榧对土壤的适应性较强，在pH值4.5～8.3的酸性或碱性土壤中均能生长良好，喜微酸性至中性、深厚、疏松的砂壤土和壤土，耐干旱瘠薄，适合在排水良好、半阴半阳的平缓坡地种植（金志凤等，2012；王小明等，2008；程晓建等，2009；胡绍泉等，2015）。

第三章　珍贵树种用地适宜性评价及其优化布局技术方法

土地是由自然要素和社会经济要素构成的综合自然体，土地构成的要素不同，其质量和适宜的用途也各异。土地适宜性评价是根据土地的自然属性和社会经济属性，研究土地对预定用途的适宜与否、适宜程度及其限制状况（邢世和，2000）。随着现代土宜科学的发展，树种用地适宜性评价越来越受到人们的重视。由于珍贵树种生长对气候、地形、土壤等立地条件具有选择性，相同珍贵树种在不同立地环境下生长具有很大的差异性，故根据不同珍贵树种生长发育对立地条件的要求，科学选择并建立各珍贵树种用地适宜性评价因子及其指标体系，借助GIS与数学模型集成技术，科学评价区域土地对各珍贵树种生长发育的适宜性程度，可为适地适树地科学安排珍贵树种生产种植用地、实现珍贵树种用地的空间优化布局提供科学依据。珍贵树种用地优化布局的目标是在用地空间上寻求"适地适树"，为珍贵树种生长提供最佳的立地条件；在生产规模上实现适度规模经营，使珍贵树种各生产要素（土地、劳动力、资金、设备、经营管理、信息等）达到优化组合和有效运行；在产业产值上达到高值化，从而实现最佳的经济效益。因此，基于综合考虑"适地适树—集约经营—经济高效"的理念，借助GIS技术开展区域珍贵树种用地的科学合理布局，有助于充分、合理地可持续利用区域林地资源，从而发挥林地最大的经济、社会与生态效益。为此，本章详细介绍了借助GIS与数学模型集成技术开展区域珍贵树种用地适宜性评价以及基于GIS与适地适树、集约经营和经济高效理念开展区域珍贵树种用地空间优化布局的技术路线和技术方法，为科学开展区域珍贵树种用地适宜性评价及用地空间优化布局提供技术支撑。

第一节　珍贵树种用地适宜性评价技术方法

一、研究思路与技术路线

（一）研究思路

根据樟科、豆科、木兰科、壳斗科、桦木科和红豆杉科等19种主要珍贵树种对立地条件的要求，结合福建省气候要素、地形地貌、土壤属性以及社会经济等条件实际，在科学探讨建立19种主要珍贵树种用地适宜性评价因子及其指标体系的基础上，以福建省现状林地为研究对象，利用趋势面分析、克里格插值或反距离权重插值等数学模型建立福建省珍贵树种用地适宜性评价因子属性数据库，采用模糊隶属函数模型对各评价因子属性数据进行标准化，采用层次分析模型确定各评价因子的权重，采用GIS与极限指标、加权指数和K均值聚类分析模型集成技术，开展福建省樟科、豆科、木兰科、壳斗科、桦木科和红豆杉科等19种主要珍贵树种用地适宜性评价，建立福建省主要珍贵树种用地适宜性空间与属性数据库。

（二）技术路线

珍贵树种用地适宜性评价技术路线见图3-1。

二、技术方法步骤

（一）基础资料收集

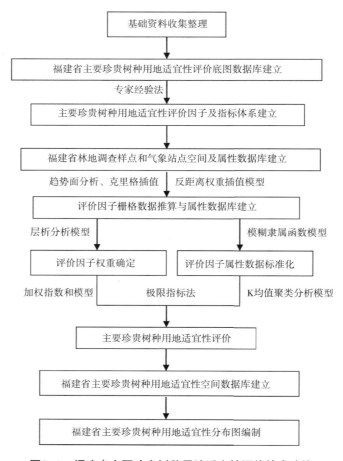

图3-1 福建省主要珍贵树种用地适宜性评价技术路线

从省自然资源厅收集福建省1：25万土地利用现状图数据库，从省农业农村厅收集福建省1：25万土壤类型分布图数据库，从省水利厅收集福建省1：25万土壤侵蚀分布图数据库，从省测绘局收集福建省1：25万数字高程模型（DEM）数据库，从省林业局收集福建省林业土壤普查调查样点空间分布及其相关属性分析数据资料，从省气象局收集福建省68个气象站地理位置及近30年气象观测资料；借助维普、万方、知网、360百科等数据库收集樟科、豆科、木兰科、壳斗科、桦木科和红豆杉科等19种主要珍贵树种生长立地条件等相关资料。

（二）林地资源分布图及评价单元空间数据库建立

选择现状林地资源（包括有林地、灌木林地和其他林地）作为福建省主要珍贵树种用地适宜性评价的对象，合计面积为8 323 980.66hm²，占全省土地总面积的67.15%。借助ArcGIS软件，从2018年1：25万福建省土地利用现状图数据库中提取出上述林地资源分布图以及行政界线、居民点工矿用地、交通用地和水域用地等空间矢量数据图层，以250m×250m栅格为评价单元，将现状林地资源分布图矢量数据库转化为250m×250m栅格空间数据库。

（三）主要珍贵树种用地适宜性评价因子的选择

根据上述19个珍贵树种生长的立地条件要求以及已有相关研究成果，结合福建省自然环境条件，遵循主导性、差异性、稳定性和可行性等原则（邢世和，2000），采用专家经验法，选取：①地形（包括坡度和坡向）、气候（包括年均温、年降水量、无霜期）、土壤理化性状（包括有机质、全磷、全钾、pH值、侵蚀模数、土层厚度、质地）以及社会经济条件（包括区位和交通通达度）共14个因子作为福建省樟科、豆科和木兰科主要珍贵树种用地适宜性评价因子；②地形（坡度、坡向）、气候（年均温、年降水量、无霜期、年日照时数）、土壤理化性状（有机质、全磷、全钾、pH值、侵蚀模数、土层厚度、质地）和社会经济条件（区位、交通通达度）共15个因子作为福建省壳斗科（锥栗除外）、桦木科和红豆杉科主要珍贵树种用地适宜性评价因子；③地形（坡度、坡向）、气候（≥10℃活动积温、花期5—6月均温、年降水量、无霜期、年日照时数）、土壤理化性状（有机质、全磷、全钾、pH值、侵蚀模数、土层厚度、质地）和社会经济条件（区位、交通通达度）共16个因子作为福建省锥栗用地适宜性评价因子。

不同评价因子对珍贵树种生长发育的影响程度各异，某些评价因子对珍贵树种生长发育存在极限值，当这些评价因子过高或者过低时，可能严重影响珍贵树种的正常生长发育，甚至死亡。结合福建省自然资源环境条件以及19个主要珍贵树种生长发育对立地条件的关键要求，通过咨询专家意见，选取：①极端高温、极端低温、年均温、pH值、土层厚度、质地、侵蚀模数、坡度作为福建省樟科、豆科主要珍贵树种用地适宜性评价的极限因子；②极端高温、极端低温、pH值、土层厚度、质地、侵蚀模数、坡度作为福建省木兰科主要珍贵树种用地适宜性评价的极限因子；③极端高温、极端低温、年均温（锥栗为花期5—6月均温）、≥10℃活动积温、年降水量、pH值、土层厚度、质地、侵蚀模数、坡度作为福建省壳斗科、桦木科和红豆杉科主要珍贵树种用地适宜性评价的极限因子。

（四）用地适宜性评价因子空间数据库建立

1. 气候因子栅格数据推算及空间数据库建立

利用福建省68个气象站地理位置（经度、纬度和海拔）和相关气候要素近30年观测数据均值，借助SAS软件的三维趋势面分析模块进行拟合，建立福建省年均温、花期5—6月均温、年降水量、无霜期、年日照时数、≥10℃活动积温、极端高温和极端低温与经、纬度及海拔关系的最佳三维趋势面分析模型，利用福建省1∶25万DEM推算出由宏观地理因子（经度、纬度和海拔）决定的省域上述气候因子250m×250m栅格空间数据，借助ArcGIS软件，采用二次反距离权重插值模型对推算的气候因子数据进行残差订正，建立福建省上述气候因子栅格空间数据库。利用林地资源空间分布矢量数据图层掩膜推算的气候因子栅格数据图层，建立福建省主要珍贵树种用地适宜性评价相关气候因子的栅格数据库。

2. 地形因子空间数据库建立

利用福建省数字高程模型（DEM），借助ArcGIS软件的坡度、坡向等运算模块自动生成相关地形因子250m×250m栅格数据，以林地资源空间分布矢量数据图层掩膜推算坡度、坡向等地形因子栅格数据图层，建立福建省主要珍贵树种用地适宜性评价相关地形因子的栅格数据库。

3. 土壤因子空间数据库建立

利用福建省林地土壤普查调查样点空间分布及其相关属性分析数据资料和福建省林地资源分布

图数据库，建立福建省主要珍贵树种用地适宜性评价调查样点空间与属性数据库，采用普通克里格插值或反距离权重插值模型推算建立林地土壤有机质、pH值、质地、土层厚度、全磷、全钾6个土壤属性评价因子的250m×250m栅格空间数据库，以林地资源空间分布矢量数据图层掩膜推算的上述土壤因子栅格图层，建立福建省主要珍贵树种用地适宜性评价相关土壤因子的栅格数据库。利用林地资源空间数据图层掩膜福建省土壤侵蚀分布矢量数据图层，建立福建省主要珍贵树种用地适宜性评价的土壤侵蚀评价因子空间栅格数据库。

4. 社会经济因子空间数据库建立

利用从福建省土地利用现状图数据库提取获得的交通、城镇居民点用地分布矢量数据库，以林地资源各栅格中心点到道路或居民点中心点的最短距离为准则，推算并建立福建省区位因子250m×250m栅格数据库；借助ArcGIS软件，利用网络最短路径公式计算福建省交通通达度因子250m×250m栅格数据库；以林地资源空间分布矢量数据图层掩膜区位和交通通达度因子空间栅格数据库，建立福建省主要珍贵树种用地适宜性评价相关社会经济因子空间栅格数据库。

（五）用地适宜性评价因子指标体系的建立

根据樟科、豆科、木兰科、壳斗科、桦木科和红豆杉科等19个主要珍贵树种生长对立地条件和社会经济条件的要求以及已有的相关研究成果，结合福建省自然环境条件，采用专家经验法确定樟科、豆科、木兰科、壳斗科、桦木科和红豆杉科等19个主要珍贵树种用地适宜性评价因子的上限值（U_{t1}）、下限值（U_{t2}）和标准值（C_i）（表3-1至表3-19）。

根据上述确定的福建省樟科、豆科、木兰科、壳斗科、桦木科和红豆杉科等19个主要珍贵树种生长发育的极限因子，结合福建省自然资源环境条件以及评价因子的下限值（U_{t2}），采用专家经验法确定福建省樟科、豆科、木兰科、壳斗科、桦木科和红豆杉科等19个主要珍贵树种用地适宜性极限因子的极限值（表3-20至表3-23）。

（六）用地适宜性评价因子属性数据标准化

由于各评价因子的量纲不同，在评价过程中要首先对各评价因子进行标准化处理。本研究借助SPSS软件非线性回归模型对各评价因子相应的隶属函数模型进行拟合，建立福建省樟科、豆科、木兰科、壳斗科、桦木科和红豆杉科等19个主要珍贵树种用地适宜性评价因子的戒上、戒下和峰型评价因子的隶属函数经验模型（表3-24至表3-42），采用特尔斐法（邢世和等，2006）建立散点型/概念型用地适宜性评价因子的隶属度经验值（表3-43至表3-51），利用隶属函数模型或隶属度经验值对各评价因子属性数据进行标准化（邢世和等，2006）。

（七）用地适宜性评价因子权重的确定

由于各参评因子对珍贵树种用地适宜性的影响程度不同，只有对各参评因子的重要性（即权重）大小做出准确判断，才能保证评价结果的可靠性。本研究采用层次分析法（AHP）对福建省樟科、豆科、木兰科、壳斗科、桦木科和红豆杉科等19个主要珍贵树种用地适宜性评价指标的权重加以确定。AHP法的基本原理是把待解决的复杂问题视为一个系统，对系统中的多个指标进行判别分析，划分出各指标间相互联系的有序层次，再请专家进行较客观的判断后，相应给出每一层次各指标相对重要性的定量表示，进而建立数学模型，计算出每一层次各个指标相对重要性的权重值（赵小敏等，1999）。AHP法确定权重大致可以分为以下几步：①建立以福建省主要珍贵树种用地适宜性评价为目标的递阶层次结构模型；②建立主要珍贵树种用地适宜性评价因子指标重要性判断矩阵；③模型各层次要素权重系数计算；④模型层次间重要性单排序和总排序及一致性检验。

表3-1　闽楠用地适宜性评价因子标准值、上限值和下限值

因子类型	评价因子	标准值（C_i）	上限值（U_{t1}）	下限值（U_{t2}）
气候	年均温（℃）	18	21	15
	年降水量（mm）	1 600	-	1 200
	无霜期（d）	270	290	250
土壤	有机质（g/kg）	30	-	5
	全磷（g/kg）	1.0	-	0.1
	全钾（g/kg）	25	-	6
	pH值	6.5	7.5	4.5
	土层厚度（cm）	100	-	20
	质地	轻壤土	-	-
	侵蚀模数［t/（km²·年）］	1 500	11 500	-
地形	坡度（°）	15	45	-
	坡向	平地、阳坡	-	-
社会经济	区位（km）	5	30	-
	交通通达度（km）	160	230	-

表3-2　香樟用地适宜性评价因子标准值、上限值和下限值

因子类型	评价因子	标准值（C_i）	上限值（U_{t1}）	下限值（U_{t2}）
气候	年均温（℃）	18		15
	年降水量（mm）	1 600	2 600	600
	无霜期（d）	265		245
土壤	有机质（g/kg）	30	-	5
	全磷（g/kg）	1.0	-	0.1
	全钾（g/kg）	25	-	6
	pH值	6.5	7.5	4.5
	土层厚度（cm）	100	-	20
	质地	中壤土	-	-
	侵蚀模数［t/（km²·年）］	1 500	11 500	-
地形	坡度（°）	15	45	-
	坡向	平地、阳坡	-	-
社会经济	区位（km）	5	30	-
	交通通达度（km）	160	230	-

表3-3 沉水樟用地适宜性评价因子标准值、上限值和下限值

因子类型	评价因子	标准值（C_i）	上限值（U_{t1}）	下限值（U_{t2}）
气候	年均温（℃）	19		16
	年降水量（mm）	1 800	–	1 500
	无霜期（d）	280	–	250
土壤	有机质（g/kg）	30	–	5
	全磷（g/kg）	1.0	–	0.1
	全钾（g/kg）	25	–	6
	pH值	5	7	
	土层厚度（cm）	100	–	20
	质地	轻壤土	–	–
	侵蚀模数［t/（km²·年）］	1 500	11 500	
地形	坡度（°）	15	45	–
	坡向	平地、阳坡	–	–
社会经济	区位（km）	5	30	
	交通通达度（km）	160	230	

表3-4 红豆树用地适宜性评价因子标准值、上限值和下限值

因子类型	评价因子	标准值（C_i）	上限值（U_{t1}）	下限值（U_{t2}）
气候	年均温（℃）	21	25	18
	年降水量（mm）	1 900	–	1 200
	无霜期（d）	275	290	260
土壤	有机质（g/kg）	30	–	5
	全磷（g/kg）	1.0	–	0.1
	全钾（g/kg）	25	–	6
	pH值	5.5	7	4.5
	土层厚度（cm）	100	–	20
	质地	中壤土	–	–
	侵蚀模数［t/（km²·年）］	1 500	11 500	–
地形	坡度（°）	15	45	–
	坡向	平地、阳坡	–	–
社会经济	区位（km）	5	30	
	交通通达度（km）	160	230	–

表3-5　降香黄檀用地适宜性评价因子标准值、上限值和下限值

因子类型	评价因子	标准值（C_i）	上限值（U_{t1}）	下限值（U_{t2}）
气候	年均温（℃）	20.5	–	19
	年降水量（mm）	1 500	–	1 200
	无霜期（d）	320	–	270
土壤	有机质（g/kg）	30	–	5
	全磷（g/kg）	1.0	–	0.1
	全钾（g/kg）	25	–	6
	pH值	6	7.5	4.5
	土层厚度（cm）	100	–	20
	质地	轻壤土	–	–
	侵蚀模数［t/（km²·年）］	1 500	11 500	–
地形	坡度（°）	15	45	–
	坡向	平地、阳坡	–	–
社会经济	区位（km）	5	30	–
	交通通达度（km）	160	230	–

表3-6　花榈木用地适宜性评价因子标准值、上限值和下限值

因子类型	评价因子	标准值（C_i）	上限值（U_{t1}）	下限值（U_{t2}）
气候	年均温（℃）	18	–	14
	年降水量（mm）	1 700	–	1 400
	无霜期（d）	280	–	240
土壤	有机质（g/kg）	30	–	5
	全磷（g/kg）	1.0	–	0.1
	全钾（g/kg）	25	–	6
	pH值	6	7.5	4.5
	土层厚度（cm）	100	–	20
	质地	轻壤土	–	–
	侵蚀模数［t/（km²·年）］	1 500	11 500	–
地形	坡度（°）	15	45	–
	坡向	平地、阳坡	–	–
社会经济	区位（km）	5	30	–
	交通通达度（km）	160	230	–

表3-7 厚朴用地适宜性评价因子的标准值、上限值和下限值

因子类型	评价因子	标准值（C_i）	上限值（U_{l1}）	下限值（U_{l2}）
气候	年均温（℃）	17	20	14
	年降水量（mm）	1 500	-	800
	无霜期（d）	270	310	242
土壤	有机质（g/kg）	30	-	5
	全磷（g/kg）	1	-	0.1
	全钾（g/kg）	25	-	6
	pH值	6	7.5	4.5
	土层厚度（cm）	100	-	20
	质地	轻壤	-	-
	侵蚀模数［t/（km²·年）］	1 500	11 500	-
地形	坡度（°）	15	45	-
	坡向	平地、阳坡	-	-
社会经济	区位（km）	5	30	
	交通通达度（km）	160	230	

表3-8 鹅掌楸用地适宜性评价因子的标准值、上限值和下限值

因子类型	评价因子	标准值（C_i）	上限值（U_{l1}）	下限值（U_{l2}）
气候	年均温（℃）	15	18.1	12
	年降水量（mm）	1 700	-	780
	无霜期（d）	250	280	220
土壤	有机质（g/kg）	30	-	5
	全磷（g/kg）	1	-	0.1
	全钾（g/kg）	25	-	6
	pH值	5.5	6.5	4.5
	土层厚度（cm）	100	-	20
	质地	砂壤土	-	-
	侵蚀模数［t/（km²·年）］	1 500	11 500	-
地形	坡度（°）	15	45	-
	坡向	平地、阳坡	-	-
社会经济	区位（km）	5	30	-
	交通通达度（km）	160	230	-

表3-9　观光木用地适宜性评价因子的标准值、上限值和下限值

因子类型	评价因子	标准值（C_i）	上限值（U_{t1}）	下限值（U_{t2}）
气候	年均温（℃）	17	20	15
	年降水量（mm）	1 600	–	1200
	无霜期（d）	280	310	250
土壤	有机质（g/kg）	30	–	5
	全磷（g/kg）	1	–	0.1
	全钾（g/kg）	25	–	6
	pH值	5.0	6.0	4.0
	土层厚度（cm）	100	–	20
	质地	轻壤土	–	–
	侵蚀模数［t/（km²·年）］	1 500	11 500	–
地形	坡度（°）	15	45	–
	坡向	平地、阳坡	–	–
社会经济	区位（km）	5	30	–
	交通通达度（km）	160	230	–

表3-10　福建含笑用地适宜性评价因子的标准值、上限值和下限值

因子类型	评价因子	标准值（C_i）	上限值（U_{t1}）	下限值（U_{t2}）
气候	年均温（℃）	18.5	20	17
	年降水量（mm）	1 800	–	1 600
	无霜期（d）	280	300	267
土壤	有机质（g/kg）	30	–	5
	全磷（g/kg）	1	–	0.1
	全钾（g/kg）	25	–	6
	pH值	5.0	6.0	4.5
	土层厚度（cm）	100	–	20
	质地	轻壤土	–	–
	侵蚀模数［t/（km²·年）］	1 500	11 500	–
地形	坡度（°）	15	45	–
	坡向	平地、阳坡	–	–
社会经济	区位（km）	5	30	–
	交通通达度（km）	160	230	–

表3-11　深山含笑用地适宜性评价因子的标准值、上限值和下限值

因子类型	评价因子	标准值（C_i）	上限值（U_{t1}）	下限值（U_{t2}）
气候	年均温（℃）	16.5	18.1	15.4
	年降水量（mm）	1 550	–	1 200
	无霜期（d）	260	280	242
土壤	有机质（g/kg）	30	–	5
	全磷（g/kg）	1	–	0.1
	全钾（g/kg）	25	–	6
	pH值	5.5	6.5	4.5
	土层厚度（cm）	100	–	20
	质地	砂壤土	–	–
	侵蚀模数［t/（km²·年）］	1 500	11 500	–
地形	坡度（°）	15	45	–
	坡向	平地、阳坡	–	–
社会经济	区位（km）	5	30	–
	交通通达度（km）	160	230	–

表3-12　乳源木莲用地适宜性评价因子的标准值、上限值和下限值

因子类型	评价因子	标准值（C_i）	上限值（U_{t1}）	下限值（U_{t2}）
气候	年均温（℃）	18.5	–	10
	年降水量（mm）	1 700	–	600
	无霜期（d）	290	–	242
土壤	有机质（g/kg）	30	–	5
	全磷（g/kg）	1	–	0.1
	全钾（g/kg）	25	–	6
	pH值	5.5	6.5	4.0
	土层厚度（cm）	100	–	20
	质地	砂壤土	–	–
	侵蚀模数［t/（km²·年）］	1 500	11 500	–
地形	坡度（°）	15	45	–
	坡向	平地、阳坡	–	–
社会经济	区位（km）	5	30	–
	交通通达度（km）	160	230	–

表3-13 锥栗用地适宜性评价因子的标准值、上限值和下限值

因子类型	评价因子	标准值（C_i）	上限值（U_{t1}）	下限值（U_{t2}）
气候	≥10℃活动积温（℃）	4 500	6 000	3 100
	花期5—6月均温（℃）	17	27	15
	年日照时数（h）	1 650	2 152	1 500
	年降水量（mm）	1 500	2 000	1 000
	无霜期（d）	260	280	250
土壤	有机质（g/kg）	30		5
	全磷（g/kg）	1.0		0.1
	全钾（g/kg）	25		6
	pH值	6.0	7.6	4.5
	土层厚度（cm）	100		20
	质地	砂壤土、轻壤土		
	侵蚀模数［t/（km²·年）］	1 500	11 500	
地形	坡度（°）	15	45	
	坡向	平地、阳坡		
社会经济	区位（km）	5	30	
	交通通达度（km）	160	230	

表3-14 红锥用地适宜性评价因子标准值、上限值和下限值

因子类型	评价因子	标准值（C_i）	上限值（U_{t1}）	下限值（U_{t2}）
气候	年均温（℃）	20	－	18
	年降水量（mm）	1 300	－	1 100
	无霜期（d）	305	－	290
	年日照时数（h）	2 000	－	1 400
土壤	有机质（g/kg）	30	－	5
	全磷（g/kg）	1.0	－	0.1
	全钾（g/kg）	25	－	6
	pH值	5.0	6.0	4.0
	土层厚度（cm）	100	－	20
	质地	砂壤土、轻壤土、中壤土	－	－
	侵蚀模数［t/（km²·年）］	1 500	11 500	－
地形	坡度（°）	15	45	－
	坡向	阴坡、半阴坡、半阳坡	－	－
社会经济	区位（km）	5	30	－
	交通通达度（km）	160	230	－

表3-15　吊皮锥用地适宜性评价因子标准值、上限值和下限值

因子类型	评价因子	标准值（C_i）	上限值（U_{t1}）	下限值（U_{t2}）
气候	年均温（℃）	18	20	14
	年降水量（mm）	1 700	－	1 500
	无霜期（d）	270	310	230
	年日照时数（h）	1 750	－	1 500
土壤	有机质（g/kg）	30	－	5
	全磷（g/kg）	1.0	－	0.1
	全钾（g/kg）	25	－	6
	pH值	5.3	6.5	4.5
	土层厚度（cm）	100	－	20
	质地	砂壤土、轻壤土、中壤土	－	－
	侵蚀模数［t/（km²·年）］	1 500	11 500	－
地形	坡度（°）	15	45	－
	坡向	平地、阳坡、半阳坡	－	－
社会经济	区位（km）	5	30	－
	交通通达度（km）	160	230	－

表3-16　光皮桦用地适宜性评价因子标准值、上限值和下限值

因子类型	评价因子	标准值（C_i）	上限值（U_{t1}）	下限值（U_{t2}）
气候	年均温（℃）	18	20	15
	年降水量（mm）	1 780	－	1 500
	无霜期（d）	285	330	255
	年日照时数（h）	1 880	－	1 300
土壤	有机质（g/kg）	30	－	5
	全磷（g/kg）	1.0	－	0.2
	全钾（g/kg）	25	－	6
	pH值	6.0	7.6	4.3
	土层厚度（cm）	100	－	30
	质地	轻壤土、砂壤土	－	－
	侵蚀模数［t/（km²·年）］	1 500	11 500	－
地形	坡度（°）	15	45	－
	坡向	平地、阳坡、半阳坡	－	－
社会经济	区位（km）	5	30	－
	交通通达度（km）	160	230	－

表3-17　西南桦用地适宜性评价因子标准值、上限值和下限值

因子类型	评价因子	标准值（C_i）	上限值（U_{t1}）	下限值（U_{t2}）
气候	年均温（℃）	17.5	21	13.5
	年降水量（mm）	1 400	–	1 000
	无霜期（d）	265	340	235
	年日照时数（h）	1 800	–	1 600
土壤	有机质（g/kg）	20	–	5
	全磷（g/kg）	1.0	–	0.1
	全钾（g/kg）	25	–	6
	pH值	5.4	6.5	4.2
	土层厚度（cm）	100	–	20
	质地	砂壤土、轻壤土、中壤土	–	–
	侵蚀模数［t/（km²·年）］	1 500	11 500	
地形	坡度（°）	15	45	–
	坡向	平地、阳坡、半阳坡		
社会经济	区位（km）	5	30	–
	交通通达度（km）	160	230	–

表3-18　香榧用地适宜性评价因子标准值、上限值和下限值

因子类型	评价因子	标准值（C_i）	上限值（U_{t1}）	下限值（U_{t2}）
气候	年均温（℃）	16	19	13
	年降水量（mm）	1 450	1 700	1 200
	无霜期（d）	250	290	210
	年日照时数（h）	1 750	2 000	1 500
土壤	有机质（g/kg）	30	–	5
	全磷（g/kg）	1.0	–	0.2
	全钾（g/kg）	25	–	15
	pH值	6.0	8.3	4.2
	土层厚度（cm）	100	–	30
	质地	砂壤土、轻壤土、中壤土	–	–
	侵蚀模数［t/（km²·年）］	1 500	11 500	
地形	坡度（°）	15	45	–
	坡向	半阴坡/半阳坡/阴坡	–	–
社会经济	区位（km）	5	30	–
	交通通达度（km）	160	230	–

表3-19　南方红豆杉用地适宜性评价因子标准值、上限值和下限值

因子类型	评价因子	标准值（C_i）	上限值（U_{t1}）	下限值（U_{t2}）
气候	年均温（℃）	15	19.6	11
	年降水量（mm）	1 600	–	1 300
	无霜期（d）	260	300	220
	年日照时数（h）	1 700	2 000	–
土壤	有机质（g/kg）	30	–	5
	全磷（g/kg）	1.0	–	0.2
	全钾（g/kg）	25	–	6
	pH值	6.0	7.5	5
	土层厚度（cm）	100	–	30
	质地	砂壤土、轻壤土、中壤土	–	–
	侵蚀模数［t/（km²·年）］	1 500	11 500	–
地形	坡度（°）	15	45	–
	坡向	半阴坡/阴坡	–	–
社会经济	区位（km）	5	30	–
	交通通达度（km）	160	230	–

表3-20　樟科主要珍贵树种用地适宜性评价的极限因子及其极限值

极限因子	闽楠		香樟		沉水樟	
	上限值	下限值	上限值	下限值	上限值	下限值
极端高温（℃）	–	–	–	36.5	–	–
极端低温（℃）	–	0.5	–	−1	–	−5
年均温（℃）	21	–	–	12	–	16
pH值	7.5	4	7.5	4	7.5	4
土层厚度（cm）	–	20	–	20	–	20
质地	–	松砂、砾质	–	松砂、砾质	–	松砂、砾质
侵蚀模数［t/（km²·年）］	11 500	–	11 500	–	11 500	–
坡度（°）	45	–	45	–	45	–

表3-21　豆科主要珍贵树种用地适宜性评价的极限因子及其极限值

极限因子	红豆树		花榈木		降香黄檀	
	上限值	下限值	上限值	下限值	上限值	下限值
极端高温（℃）	35.6	–	41.5	–	–	–
极端最温（℃）	–	−8.4	–	−11	–	−3
年均温（℃）	25	–	–	17	–	20.5
pH值	7.5	4	7.5	4	7.5	4

（续表）

极限因子	红豆树		花榈木		降香黄檀	
	上限值	下限值	上限值	下限值	上限值	下限值
土层厚度（cm）	–	20	–	20	–	20
质地	–	松砂、砾质	–	松砂、砾质	–	松砂、砾质
侵蚀模数［t/（km²·年）］	11 500	–	11 500	–	11 500	–
坡度（°）	45	–	45	–	45	–

表3-22　木兰科主要珍贵树种用地适宜性评价的极限因子及其极限值

极限因子	树种名称	上限值	下限值
极端低温（℃）	厚朴	–	-12
	鹅掌楸	–	-12.4
	观光木	–	-8.8
	福建含笑	–	-7.8
	深山含笑	–	-16
	乳源木莲	–	-17
极端高温（℃）	厚朴	40.0	–
	鹅掌楸	41.0	–
	观光木	43.0	–
	福建含笑	41.0	–
	深山含笑	39.8	–
	乳源木莲	42.2	–
pH值	厚朴	7.5	4.5
	鹅掌楸	6.5	4.5
	观光木	6	4
	福建含笑	6	4.5
	深山含笑	6.5	4.5
	乳源木莲	6.5	4
土层厚度（cm）	厚朴/鹅掌楸/观光木/福建含笑/深山含笑/乳源木莲	–	20
质地	厚朴/鹅掌楸/观光木/福建含笑/深山含笑/乳源木莲	–	松砂、砾质
侵蚀模数［t/（km²·年）］	厚朴/鹅掌楸/观光木/福建含笑/深山含笑/乳源木莲	11 500	–
坡度（°）	厚朴/鹅掌楸/观光木/福建含笑/深山含笑/乳源木莲	45	–

表3-23　壳斗、桦木和红豆杉科主要珍贵树种用地适宜性评价的极限因子及其极限值

极限因子	树种名称	上限值	下限值
年均温（℃）	吊皮锥	20	–
	光皮桦	20	–
	南方红豆杉	19.6	–

（续表）

极限因子	树种名称	上限值	下限值
花期（5—6月）均温（℃）	锥栗	27	15
≥10℃活动积温（℃）	红锥	–	6 000
	锥栗	6 000	2 200
	南方红豆杉	6 400	–
极端高温（℃）	锥栗	41	–
	西南桦	41	–
	香榧	38	–
极端低温（℃）	红锥	–	−4
	吊皮锥	–	−6.5
	锥栗	–	−9.3
	光皮桦	–	−10
	西南桦	–	−5
	香榧	–	−15
	南方红豆杉	–	−11
年降水量（mm）	锥栗	2 000	–
	香榧	–	1 200
pH值	红锥	6.0	4.0
	吊皮锥	6.5	4.0
	锥栗	8.0	4.0
	光皮桦	8.0	4.0
	西南桦	6.5	4.0
	香榧	8.3	4.2
	南方红豆杉	7.5	4.5
土层厚度（cm）	红锥/吊皮锥/锥栗/光皮桦/西南桦/香榧/南方红豆杉	–	20
质地	红锥/吊皮锥/锥栗/光皮桦/西南桦/香榧/南方红豆杉	松砂、砾质	–
侵蚀模数［t/（km²·年）］	红锥/吊皮锥/锥栗/光皮桦/西南桦/香榧/南方红豆杉	11 500	–
坡度	红锥/吊皮锥/锥栗/光皮桦/西南桦/香榧/南方红豆杉	45	–

表3-24　闽楠用地适宜性评价因子隶属函数模型

因子类型	函数类型	评价因子	隶属函数模型	相关系数
地形	戒下型	坡度（°）	$y=1/\left[1+0.006 \times (x-15)^2\right]$	0.934
气候	峰型	年均温（℃）	$y=1/\left[1+0.576 \times (x-18)^2\right]$	0.950
	戒上型	无霜期（d）	$y=1/\left[1+0.13 \times (x-270)^2\right]$	0.973
	峰型	年降水量（mm）	$y=1/\left[1+0.000\ 023\ 31 \times (x-1\ 600)^2\right]$	0.932

（续表）

因子类型	函数类型	评价因子	隶属函数模型	相关系数
土壤	戒上型	有机质（g/kg）	$y=1/[1+0.08\times(x-30)^2]$	0.973
	戒上型	全磷（g/kg）	$y=1/[1+5.686\times(x-1.0)^2]$	0.974
	戒上型	全钾（g/kg）	$y=1/[1+0.014\times(x-25)^2]$	0.996
	峰型	pH值	$y=1/[1+2.353\times(x-7.5)^2]$	0.951
	戒上型	土层厚度（cm）	$y=1/[1+0.001\times(x-100)^2]$	0.972
	戒下型	侵蚀模数［t/（km²·年）］	$y=1/[1+0.000\,000\,056\,6\times(x-1\,500)^2]$	0.962
社会经济	戒下型	区位（km）	$y=1/[1+0.008\times(x-5)^2]$	0.986
	戒下型	交通通达度（km）	$y=1/[1+0.001\times(x-160)^2]$	0.988

表3-25　香樟用地适宜性评价因子隶属函数模型

因子类型	函数类型	评价因子	隶属函数模型	相关系数
地形	戒下型	坡度（°）	$y=1/[1+0.006\times(x-15)^2]$	0.934
气候	戒上型	年均温（℃）	$y=1/[1+0.51\times(x-18)^2]$	0.953
	戒上型	无霜期（d）	$y=1/[1+0.013\times(x-265)^2]$	0.943
	峰型	年降水量（mm）	$y=1/[1+0.000\,005\,186\times(x-1\,600)^2]$	0.952
土壤	戒上型	有机质（g/kg）	$y=1/[1+0.08\times(x-30)^2]$	0.973
	戒上型	全磷（g/kg）	$y=1/[1+5.686\times(x-1.0)^2]$	0.974
	戒上型	全钾（g/kg）	$y=1/[1+0.014\times(x-25)^2]$	0.996
	峰型	pH值	$y=1/[1+5.186\times(x-6.5)^2]$	0.921
	戒上型	土层厚度（cm）	$y=1/[1+0.001\times(x-100)^2]$	0.972
	戒下型	侵蚀模数［t/（km²·年）］	$y=1/[1+0.000\,000\,056\,6\times(x-1\,500)^2]$	0.962
社会经济	戒下型	区位（km）	$y=1/[1+0.008\times(x-5)^2]$	0.986
	戒下型	交通通达度（km）	$y=1/[1+0.001\times(x-160)^2]$	0.988

表3-26　沉水樟用地适宜性评价因子隶属函数模型

因子类型	函数类型	评价因子	隶属函数模型	相关系数
地形	戒下型	坡度（°）	$y=1/[1+0.006\times(x-15)^2]$	0.934
气候	戒上型	年均温（℃）	$y=1/[1+0.605\times(x-19)^2]$	0.927
	戒上型	无霜期（d）	$y=1/[1+0.006\times(x-280)^2]$	0.946
	戒上型	年降水量（mm）	$y=1/[1+0.000\,055\,07\times(x-1\,800)^2]$	0.922
土壤	戒上型	有机质（g/kg）	$y=1/[1+0.08\times(x-30)^2]$	0.973
	戒上型	全磷（g/kg）	$y=1/[1+5.686\times(x-1.0)^2]$	0.974
	戒上型	全钾（g/kg）	$y=1/[1+0.014\times(x-25)^2]$	0.996
	峰型	pH值	$y=1/[1+1.23\times(x-5)^2]$	0.936
	戒上型	土层厚度（cm）	$y=1/[1+0.001\times(x-100)^2]$	0.972
	戒下型	侵蚀模数［t/（km²·年）］	$y=1/[1+0.000\,000\,056\,6\times(x-1\,500)^2]$	0.962
社会经济	戒下型	区位（km）	$y=1/[1+0.008\times(x-5)^2]$	0.986
	戒下型	交通通达度（km）	$y=1/[1+0.001\times(x-160)^2]$	0.988

表3-27　红豆树用地适宜性评价因子隶属函数模型

因子类型	函数类型	评价因子	隶属函数模型	相关系数
地形	戒下型	坡度（°）	$y=1/\left[1+0.006\times(x-15)^2\right]$	0.934
气候	峰型	年均温（℃）	$y=1/\left[1+0.425\times(x-21)^2\right]$	0.952
	峰型	无霜期（d）	$y=1/\left[1+0.023\times(x-275)^2\right]$	0.943
	戒上型	年降水量（mm）	$y=1/\left[1+0.000\,007\,69\times(x-1\,900)^2\right]$	0.938
土壤	戒上型	有机质（g/kg）	$y=1/\left[1+0.08\times(x-30)^2\right]$	0.973
	戒上型	全磷（g/kg）	$y=1/\left[1+5.686\times(x-1.0)^2\right]$	0.974
	戒上型	全钾（g/kg）	$y=1/\left[1+0.014\times(x-25)^2\right]$	0.996
	峰型	pH值	$y=1/\left[1+2.851\times(x-5.5)^2\right]$	0.921
	戒上型	土层厚度（cm）	$y=1/\left[1+0.001\times(x-100)^2\right]$	0.972
	戒下型	侵蚀模数［t/（km²·年）］	$y=1/\left[1+0.000\,000\,056\,6\times(x-1\,500)^2\right]$	0.962
社会经济	戒下型	区位（km）	$y=1/\left[1+0.008\times(x-5)^2\right]$	0.986
	戒下型	交通通达度（km）	$y=1/\left[1+0.001\times(x-160)^2\right]$	0.988

表3-28　降香黄檀用地适宜性评价因子隶属函数模型

因子类型	函数类型	评价因子	隶属函数模型	相关系数
地形	戒下型	坡度（°）	$y=1/\left[1+0.006\times(x-15)^2\right]$	0.934
气候	戒上型	年均温（℃）	$y=1/\left[1+2.347\times(x-20.5)^2\right]$	0.957
	戒上型	无霜期（d）	$y=1/\left[1+0.002\times(x-320)^2\right]$	0.943
	戒上型	年降水量（mm）	$y=1/\left[1+0.000\,049\,55\times(x-1\,500)^2\right]$	0.952
土壤	戒上型	有机质（g/kg）	$y=1/\left[1+0.08\times(x-30)^2\right]$	0.973
	戒上型	全磷（g/kg）	$y=1/\left[1+5.686\times(x-1.0)^2\right]$	0.974
	戒上型	全钾（g/kg）	$y=1/\left[1+0.014\times(x-25)^2\right]$	0.996
	峰型	pH值	$y=1/\left[1+2.305\times(x-6)^2\right]$	0.941
	戒上型	土层厚度（cm）	$y=1/\left[1+0.001\times(x-100)^2\right]$	0.972
	戒下型	侵蚀模数［t/（km²·年）］	$y=1/\left[1+0.000\,000\,056\,6\times(x-1\,500)^2\right]$	0.962
社会经济	戒下型	区位（km）	$y=1/\left[1+0.008\times(x-5)^2\right]$	0.986
	戒下型	交通通达度（km）	$y=1/\left[1+0.001\times(x-160)^2\right]$	0.988

表3-29　花榈木用地适宜性评价因子隶属函数模型

因子类型	函数类型	评价因子	隶属函数模型	相关系数
地形	戒下型	坡度（°）	$y=1/[1+0.006 \times (x-15)^2]$	0.934
气候	戒上型	年均温（℃）	$y=1/[1+0.317 \times (x-18)^2]$	0.940
	戒上型	无霜期（d）	$y=1/[1+0.003 \times (x-280)^2]$	0.953
	戒上型	年降水量（mm）	$y=1/[1+0.00004258 \times (x-1700)^2]$	0.952
土壤	戒上型	有机质（g/kg）	$y=1/[1+0.08 \times (x-30)^2]$	0.973
	戒上型	全磷（g/kg）	$y=1/[1+5.686 \times (x-1.0)^2]$	0.974
	戒上型	全钾（g/kg）	$y=1/[1+0.014 \times (x-25)^2]$	0.996
	峰型	pH值	$y=1/[1+2.305 \times (x-6)^2]$	0.921
	戒上型	土层厚度（cm）	$y=1/[1+0.001 \times (x-100)^2]$	0.972
	戒下型	侵蚀模数［t/（km²·年）］	$y=1/[1+0.0000000566 \times (x-1500)^2]$	0.962
社会经济	戒下型	区位（km）	$y=1/[1+0.008 \times (x-5)^2]$	0.986
	戒下型	交通通达度（km）	$y=1/[1+0.001 \times (x-160)^2]$	0.988

表3-30　厚朴用地适宜性评价因子隶属函数模型

因子类型	函数类型	评价因子	隶属函数模型	相关系数
地形	戒下型	坡度（°）	$y=1/[1+0.024241434 \times (x-15)^2]$	0.934
气候	戒上型	年均温（℃）	$y=1/[1+0.566626955 \times (x-17)^2]$	0.962
	戒上型	无霜期（d）	$y=1/[1+0.004114365 \times (x-240)^2]$	0.957
	戒上型	年降水量（mm）	$y=1/[1+0.000007890 \times (x-1500)^2]$	0.969
土壤	戒上型	有机质（g/kg）	$y=1/[1+0.0067589 \times (x-30)^2]$	0.973
	戒上型	全磷（g/kg）	$y=1/[1+4.6014814 \times (x-1.0)^2]$	0.974
	戒上型	全钾（g/kg）	$y=1/[1+0.0122901 \times (x-25)^2]$	0.996
	峰型	pH值	$y=1/[1+2.304685481 \times (x-6)^2]$	0.949
	戒上型	土层厚度（cm）	$y=1/[1+0.000648285 \times (x-100)^2]$	0.972
	戒下型	侵蚀模数［t/（km²·年）］	$y=1/[1+0.000000065 \times (x-1500)^2]$	0.962
社会经济	戒下型	区位（km）	$y=1/[1+0.0042296 \times (x-5)^2]$	0.986
	戒下型	交通通达度（km）	$y=1/[1+0.001786693 \times (x-160)^2]$	0.988

表3-31　鹅掌楸用地适宜性评价因子隶属函数模型

因子类型	函数类型	评价因子	隶属函数模型	相关系数
地形	戒下型	坡度（°）	$y=1/[1+0.024\,241\,434\times(x-15)^2]$	0.934
气候	戒上型	年均温（℃）	$y=1/[1+0.511\,175\,683\times(x-15)^2]$	0.963
	戒上型	无霜期（d）	$y=1/[1+0.005\,024\,899\times(x-250)^2]$	0.961
	戒上型	年降水量（mm）	$y=1/[1+0.000\,005\,445\times(x-1\,700)^2]$	0.967
土壤	戒上型	有机质（g/kg）	$y=1/[1+0.006\,758\,9\times(x-30)^2]$	0.973
	戒上型	全磷（g/kg）	$y=1/[1+4.601\,481\,4\times(x-1.0)^2]$	0.974
	戒上型	全钾（g/kg）	$y=1/[1+0.012\,290\,1\times(x-25)^2]$	0.996
	峰型	pH值	$y=1/[1+4.522\,409\,640\times(x-5.5)^2]$	0.961
	戒上型	土层厚度（cm）	$y=1/[1+0.000\,648\,285\times(x-100)^2]$	0.972
	戒下型	侵蚀模数[t/（km²·年）]	$y=1/[1+0.000\,000\,065\times(x-1\,500)^2]$	0.962
社会经济	戒下型	区位（km）	$y=1/[1+0.004\,229\,6\times(x-5)^2]$	0.986
	戒下型	交通通达度（km）	$y=1/[1+0.001\,786\,693\times(x-160)^2]$	0.988

表3-32　观光木用地适宜性评价因子隶属函数模型

因子类型	函数类型	评价因子	隶属函数模型	相关系数
地形	戒下型	坡度（°）	$y=1/[1+0.024\,241\,434\times(x-15)^2]$	0.934
气候	戒上型	年均温（℃）	$y=1/[1+0.986\,910\,946\times(x-17)^2]$	0.974
	戒上型	无霜期（d）	$y=1/[1+0.005\,657\,858\times(x-280)^2]$	0.962
	戒上型	年降水量（mm）	$y=1/[1+0.000\,029\,716\times(x-1\,600)^2]$	0.969
土壤	戒上型	有机质（g/kg）	$y=1/[1+0.006\,758\,9\times(x-30)^2]$	0.973
	戒上型	全磷（g/kg）	$y=1/[1+4.601\,481\,4\times(x-1.0)^2]$	0.974
	戒上型	全钾（g/kg）	$y=1/[1+0.012\,290\,1\times(x-25)^2]$	0.996
	峰型	pH值	$y=1/[1+4.566\,629\,947\times(x-5)^2]$	0.962
	戒上型	土层厚度（cm）	$y=1/[1+0.000\,648\,285\times(x-100)^2]$	0.972
	戒下型	侵蚀模数[t/（km²·年）]	$y=1/[1+0.000\,000\,065\times(x-1\,500)^2]$	0.962
社会经济	戒下型	区位（km）	$y=1/[1+0.004\,229\,6\times(x-5)^2]$	0.986
	戒下型	交通通达度（km）	$y=1/[1+0.001\,786\,693\times(x-160)^2]$	0.988

表3-33 福建含笑用地适宜性评价因子隶属函数模型

因子类型	函数类型	评价因子	隶属函数模型	相关系数
地形	戒下型	坡度（°）	$y=1/[1+0.024\ 241\ 434 \times (x-15)^2]$	0.934
气候	戒上型	年均温（℃）	$y=1/[1+2.009\ 959\ 835 \times (x-18.5)^2]$	0.961
	戒上型	无霜期（d）	$y=1/[1+0.017\ 186\ 141 \times (x-280)^2]$	0.947
	戒上型	年降水量（mm）	$y=1/[1+0.000\ 111\ 599 \times (x-1\ 800)^2]$	0.966
土壤	戒上型	有机质（g/kg）	$y=1/[1+0.006\ 758\ 9 \times (x-30)^2]$	0.973
	戒上型	全磷（g/kg）	$y=1/[1+4.601\ 481\ 4 \times (x-1.0)^2]$	0.974
	戒上型	全钾（g/kg）	$y=1/[1+0.012\ 290\ 1 \times (x-25)^2]$	0.996
	峰型	pH值	$y=1/[1+8.147\ 838\ 036 \times (x-5)^2]$	0.917
	戒上型	土层厚度（cm）	$y=1/[1+0.000\ 648\ 285 \times (x-100)^2]$	0.972
	戒下型	侵蚀模数[t/（km²·年）]	$y=1/[1+0.000\ 000\ 065 \times (x-1\ 500)^2]$	0.962
社会经济	戒下型	区位（km）	$y=1/[1+0.004\ 229\ 6 \times (x-5)^2]$	0.986
	戒下型	交通通达度（km）	$y=1/[1+0.001\ 786\ 693 \times (x-160)^2]$	0.988

表3-34 深山含笑用地适宜性评价因子隶属函数模型

因子类型	函数类型	评价因子	隶属函数模型	相关系数
地形	戒下型	坡度（°）	$y=1/[1+0.024\ 241\ 434 \times (x-15)^2]$	0.934
气候	戒上型	年均温（℃）	$y=1/[1+2.455\ 979\ 974 \times (x-16.5)^2]$	0.951
	戒上型	无霜期（d）	$y=1/[1+0.011\ 332\ 951 \times (x-260)^2]$	0.964
	戒上型	年降水量（mm）	$y=1/[1+0.000\ 037\ 492 \times (x-1\ 550)^2]$	0.967
土壤	戒上型	有机质（g/kg）	$y=1/[1+0.006\ 758\ 9 \times (x-30)^2]$	0.973
	戒上型	全磷（g/kg）	$y=1/[1+4.601\ 481\ 4 \times (x-1.0)^2]$	0.974
	戒上型	全钾（g/kg）	$y=1/[1+0.012\ 290\ 1 \times (x-25)^2]$	0.996
	峰型	pH值	$y=1/[1+4.344\ 357\ 872 \times (x-5.5)^2]$	0.959
	戒上型	土层厚度（cm）	$y=1/[1+0.000\ 648\ 285 \times (x-100)^2]$	0.972
	戒下型	侵蚀模数[t/（km²·年）]	$y=1/[1+0.000\ 000\ 065 \times (x-1\ 500)^2]$	0.962
社会经济	戒下型	区位（km）	$y=1/[1+0.004\ 229\ 6 \times (x-5)^2]$	0.986
	戒下型	交通通达度（km）	$y=1/[1+0.001\ 786\ 693 \times (x-160)^2]$	0.988

表3-35　乳源木莲用地适宜性评价因子隶属函数模型

因子类型	函数类型	评价因子	隶属函数模型	相关系数
地形	戒下型	坡度（°）	$y = 1/[1+0.024\ 241\ 434 \times (x-15)^2]$	0.934
气候	戒上型	年均温（℃）	$y = 1/[1+0.064\ 881\ 721 \times (x-18.5)^2]$	0.967
	戒上型	无霜期（d）	$y = 1/[1+0.001\ 823\ 761 \times (x-290)^2]$	0.965
	戒上型	年降水量（mm）	$y = 1/[1+0.000\ 003\ 738 \times (x-1\ 700)^2]$	0.966
土壤	戒上型	有机质（g/kg）	$y = 1/[1+0.006\ 758\ 9 \times (x-30)^2]$	0.973
	戒上型	全磷（g/kg）	$y = 1/[1+4.601\ 481\ 4 \times (x-1.0)^2]$	0.974
	戒上型	全钾（g/kg）	$y = 1/[1+0.012\ 290\ 1 \times (x-25)^2]$	0.996
	峰型	pH值	$y = 1/[1+2.893\ 678\ 492 \times (x-5.5)^2]$	0.949
	戒上型	土层厚度（cm）	$y = 1/[1+0.000\ 648\ 285 \times (x-100)^2]$	0.972
	戒下型	侵蚀模数[t/（km^2·年）]	$y = 1/[1+0.000\ 000\ 065 \times (x-1\ 500)^2]$	0.962
社会经济	戒下型	区位（km）	$y = 1/[1+0.004\ 229\ 6 \times (x-5)^2]$	0.986
	戒下型	交通通达度（km）	$y = 1/[1+0.001\ 786\ 693 \times (x-160)^2]$	0.988

表3-36　锥栗用地适宜性评价因子隶属函数模型

因子类型	函数类型	评价因子	隶属函数模型	相关系数
地形	戒下型	坡度（°）	$y = 1/[1+0.024\ 241\ 434 \times (x-15)^2]$	0.934
气候	峰型	≥10℃活动积温（℃）	$y = 1/[1+2.473\ 07 \times 10^{-b} \times (x-4\ 500)^2]$	0.960
	峰型	花期5—6月均温（℃）	$y = 1/[1+0.162\ 422\ 2 \times (x-19)^2]$	0.902
	戒上型	无霜期（d）	$y = 1/[1+0.004\ 349\ 4 \times (x-280)^2]$	0.973
	戒上型	年日照时数（h）	$y = 1/[1+0.000\ 180\ 5 \times (x-1650)^2]$	0.974
	峰型	年降水量（mm）	$y = 1/[1+0.000\ 017\ 2 \times (x-1\ 500)^2]$	0.932
土壤	戒上型	有机质（g/kg）	$y = 1/[1+0.006\ 758\ 9 \times (x-30)^2]$	0.973
	戒上型	全磷（g/kg）	$y = 1/[1+4.601\ 481\ 4 \times (x-1.0)^2]$	0.974
	戒上型	全钾（g/kg）	$y = 1/[1+0.012\ 290\ 1 \times (x-25)^2]$	0.996
	峰型	pH值	$y = 1/[1+1.560\ 125\ 2 \times (x-7.6)^2]$	0.951
	戒上型	土层厚度（cm）	$y = 1/[1+0.000\ 648\ 285 \times (x-100)^2]$	0.972
	戒下型	侵蚀模数[t/（km^2·年）]	$y = 1/[1+0.000\ 000\ 065 \times (x-1\ 500)^2]$	0.962
社会经济	戒下型	区位（km）	$y = 1/[1+0.004\ 229\ 6 \times (x-5)^2]$	0.986
	戒下型	交通通达度（km）	$y = 1/[1+0.001\ 786\ 693 \times (x-160)^2]$	0.988

表3-37 红锥用地适宜性评价因子隶属函数模型

因子类型	函数类型	评价因子	隶属函数模型	相关系数
地形	戒下型	坡度（°）	$y=1/\left[1+0.005\times(x-15)^2\right]$	0.957
气候	戒上型	年均温（℃）	$y=1/\left[1+1.006\times(x-20)^2\right]$	0.957
	戒上型	无霜期（d）	$y=1/\left[1+0.017\times(x-305)^2\right]$	0.953
	戒上型	年降水量（mm）	$y=1/\left[1+0.000\,099\,61\times(x-1\,300)^2\right]$	0.955
	戒上型	年日照时数（h）	$y=1/\left[1+0.000\,010\,89\times(x-2\,000)^2\right]$	0.954
土壤	戒上型	有机质（g/kg）	$y=1/\left[1+0.007\times(x-30)^2\right]$	0.960
	戒上型	全磷（g/kg）	$y=1/\left[1+4.850\times(x-1.0)^2\right]$	0.956
	戒上型	全钾（g/kg）	$y=1/\left[1+0.012\times(x-25)^2\right]$	0.996
	峰型	pH值	$y=1/\left[1+6.496\times(x-5)^2\right]$	0.968
	戒上型	土层厚度（cm）	$y=1/\left[1+0.001\times(x-100)^2\right]$	0.950
	戒下型	侵蚀模数［t/（km²·年）］	$y=1/\left[1+0.000\,000\,056\,6\times(x-1\,500)^2\right]$	0.962
社会经济	戒下型	区位（km）	$y=1/\left[1+0.007\times(x-5)^2\right]$	0.962
	戒下型	交通通达度（km）	$y=1/\left[1+0.001\times(x-160)^2\right]$	0.961

表3-38 吊皮锥用地适宜性评价因子隶属函数模型

因子类型	函数类型	评价因子	隶属函数模型	相关系数
地形	戒下型	坡度（°）	$y=1/\left[1+0.005\times(x-15)^2\right]$	0.957
气候	峰型	年均温（℃）	$y=1/\left[1+0.765\times(x-18)^2\right]$	0.912
	峰型	无霜期（d）	$y=1/\left[1+0.003\times(x-270)^2\right]$	0.970
	戒上型	年降水量（mm）	$y=1/\left[1+0.000\,096\,40\times(x-1\,700)^2\right]$	0.948
	戒上型	年日照时数（h）	$y=1/\left[1+0.000\,067\,53\times(x-1\,750)^2\right]$	0.955
土壤	戒上型	有机质（g/kg）	$y=1/\left[1+0.007\times(x-30)^2\right]$	0.960
	戒上型	全磷（g/kg）	$y=1/\left[1+4.850\times(x-1.0)^2\right]$	0.956
	戒上型	全钾（g/kg）	$y=1/\left[1+0.012\times(x-25)^2\right]$	0.996
	峰型	pH值	$y=1/\left[1+5.642\times(x-5.3)^2\right]$	0.960
	戒上型	土层厚度（cm）	$y=1/\left[1+0.001\times(x-100)^2\right]$	0.950
	戒下型	侵蚀模数［t/（km²·年）］	$y=1/\left[1+0.000\,000\,056\,6\times(x-1\,500)^2\right]$	0.962
社会经济	戒下型	区位（km）	$y=1/\left[1+0.007\times(x-5)^2\right]$	0.962
	戒下型	交通通达度（km）	$y=1/\left[1+0.001\times(x-160)^2\right]$	0.961

表3-39 光皮桦用地适宜性评价因子隶属函数模型

因子类型	函数类型	评价因子	隶属函数模型	相关系数
地形	戒下型	坡度（°）	$y=1/\left[1+0.005\times(x-15)^2\right]$	0.957
气候	峰型	年均温（℃）	$y=1/\left[1+0.857\times(x-18)^2\right]$	0.951
	峰型	无霜期（d）	$y=1/\left[1+0.004\times(x-285)^2\right]$	0.956
	戒上型	年降水量（mm）	$y=1/\left[1+0.000\,053\,49\times(x-1\,780)^2\right]$	0.956
	戒上型	年日照时数（h）	$y=1/\left[1+0.000\,011\,98\times(x-1\,880)^2\right]$	0.951
土壤	戒上型	有机质（g/kg）	$y=1/\left[1+0.007\times(x-30)^2\right]$	0.960
	戒上型	全磷（g/kg）	$y=1/\left[1+6.694\times(x-1.0)^2\right]$	0.957
	戒上型	全钾（g/kg）	$y=1/\left[1+0.012\times(x-25)^2\right]$	0.996
	峰型	pH值	$y=1/\left[1+1.509\times(x-6)^2\right]$	0.965
	戒上型	土层厚度（cm）	$y=1/\left[1+0.001\times(x-100)^2\right]$	0.950
	戒下型	侵蚀模数［t/（km²·年）］	$y=1/\left[1+0.000\,000\,056\,6\times(x-1\,500)^2\right]$	0.962
社会经济	戒下型	区位（km）	$y=1/\left[1+0.007\times(x-5)^2\right]$	0.962
	戒下型	交通通达度（km）	$y=1/\left[1+0.001\times(x-160)^2\right]$	0.961

表3-40 西南桦用地适宜性评价因子隶属函数模型

因子类型	函数类型	评价因子	隶属函数模型	相关系数
地形	戒下型	坡度（°）	$y=1/\left[1+0.005\times(x-15)^2\right]$	0.957
气候	峰型	年均温（℃）	$y=1/\left[1+0.373\times(x-17.5)^2\right]$	0.974
	峰型	无霜期（d）	$y=1/\left[1+0.002\times(x-265)^2\right]$	0.912
	戒上型	年降水量（mm）	$y=1/\left[1+0.000\,023\,89\times(x-1\,400)^2\right]$	0.956
	戒上型	年日照时数（h）	$y=1/\left[1+0.000\,096\,29\times(x-1\,800)^2\right]$	0.952
土壤	戒上型	有机质（g/kg）	$y=1/\left[1+0.017\times(x-20)^2\right]$	0.956
	戒上型	全磷（g/kg）	$y=1/\left[1+4.850\times(x-1.0)^2\right]$	0.956
	戒上型	全钾（g/kg）	$y=1/\left[1+0.012\times(x-25)^2\right]$	0.996
	峰型	pH值	$y=1/\left[1+3.900\times(x-5.4)^2\right]$	0.960
	戒上型	土层厚度（cm）	$y=1/\left[1+0.001\times(x-100)^2\right]$	0.950
	戒下型	侵蚀模数［t/（km²·年）］	$y=1/\left[1+0.000\,000\,056\,6\times(x-1\,500)^2\right]$	0.962
社会经济	戒下型	区位（km）	$y=1/\left[1+0.007\times(x-5)^2\right]$	0.962
	戒下型	交通通达度（km）	$y=1/\left[1+0.001\times(x-160)^2\right]$	0.961

表3-41　香榧用地适宜性评价因子隶属函数模型

因子类型	函数类型	评价因子	隶属函数模型	相关系数
地形	戒下型	坡度（°）	$y=1/\left[1+0.005\times(x-15)^2\right]$	0.957
气候	峰型	年均温（℃）	$y=1/\left[1+0.563\times(x-16)^2\right]$	0.975
	峰型	无霜期（d）	$y=1/\left[1+0.003\times(x-250)^2\right]$	0.973
	峰型	年降水量（mm）	$y=1/\left[1+0.000\,088\,94\times(x-1\,450)^2\right]$	0.966
	峰型	年日照时数（h）	$y=1/\left[1+0.000\,084\,22\times(x-1\,750)^2\right]$	0.975
土壤	戒上型	有机质（g/kg）	$y=1/\left[1+0.007\times(x-30)^2\right]$	0.960
	戒上型	全磷（g/kg）	$y=1/\left[1+6.694\times(x-1.0)^2\right]$	0.957
	戒上型	全钾（g/kg）	$y=1/\left[1+0.041\times(x-25)^2\right]$	0.955
	峰型	pH值	$y=1/\left[1+1.386\times(x-6)^2\right]$	0.959
	戒上型	土层厚度（cm）	$y=1/\left[1+0.001\times(x-100)^2\right]$	0.950
	戒下型	侵蚀模数［t/（km²·年）］	$y=1/\left[1+0.000\,000\,056\,6\times(x-1\,500)^2\right]$	0.962
社会经济	戒下型	区位（km）	$y=1/\left[1+0.007\times(x-5)^2\right]$	0.962
	戒下型	交通通达度（km）	$y=1/\left[1+0.001\times(x-160)^2\right]$	0.961

表3-42　南方红豆杉用地适宜性评价因子隶属函数模型

因子类型	函数类型	评价因子	隶属函数模型	相关系数
地形	戒下型	坡度（°）	$y=1/\left[1+0.005\times(x-15)^2\right]$	0.957
气候	峰型	年均温（℃）	$y=1/\left[1+0.300\times(x-15)^2\right]$	0.969
	峰型	无霜期（d）	$y=1/\left[1+0.003\times(x-260)^2\right]$	0.978
	戒上型	年降水量（mm）	$y=1/\left[1+0.000\,052\,51\times(x-1\,600)^2\right]$	0.944
	戒下型	年日照时数（h）	$y=1/\left[1+0.000\,043\,70\times(x-1\,700)^2\right]$	0.955
土壤	戒上型	有机质（g/kg）	$y=1/\left[1+0.007\times(x-30)^2\right]$	0.960
	戒上型	全磷（g/kg）	$y=1/\left[1+6.694\times(x-1.0)^2\right]$	0.957
	戒上型	全钾（g/kg）	$y=1/\left[1+0.012\times(x-25)^2\right]$	0.996
	峰型	pH值	$y=1/\left[1+2.639\times(x-6)^2\right]$	0.961
	戒上型	土层厚度（cm）	$y=1/\left[1+0.001\times(x-100)^2\right]$	0.950
	戒下型	侵蚀模数［t/（km²·年）］	$y=1/\left[1+0.000\,000\,056\,6\times(x-1\,500)^2\right]$	0.962
社会经济	戒下型	区位（km）	$y=1/\left[1+0.007\times(x-5)^2\right]$	0.962
	戒下型	交通通达度（km）	$y=1/\left[1+0.001\times(x-160)^2\right]$	0.961

表3-43　闽楠、降香黄檀用地适宜性质地和坡向因子的隶属度经验值

质地（物理性黏粒）（g/kg）	隶属度经验值	质地（物理性黏粒）（g/kg）	隶属度经验值	坡向	隶属度经验值
轻壤土（250）	1.00	中黏土（800）	0.45	平地、阳坡	1.00
砂壤土（150）	0.95	紧砂土（75）	0.30	半阳坡	0.70
中壤土（375）	0.85	重黏土（925）	0.15	半阴坡	0.40
重壤土（525）	0.75	松砂土（25）	0	阴坡	0.20
轻黏土（675）	0.65				

表3-44　红豆树、香樟、沉水樟用地适宜性质地和坡向因子的隶属度经验值

质地（物理性黏粒）（g/kg）	隶属度经验值	质地（物理性黏粒）（g/kg）	隶属度经验值	坡向	隶属度经验值
中壤土（375）	1.00	中黏土（800）	0.45	平地、阳坡	1.00
轻壤土（250）	0.95	紧砂土（75）	0.30	半阳坡	0.70
砂壤土（150）	0.85	重黏土（925）	0.15	半阴坡	0.40
重壤土（525）	0.75	松砂土（25）	0	阴坡	0.20
轻黏土（675）	0.65				

表3-45　花榈木用地适宜性质地和坡向因子的隶属度经验值

质地（物理性黏粒）（g/kg）	隶属度经验值	质地（物理性黏粒）（g/kg）	隶属度经验值	坡向	隶属度经验值
砂壤土（150）	1.00	中黏土（800）	0.45	平地、阳坡	1.00
轻壤土（250）	0.95	紧砂土（75）	0.30	半阳坡	0.70
中壤土（375）	0.85	重黏土（925）	0.15	半阴坡	0.40
重壤土（525）	0.75	松砂土（25）	0	阴坡	0.20
轻黏土（675）	0.65				

表3-46　鹅掌楸、深山含笑、乳源木莲用地适宜性质地和坡向因子的隶属度经验值

质地（物理性黏粒）（g/kg）	隶属度经验值	质地（物理性黏粒）（g/kg）	隶属度经验值	坡向	隶属度经验值
砂壤土（150）	1.00	中黏土（800）	0.45	平地、阳坡	1.00
轻壤土（250）	0.95	紧砂土（75）	0.40	半阳坡	0.70
中壤土（375）	0.85	重黏土（925）	0.20	半阴坡	0.40
重壤土（525）	0.75	松砂土（25）	0.05	阴坡	0.20
轻黏土（675）	0.65	砾石	0		

表3-47　厚朴、观光木、福建含笑用地适宜性质地和坡向因子的隶属度经验值

质地（物理性黏粒） （g/kg）	隶属度 经验值	质地（物理性黏粒） （g/kg）	隶属度 经验值	坡向	隶属度 经验值
轻壤土（250）	1.00	中黏土（800）	0.45	平地、阳坡	1.00
中壤土（375）	0.95	重黏土（925）	0.40	半阳坡	0.70
砂壤土（150）	0.85	紧砂土（75）	0.20	半阴坡	0.40
重壤土（525）	0.75	松砂土（25）	0.05	阴坡	0.20
轻黏土（675）	0.65	砾石	0		

表3-48　锥栗用地适宜性质地和坡向因子的隶属度经验值

质地（物理性黏粒） （g/kg）	隶属度 经验值	质地（物理性黏粒） （g/kg）	隶属度 经验值	坡向	隶属度 经验值
砂壤土（150）	1.00	中黏土（800）	0.45	阴坡	1.00
轻壤土（250）	0.95	紧砂土（75）	0.30	半阴坡	0.70
中壤土（375）	0.85	重黏土（925）	0.15	半阳坡	0.40
重壤土（525）	0.75	松砂土（25）	0	平地、阳坡	0.20
轻黏土（675）	0.65				

表3-49　吊皮锥、光皮桦、西南桦用地适宜性质地和坡向因子的隶属度经验值

质地（物理性黏粒） （g/kg）	隶属度 经验值	质地（物理性黏粒） （g/kg）	隶属度 经验值	坡向	隶属度 经验值
砂壤土（150）	1.00	中黏土（800）	0.45	平地、阳坡	1.00
轻壤土（250）	0.95	紧砂土（75）	0.30	半阳坡	0.70
中壤土（375）	0.85	重黏土（925）	0.15	半阴坡	0.40
重壤土（525）	0.75	松砂土（25）	0	阴坡	0.20
轻黏土（675）	0.65				

表3-50　红锥、南方红豆杉用地适宜性质地和坡向的隶属度经验值

质地（物理性黏粒） （g/kg）	隶属度 经验值	质地（物理性黏粒） （g/kg）	隶属度 经验值	坡向	隶属度 经验值
砂壤土（150）	1.00	中黏土（800）	0.45	阴坡	1.00
轻壤土（250）	0.95	紧砂土（75）	0.30	半阴坡	0.70
中壤土（375）	0.85	重黏土（925）	0.15	半阳坡	0.40
重壤土（525）	0.75	松砂土（25）	0	平地、阳坡	0.20
轻黏土（675）	0.65				

表3-51　香榧用地适宜性质地和坡向因子的隶属度经验值

质地（物理性黏粒）（g/kg）	隶属度经验值	质地（物理性黏粒）（g/kg）	隶属度经验值	坡向	隶属度经验值
砂壤土（150）	1.00	中黏土（800）	0.45	半阴坡	1.00
轻壤土（250）	0.95	紧砂土（75）	0.30	半阳坡	0.70
中壤土（375）	0.85	重黏土（925）	0.15	阴坡	0.40
重壤土（525）	0.75	松砂土（25）	0	平地、阳坡	0.20
轻黏土（675）	0.65				

以福建省樟科、豆科、木兰科、壳斗科、桦木科和红豆杉科等19个主要珍贵树种用地适宜性评价为目标层，以气候、土壤、地形和社会经济因素为准则层，以具体评价因子为指标层，构成目标层、准则层和指标层之间的层次关系。运用特尔菲法建立准则层对目标层以及指标层对准则层的比较矩阵，借助农业农村部县域耕地资源管理信息系统的层次分析模块进行运算，并进行一致性检验，检验结果表明，福建省闽楠、香樟、沉水樟、花榈木、红豆树、降香黄檀、厚朴、鹅掌楸、观光木、深山含笑、福建含笑、乳源木莲、锥栗、红锥、吊皮锥、光皮桦、西南桦、南方红豆杉、香榧等19个珍贵树种用地适宜性评价各层次要素计算结果的CR值介于0~0.005，均小于0.1，故计算结果可信，从而分别获得福建省闽楠、香樟、沉水樟、花榈木、红豆树、降香黄檀、厚朴、鹅掌楸、观光木、深山含笑、福建含笑、乳源木莲、锥栗、红锥、吊皮锥、光皮桦、西南桦、南方红豆杉、香榧等19个珍贵树种用地适宜性评价因子权重值（表3-52至表3-54）。

（八）主要珍贵树种用地适宜性评价

采用修正的加权指数和模型（邢世和等，2006）。计算福建省主要珍贵树种用地适宜性综合指数，计算公式如下：

$$Y_i = \begin{cases} \sum_{i=1}^{n} a_i b_i \\ 0 \end{cases}$$

式中，Y_i表示评价单元某一珍贵树种的用地适宜性综合指数，a_i表示各评价因子的隶属度，b_i表示各评价因子的权重值，i表示任意一个参评因子，n表示参评因子总数。当评价单元任一评价因子指标超过其极限值时，$Y_i=0$，该评价单元为某珍贵树种不适宜用地，当评价单元因子均未超过其极限值时，即$Y_i>0$时，该评价单元为某珍贵树种适宜用地。

采用K均值聚类分析模型（唐启义，2013）对各栅格单元的用地适宜性综合指数进行分级。

表3-52　樟科、豆科主要珍贵树种用地适宜性评价因子权重

评价因子	权重					
	闽楠	香樟	沉水樟	花榈木	降香黄檀	红豆树
坡度	0.050 7	0.053 7	0.051 1	0.052 7	0.050 1	0.056 0
坡向	0.060 8	0.064 5	0.061 3	0.063 2	0.060 1	0.067 2
年均温	0.111 8	0.110 9	0.125 9	0.112 3	0.113 3	0.089 5
无霜期	0.095 4	0.107 4	0.090 2	0.099 9	0.100 2	0.082 0
年降水量	0.074 6	0.063 2	0.061 5	0.068 1	0.069 7	0.068 4

（续表）

评价因子	权重					
	闽楠	香樟	沉水樟	花榈木	降香黄檀	红豆树
区位	0.061 1	0.061 0	0.058 1	0.059 5	0.064 8	0.063 8
交通通达性	0.067 2	0.067 1	0.063 9	0.065 4	0.071 3	0.070 2
有机质	0.109 8	0.105 4	0.113 6	0.112 3	0.107 8	0.118 8
全磷	0.068 2	0.065 3	0.066 0	0.068 4	0.065 2	0.071 2
全钾	0.073 3	0.067 4	0.074 3	0.071 1	0.069 2	0.074 8
pH值	0.032 0	0.033 4	0.032 0	0.031 1	0.030 6	0.033 2
质地	0.062 3	0.061 0	0.062 9	0.058 7	0.059 3	0.065 2
土层厚度	0.092 7	0.099 4	0.098 5	0.096 7	0.095 6	0.097 1
侵蚀模数	0.040 3	0.040 4	0.040 7	0.040 5	0.043 0	0.042 5

表3-53　木兰科主要珍贵树种用地适宜性评价因子权重

评价因子	权重					
	厚朴	鹅掌楸	观光木	福建含笑	深山含笑	乳源木莲
年均温	0.090 3	0.095 8	0.092 7	0.093 5	0.093 1	0.094 1
年降水量	0.127 4	0.068 6	0.071 7	0.075 5	0.072 5	0.063 5
无霜期	0.072 0	0.140 4	0.134 2	0.129 6	0.134 0	0.142 1
有机质	0.091 8	0.083 3	0.087 6	0.089 7	0.081 7	0.081 7
全磷	0.102 4	0.105 3	0.110 1	0.107 7	0.103 2	0.103 2
全钾	0.030 2	0.036 0	0.036 4	0.036 4	0.035 4	0.035 4
pH值	0.059 7	0.060 6	0.059 8	0.059 8	0.057 7	0.057 7
土层厚度	0.043 6	0.044 0	0.044 4	0.044 4	0.043 1	0.043 1
质地	0.064 6	0.062 8	0.062 0	0.062 0	0.062 5	0.062 5
侵蚀模数	0.069 1	0.067 3	0.066 6	0.066 6	0.066 8	0.066 8
坡度	0.048 7	0.047 6	0.049 4	0.048 3	0.049 2	0.049 2
坡向	0.058 5	0.057 1	0.059 3	0.058 0	0.059 0	0.059 0
区位	0.074 6	0.069 0	0.066 2	0.067 6	0.074 7	0.074 7
交通通达度	0.067 1	0.062 1	0.059 6	0.060 8	0.067 2	0.067 2

表3-54　壳斗科、桦木科和红豆杉科主要珍贵树种用地适宜性评价因子权重

评价因子	权重						
	锥栗	红锥	吊皮锥	光皮桦	西南桦	香榧	南方红豆杉
坡度	0.043	0.049	0.049	0.049	0.049	0.049	0.049
坡向	0.047	0.059	0.059	0.059	0.059	0.059	0.059
≥10℃活动积温	0.102	—	—	—	—	—	—

（续表）

评价因子	权重						
	锥栗	红锥	吊皮锥	光皮桦	西南桦	香榧	南方红豆杉
花期5—6月均温	0.095	–	–	–	–	–	–
年均温	–	0.102	0.101	0.114	0.103	0.116	0.118
无霜期	0.070	0.059	0.057	0.065	0.058	0.064	0.063
年降水量	0.088	0.073	0.076	0.062	0.074	0.065	0.066
年日照时数	0.085	0.069	0.065	0.076	0.067	0.077	0.074
区位	0.053	0.055	0.055	0.057	0.055	0.057	0.057
交通通达度	0.057	0.063	0.063	0.061	0.063	0.061	0.061
有机质	0.067	0.114	0.118	0.109	0.116	0.107	0.105
全磷	0.030	0.061	0.061	0.061	0.060	0.061	0.062
全钾	0.030	0.067	0.067	0.067	0.066	0.065	0.068
pH值	0.038	0.029	0.029	0.029	0.030	0.030	0.031
质地（物理性黏粒）	0.045	0.062	0.065	0.061	0.06	0.062	0.063
土层厚度	0.112	0.096	0.094	0.091	0.097	0.089	0.088
侵蚀模数	0.038	0.042	0.041	0.039	0.043	0.038	0.036

将福建省闽楠、香樟、沉水樟、花榈木、红豆树、降香黄檀、厚朴、鹅掌楸、观光木、深山含笑、福建含笑、乳源木莲、锥栗、红锥、吊皮锥、光皮桦、西南桦、南方红豆杉、香榧等19个珍贵树种用地适宜等级划分为高度适宜、中度适宜和一般适宜三个等级，具体划分标准见表3-55至表3-57。

（九）主要珍贵树种用地适宜性面积统计

以福建省土地利用现状数据库中的现状林地（有林地、灌木林地和其他林地）面积为基数，按地类对各评价单元面积进行平差，然后以县（市、区）为单位，对福建省樟科、豆科、木兰科、壳斗科、桦木科和红豆杉科等19个主要珍贵树种用地适宜性进行面积统计。

表3-55　樟科和豆科主要珍贵树种适宜用地等级划分标准

适宜性综合指数	适宜等级		
	高度适宜	中度适宜	一般适宜
闽楠	>0.736 0	0.631 9 ~ 0.736 0	<0.631 9
香樟	>0.804 4	0.696 5 ~ 0.804 4	<0.696 5
沉水樟	>0.772 7	0.672 3 ~ 0.772 7	<0.672 3
花榈木	>0.783 3	0.673 9 ~ 0.783 3	<0.673 9
红豆树	>0.752 3	0.655 8 ~ 0.752 3	<0.655 8
降香黄檀	>0.677 7	0.590 4 ~ 0.677 7	<0.590 4

表3-56　木兰科主要珍贵树种适宜用地等级划分标准

适宜性综合指数	适宜等级		
	高度适宜	中度适宜	一般适宜
厚朴	≥0.665 8	0.509 2 ~ 0.665 8	≤0.509 2
鹅掌楸	≥0.663 9	0.509 3 ~ 0.663 9	≤0.509 3
观光木	≥0.667 8	0.514 2 ~ 0.667 8	≤0.514 2
福建含笑	≥0.677 1	0.513 9 ~ 0.677 1	≤0.513 9
深山含笑	≥0.656 1	0.502 4 ~ 0.656 1	≤0.502 4
乳源木莲	≥0.661 2	0.508 6 ~ 0.661 2	≤0.508 6

表3-57　壳斗科、桦木科和红豆杉科主要珍贵树种适宜用地等级划分标准

适宜性综合指数	适宜等级		
	高度适宜	中度适宜	一般适宜
锥栗	≥0.723	0.594 ~ 0.723	≤0.594
红锥	≥0.734	0.627 ~ 0.734	≤0.627
吊皮锥	≥0.810	0.633 ~ 0.810	≤0.633
光皮桦	≥0.771	0.614 ~ 0.771	≤0.614
西南桦	≥0.833	0.690 ~ 0.833	≤0.690
香榧	≥0.683	0.533 ~ 0.683	≤0.533
南方红豆杉	≥0.732	0.542 ~ 0.732	≤0.542

（十）主要珍贵树种用地适宜性分布图编制

利用国家地理信息公共服务平台标准地图模块下载的、自然资源部监制的福建省标准地图［1：270万，审图号：GS（2019）3333号］作为底图，借助ArcGIS软件，套叠福建省樟科、豆科、木兰科、壳斗科、桦木科和红豆杉科等19个主要珍贵树种用地适宜性评价成果，编制福建省樟科、豆科、木兰科、壳斗科、桦木科和红豆杉科等19个主要珍贵树种用地适宜性分布图。

第二节　珍贵树种用地优化布局技术方法

一、研究思路与技术路线

（一）研究思路

在福建省樟科、豆科、木兰科、壳斗科、桦木科和红豆杉科等19个主要珍贵树种用地适宜性评价的基础上，基于综合考虑"适地适树—集约经营—经济高效"的用地优化布局理念，借助ArcGIS软件，从福建省主要珍贵树种用地适宜性评价数据库中提取出各珍贵树种的高度适宜和中度适宜栅格数据图层，分别剔除图斑面积<6.67hm²（即100亩）的适宜用地单元图斑，建立福建省主要珍贵树种用地优化布局的基础数据库。根据倪必勇研究建立的福建省主要珍贵树种材性、价值

和适育性衡量指标（倪必勇等，2015），确定珍贵树种的优选性指数，采用特尔菲法确定用地适宜性指数和珍贵树种优选性指数的权重值，借助用地适宜性指数和珍贵树种优选性指数加权指数和模型计算各评价单元各珍贵树种用地的综合指数，采用评价单元的优势综合指数（F_{max}）确定珍贵树种的最优用地布局，进而建立福建省主要珍贵树种用地优化布局空间数据库，借助GIS与K均值聚类分析模型集成技术进行福建省主要珍贵树种用地优化布局分区。

（二）技术路线

珍贵树种用地优化布局的技术路线见图3-2。

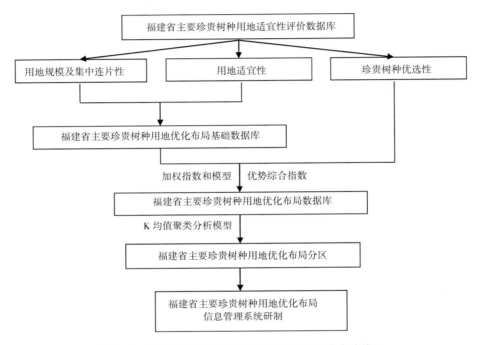

图3-2　福建省主要珍贵树种用地优化布局技术路线图

二、用地优化布局原则

（一）用地优化布局与用地适宜性的相对一致性原则

土地对于珍贵树种种植的适宜性及其适宜程度是依据珍贵树种正常生长对立地条件的客观要求，利用区域土地对珍贵树种生长影响最大的主要构成要素经过综合评价得到的，是客观存在的土地本质特征。在进行具体珍贵树种用地优化布局时，必须考虑该树种的用地适宜性及其适宜程度，按照高度适宜和中度适宜的利用方式优先布局，合理利用，才能充分发挥林地资源的优势和生产潜力，取得最佳的综合利用效益。

（二）集中连片且兼顾行政界线的完整性原则

适度规模种植是珍贵树种集约化生产、提高经济效益的基础，集中连片是所有用地优化布局的共性和基本要求，也是用地分区和分类的主要区别之所在（邢世和等，2012）。在进行具体树种用地优化布局时，要考虑用地集中连片性，同时还要兼顾到行政界线的完整性，以便于有关林业生产及管理部门具体落实和应用。

（三）用地综合效益最大化原则

由于土地具有多宜性，致使同一用地单元可能适宜多种珍贵树种种植，而珍贵树种的材性、价值和适育性因树种类别的不同差异较大，故同一用地种植不同的珍贵树种，其产值和效益也各异。因此，用地优化布局在考虑珍贵树种用地适宜性及适度规模经营的同时，还要考虑珍贵树种的材性、价值和适育性对产值和效益的影响，以实现用地综合效益的最大化，从而实现林地资源的可持续利用。

三、技术方法步骤

（一）珍贵树种用地优化布局基础数据库建立

根据"用地优化布局与用地适宜性的相对一致性"和"集中连片且兼顾行政界线的完整性"的珍贵树种用地优化布局原则，利用福建省樟科、豆科、木兰科、壳斗科、桦木科和红豆杉科等19个主要珍贵树种用地适宜性评价数据库，借助ArcGIS软件提取出各珍贵树种的高度适宜和中度适宜的栅格数据图层，在此基础上均分别剔除图斑面积<6.67hm^2（即100亩）的适宜用地单元图斑，作为福建省主要珍贵树种用地优化布局的基础数据库。

（二）珍贵树种用地优化布局方法

根据上述珍贵树种用地优化布局的原则，在考虑主要珍贵树种用地适宜性等级和用地规模集中连片性的基础上，还需考虑珍贵树种的材性、价值和适育性对树种产值和效益的影响。倪必勇等选择珍贵树种的密度及强度、耐久性、尺寸稳定性、结构、纹理、色泽、利用价值、文化价值、经济价值、速生性、丰产性等12个指标，将每个指标以10分为满分，建立评分标准，对不同珍贵树种分别进行赋值，最终得出福建省61个珍贵树种的综合评分值，作为反映珍贵树种的材性、价值和适育性的衡量指标（倪必勇等，2015），以珍贵树种的该综合分值高低作为福建省珍贵用材树种的优先选择的标准，称其为珍贵树种的优选性指数，则珍贵树种用地优化布局应优先选择用地适宜性指数和树种优选性指数综合指数最高的树用用地作为评价单元的最优珍贵树种用地，才能实现用地布局综合效益的高值化。

采用特尔菲法确定用地适宜性指数和树种优选性指数的权重值，权重体现该因素对珍贵树种用地优化布局的影响程度，权重值在0～1。其中用地适宜性指数权重确定为0.6，树种优选性指数权重确定为0.4。

珍贵树种综合指数计算公式如下：

$$F_i = Y_i \times A_1 + C_i \times A_2 \div 10$$

式中，F_i为珍贵树种的综合指数，Y_i为珍贵树种用地适宜性指数，A_1为用地适宜性权重，C_i为珍贵树种优选性指数，A_2为珍贵树种优选性权重，则最终可采用评价单元的优势综合指数（F）来确定珍贵树种的最优用地布局：

$$F = \text{Max} F_i$$

式中，F为评价单元的优势综合指数（即评价单元珍贵树种综合指数的最大值），F_i为评价单元各珍贵树种的综合指数。借助SPSS软件的K均值聚类分析模型分别对樟科、豆科、木兰科、壳斗科、桦木科和红豆杉科等19个主要珍贵树种的最优用地布局进行分区，将其划分为优先种植区、次优先种植区和一般种植区3个等级，具体划分标准见表3-58至表3-60。

（三）主要珍贵树种用地优化布局面积统计

以福建省主要珍贵树种用地优化布局基础数据库的图斑面积为基数，以县（市、区）为单位，对樟科、豆科、木兰科、壳斗科、桦木科和红豆杉科等19个主要珍贵树种用地优化布局进行面积统计。

表3-58　福建省樟科和豆科主要珍贵树种用地优化布局分区标准

珍贵树种	优势综合指数		
	优先种植区	次优先种植区	一般种植区
闽楠	≥0.787	0.641～0.787	≤0.641
香樟	≥0.829	0.711～0.829	≤0.711
沉水樟	≥0.806	0.670～0.806	≤0.670
红豆树	≥0.740	0.622～0.740	≤0.622
花榈木	≥0.806	0.659～0.806	≤0.659
降香黄檀	≥0.778	0.652～0.778	≤0.652

表3-59　福建省木兰科主要珍贵树种用地优化布局分区标准

珍贵树种	优势综合指数		
	优先种植区	次优先种植区	一般种植区
厚朴	≥0.689	0.575～0.689	≤0.575
鹅掌楸	≥0.694	0.598～0.694	≤0.598
观光木	≥0.709	0.626～0.709	≤0.626
福建含笑	≥0.694	0.607～0.694	≤0.607
深山含笑	≥0.699	0.593～0.699	≤0.593
乳源木莲	≥0.692	0.581～0.692	≤0.581

表3-60　福建省壳斗科、桦木科和红豆杉科主要珍贵树种用地优化布局分区标准

珍贵树种	优势综合指数		
	优先种植区	次优先种植区	一般种植区
锥栗	≥0.733 1	0.665 0～0.733 1	≤0.665 0
红锥	≥0.768 5	0.708 5～0.768 5	≤0.708 5
吊皮锥	≥0.808 3	0.743 6～0.808 3	≤0.743 6
光皮桦	≥0.780 6	0.716 1～0.780 6	≤0.716 1
西南桦	≥0.786 0	0.733 9～0.786 0	≤0.733 9
香榧	≥0.781 9	0.721 8～0.781 9	≤0.721 8
南方红豆杉	≥0.806 9	0.747 7～0.806 9	≤0.747 7

（四）主要珍贵树种用地优化布局图编制

利用国家地理信息公共服务平台标准地图模块下载的、自然资源部监制的福建省标准地图〔1∶270万，审图号：GS（2019）3333号〕作为底图，套叠福建省樟科、豆科、木兰科、壳斗科、桦木科和红豆杉科等19个主要珍贵树种用地优化布局成果，编制福建省樟科、豆科、木兰科、壳斗科、桦木科和红豆杉科等19个主要珍贵树种用地优化布局分布图。

第四章 樟科主要树种用地适宜性与优化布局

樟科（Lauraceae）是双子叶植物纲、木兰亚纲的一科，约45属，2 000～2 500种，中国有20属420多种，主要分布于热带至亚热带，主产地为东亚和巴西。樟科植物大多是热带雨林地区的典型植物，为山地森林的重要成分，多为组成常绿阔叶林树种和珍贵用材树种，常绿或落叶，大多为具有香气的乔木或灌木。根据福建省主要栽培的珍贵树种名录，全省主要栽培的樟科珍贵树种分属樟属和楠属等，主要树种有闽楠、香樟、沉水樟、桢楠、紫楠、浙江楠、黄樟、刨花楠、黄枝润楠等。本章根据福建省樟科主要珍贵树种用地适宜性评价和优化布局结果，深入分析福建省闽楠、香樟和沉水樟三种主要樟科珍贵树种适宜用地的数量、质量以及用地优化的空间分布，为福建省发展樟科珍贵树种生产提供科学依据。

第一节 樟科主要树种用地适宜性分析

一、闽楠用地适宜性分析

（一）闽楠适宜用地数量及其分布

福建省闽楠用地适宜性评价结果表明（表4-1、图4-1），全省闽楠适宜用地总面积为601 826.39hm²，占全省林地资源总面积的7.23%，表明福建省闽楠适宜种植用地资源较为有限。从闽楠适宜用地的设区市空间分布来看（图4-2），福建省闽楠适宜用地主要分布于福州、龙岩、南平和三明等市，合计面积达483 286.52hm²，占全省闽楠适宜用地总面积的80.30%。从闽楠适宜用地的县域空间分布来看，全省闽楠适宜用地主要分布在尤溪、永泰、长汀、永安、大田、福清、清流、闽清、闽侯、德化、建瓯、仙游、连江、宁化、连城、武平、晋安、福安、建阳、浦城、三元、武夷山、屏南、延平、涵江、漳平、罗源、古田和霞浦等县（市、区），合计面积达561 458.44hm²，占全省闽楠适宜用地总面积的93.29%。上述区域适宜闽楠生长的主要原因包括：①限制闽楠正常生长的极限因子均未超过极限值；②区域年均温、降水量、无霜期均值分别为18.27℃、1 678.38mm和276.25d，分别比闽楠用地适宜性相应评价指标的标准值高1.50%、4.90%和2.31%，水热资源较为丰富；③土壤肥力较高，有机质含量均值为34.39g/kg，比闽楠用地适宜性相应评价指标的标准值高14.63%，为闽楠生长发育提供较为理想的土壤条件；④区位平均值为1.02km，仅为闽楠用地适宜性相应评价指标标准值的20.40%，地理区位十分优越。

福建省闽楠不适宜用地面积为7 722 154.27hm²，占全省林地资源总面积的92.77%，主要分布于福州、龙岩、南平、宁德、三明和漳州等市，合计面积为6 990 397.86hm²，占全省闽楠不适宜用地总面积的90.52%。从县域分布来看，全省闽楠不适宜用地主要分布于福安、闽清、寿宁、屏南、闽侯、泰宁、清流、政和、平和、建宁、永泰、南靖、沙县、大田、德化、明溪、古田、宁化、顺昌、安溪、永定、永安、光泽、武平、连城、将乐、延平、尤溪、新罗、武夷山、上杭、漳平、长汀、邵武、建瓯、浦城和建阳等县（市、区），合计面积为6 201 660.70hm²，占全省闽楠不适宜用地总面积的80.31%。致使上述区域不适宜闽楠生长的主要原因是：①多数区域地处海拔相对较高，平均海拔达509.04m，导致气温较低，极端低温均值为-7.08℃，低于闽楠生长的低温极限值，致使闽楠极易受到低温冻害甚至死亡；②部分区域年均温均值大于21℃，超过闽楠年均温的上限指标；③部分区域土壤pH值大于7.5，不利于闽楠的正常生长。

表4-1　福建省县（市、区）闽楠用地适宜性评价面积

行政区	不适宜用地面积（hm²）	适宜用地面积（hm²）			
		高度适宜	中度适宜	一般适宜	合计
仓山区	782.52	–	22.70	11.61	34.30
福清市	47 125.28	–	430.66	9 832.01	10 262.67
鼓楼区	354.69	–	–	–	–
晋安区	32 396.33	3 033.06	4 296.12	157.22	7 486.40
连江县	61 445.94	–	1 566.68	3 622.94	5 189.62
罗源县	65 920.99	756.34	1 576.03	6 179.72	8 512.09
马尾区	8 967.25	–	4 439.72	46.62	4 486.33
闽侯县	114 590.87	1 430.20	11 283.60	5 985.57	18 699.37
闽清县	94 928.67	6 964.51	6 314.38	439.56	13 718.45
永泰县	130 022.06	13 506.13	24 937.88	471.79	38 915.80
长乐区	19 781.30	–	1.95	2 825.54	2 827.49
连城县	192 881.15	17 144.51	4 149.90	2 014.47	23 308.89
上杭县	216 032.35	44.93	3 208.21	194.64	3 447.78
武平县	192 536.30	2 233.79	17 223.00	1.73	19 458.53
新罗区	212 117.87	3 390.54	180.22	5.80	3 576.55
永定区	160 141.76	–	–	–	–
漳平市	222 693.70	21 036.37	3 130.25	6.72	24 173.35
长汀县	226 169.86	7 807.29	12 732.39	2 720.37	23 260.05
光泽县	186 858.46	–	907.52	607.42	1 514.94
建瓯市	258 875.02	15 345.08	7 966.43	315.77	23 627.29
建阳区	265 188.41	1 490.40	4 830.32	3.04	6 323.76
浦城县	263 132.84	140.26	4 547.03	1 351.70	6 038.98
邵武市	232 232.48	86.63	–	–	86.63
顺昌县	156 111.07	85.31	76.96	–	162.26
松溪县	77 946.27	546.51	104.38	466.87	1 117.76

（续表）

行政区	不适宜用地面积（hm²）	适宜用地面积（hm²）			
		高度适宜	中度适宜	一般适宜	合计
武夷山市	215 796.09	44.98	4 939.61	2 864.70	7 849.29
延平区	205 151.46	4 267.61	284.80	1.01	4 553.42
政和县	122 672.14	8.84	1 087.92	599.07	1 695.83
福安市	94 473.58	818.81	1 948.90	3 755.51	6 523.21
福鼎市	81 561.29	–	80.06	3 180.52	3 260.58
古田县	147 315.47	5 155.92	11 349.70	533.78	17 039.40
蕉城区	91 194.99	38.03	487.02	1 852.30	2 377.35
屏南县	103 730.32	–	1 812.52	2 709.85	4 522.37
寿宁县	95 126.77	–	4.87	1 714.40	1 719.27
霞浦县	84 296.26	1 749.38	2 573.90	1 669.45	5 992.72
柘荣县	38 115.67	–	–	400.48	400.48
周宁县	73 127.73	542.25	1 630.21	1 581.60	3 754.06
平潭实验区	8 443.37	–	–	236.60	236.60
城厢区	19 782.57	–	10.86	30.64	41.50
涵江区	32 826.63	–	770.36	5 616.21	6 386.57
荔城区	3 943.97	–	5.02	–	5.02
仙游县	93 912.91	8 105.79	7 826.15	8 250.21	24 182.15
秀屿区	3 809.76	–	–	889.78	889.78
安溪县	157 157.67	–	1.36	1 273.80	1 275.16
德化县	142 179.17	27 058.00	6 769.48	43.37	33 870.85
丰泽区	2 191.57	–	–	–	–
惠安县	12 908.81	–	–	–	–
金门县	0.00	–	–	–	–
晋江市	4 155.89	–	–	–	–
鲤城区	609.61	–	–	–	–
洛江区	20 355.24	–	–	135.70	135.70
南安市	92 366.53	10.03	715.47	248.17	973.67
泉港区	8 592.04	–	–	481.58	481.58
石狮市	1 419.17	–	–	–	–
永春县	77 880.65	351.59	2 821.16	1 283.43	4 456.18

行政区	不适宜用地面积（hm²）	适宜用地面积（hm²）			
		高度适宜	中度适宜	一般适宜	合计
大田县	140 997.03	16 605.57	9 044.28	398.80	26 048.65
建宁县	128 343.49	–	–	–	–
将乐县	193 952.54	–	–	–	–
梅列区	26 512.91	20.90	–	10.93	31.83
明溪县	146 964.38	503.54	69.87	10.51	583.92
宁化县	148 299.39	12 748.47	19 507.66	156.73	32 412.86
清流县	121 747.17	23 505.59	4 381.74	1 355.04	29 242.37
三元区	49 530.14	11 586.56	1 599.51	1 050.20	14 236.27
沙县	138 159.42	174.55	562.49	42.66	779.71
泰宁县	119 582.61	–	–	–	–
永安市	184 716.99	35 217.76	20 849.86	2 511.40	58 579.01
尤溪县	206 992.76	38 851.57	21 421.11	771.38	61 044.06
海沧区	4 598.21	–	–	–	–
湖里区	289.29	–	–	–	–
集美区	7 109.41	–	–	–	–
思明区	2 000.17	–	–	–	–
同安区	27 240.12	–	–	–	–
翔安区	7 975.48	–	–	–	–
东山县	4 284.70	–	–	–	–
华安县	86 091.23	–	2.96	12.70	15.66
龙海市	31 190.26	–	–	–	–
龙文区	1 503.44	–	–	–	–
南靖县	135 758.28	–	–	–	–
平和县	128 031.12	–	–	–	–
芗城区	3 273.03	–	–	–	–
云霄县	40 836.55	–	–	–	–
漳浦县	62 196.14	–	–	–	–
长泰县	47 808.37	–	–	–	–
诏安县	51 838.89	–	–	–	–
总计	7 722 154.27	282 407.59	236 485.15	82 933.64	601 826.39

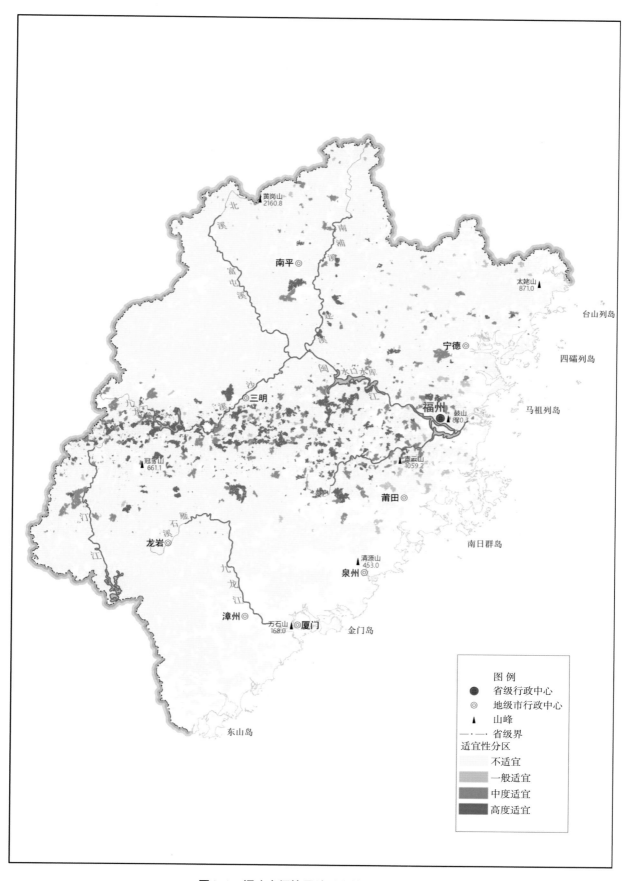

图4-1　福建省闽楠用地适宜性分布示意图

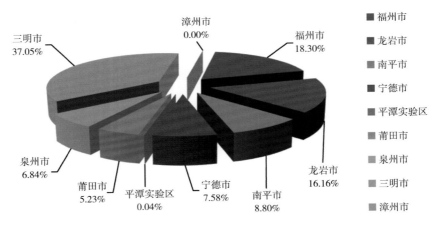

图4-2　福建省设区市闽楠适宜用地面积比例

（二）闽楠适宜用地质量及其分布

福建省闽楠用地适宜性评价结果表明（表4-1、图4-1），全省高度、中度和一般适宜种植闽楠用地面积分别为282 407.59hm²、236 485.15hm²和82 933.64hm²，分别占全省适宜种植闽楠用地总面积的46.93%、39.29和13.78%，可见，福建省以高度与中度适宜种植闽楠用地占优势，合计占全省适宜种植闽楠用地面积的86.22%。

从各设区市适宜闽楠种植用地资源质量状况来看（图4-3至图4-5），高度适宜种植闽楠用地主要分布于三明和龙岩市，合计面积达190 871.95hm²，占全省高度适宜种植闽楠用地总面积的67.59%，而后依次为泉州（9.71%）、福州（9.10%）、南平（7.80%）、宁德（2.94%）和莆田市（2.87%）；中度适宜种植闽楠用地主要分布于三明、福州和龙岩市，合计面积达172 930.21hm²，占全省中度适宜种植闽楠用地总面积的73.13%，其他设区市中度适宜种植闽楠面积大小顺序为南平＞宁德＞泉州＞莆田，分别占全省中度适宜种植闽楠用地总面积的10.46%、8.41%、4.36%和3.64%；一般适宜种植闽楠用地面积主要分布在福州、宁德和莆田市，合计面积达61 757.31hm²，占全省一般适宜种植闽楠用地总面积的74.47%，其他设区市一般适宜种植闽楠用地面积大小的顺序为三明＞南平＞龙岩＞泉州＞平潭实验区＞漳州，分别占全省一般适宜种植闽楠用地面积的7.61%、7.49%、5.96%、4.18%、0.29%和0.02%。可见，福建省比较适宜种植闽楠的用地资源主要集中于三明、龙岩和福州三市。

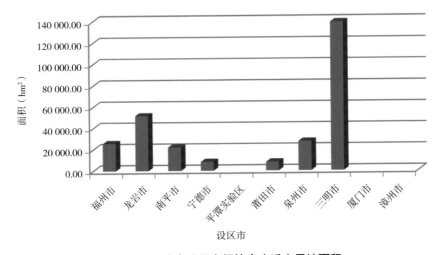

图4-3　福建省设区市闽楠高度适宜用地面积

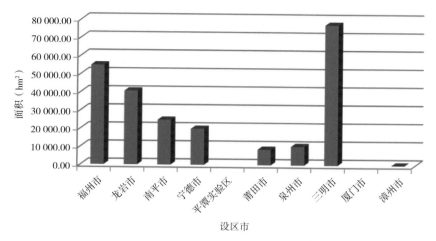

图4-4 福建省设区市闽楠中度适宜用地面积

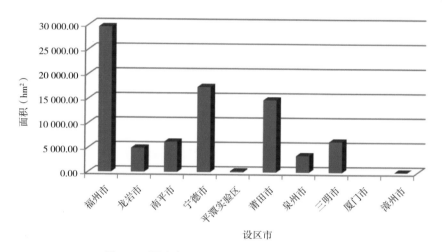

图4-5 福建省设区市闽楠一般适宜用地面积

从全省各县（市、区）适宜种植闽楠用地质量状况分布来看，全省高度适宜种植闽楠用地资源主要分布于尤溪、永安、清流、大田、宁化、三元、德化、仙游、建瓯、漳平、连城、长汀、永泰和闽清等14个县（市、区），合计面积达255 483.20hm²，占全省高度适宜种植闽楠用地面积的90.47%，其中以尤溪、永安县（市）的高度适宜闽楠种植用地面积比例最高，分别占全省高度适宜种植闽楠用地总面积13.76%和12.47%。其次是德化、清流、漳平、连城和建瓯等县（市），占全省高度适宜种植闽楠用地总面积的9.58%～5.43%。上述区域宜种植闽楠用地资源质量较高的原因是：①水光热资源较为丰富。上述区域年降水量、无霜期和年日照时数均值分别达1 685mm、275d和1 775.64h，为闽楠正常生长发育提供优越的水、光和热条件。②质地适中，水肥气热较为协调。上述区域土壤质地多为中壤土和轻壤土，土壤有机质、全磷和全钾含量较丰富，均值分别达39.77g/kg、0.69g/kg和19.50g/kg，分别比全省适宜种植闽楠用地相应因子的均值高13.69%、16.15%和7.03%，为闽楠正常生长发育提供优越的土壤条件。中度适宜种植闽楠用地资源主要分布于永泰、闽侯、闽清、武平、长汀、建瓯、建阳、武夷山、古田、仙游、德化、大田、宁化、永安和尤溪等15个县（市、区），合计面积达186 995.86hm²，占全省中度适宜种植闽楠用地面积的79.07%，其中以永泰县的中度适宜用地面积比例最高，占全省中度适宜种植闽楠用地面积的10.55%。其次是尤溪、永安和宁化县（市），分别占全省中度适宜种植闽楠用地面积的8.82%～9.06%。一般适宜种植闽楠的用地资源主要分布于福清、罗源、连江、闽侯、长乐、长汀、武夷山、福安、福鼎、屏南、涵江、仙游和永安等13个县（市、区），合计面积为60 054.53hm²，占福建省一般适宜种植闽楠用地面积的72.41%，其中以福清市的一般适宜用地面积比例最高，占全省一般适宜种植闽楠用地面积11.86%。上述区域适宜种植闽楠用地质量较差的原因主要是由于土壤肥力条件较差，土壤有机质、全磷和全钾含量均值分别为23.10g/kg、0.40g/kg和16.77g/kg，分别比全省适宜种植闽楠用地相应因子的均值低33.96%、33.31%和7.97%。

二、香樟用地适宜性分析

（一）香樟适宜用地数量及其分布

福建省香樟用地适宜性评价结果表明（表4-2、图4-6），全省香樟适宜用地总面积为945 240.39hm²，占全省林地资源总面积的11.36%，表明福建省香樟适宜种植用地面积也十分有限。从香樟适宜用地设区市分布来看（图4-7），全省香樟适宜用地主要分布在福州、龙岩、三明、泉州和漳州等市，合计面积达846 575.31hm²，占全省香樟适宜用地总面积的89.56%。从香樟适宜用地的县域分布来看，全省香樟适宜用地主要分布在罗源、晋安、永春、城厢、云霄、宁化、明溪、漳浦、福清、闽清、永定、三元、华安、建瓯、诏安、延平、永泰、平和、仙游、闽侯、南安、安溪、南靖、清流、新罗、大田、上杭、武平、德化、尤溪、漳平、长汀、永安和连城等县（市、区），合计面积达893 779.53hm²，占全省香樟适宜用地总面积的94.56%，上述区域适宜香樟生长的主要原因是：①限制香樟正常生长的极限因子均未超过极限值。②区域年均温、降水量和无霜期均值分别为18.43℃、1 629.66mm和284.71d，分别比香樟用地适宜性相应评价指标的标准值高2.39%、1.85%和7.44%。③土壤有机质含量均值为33.32g/kg，比香樟用地适宜性相应评价指标的标准值高11.07%。④区位平均值为1.28km，仅为香樟用地适宜性相应评价指标标准值的25.60%，从而为香樟的生长发育提供较为理想的气候、土壤条件，同时也为香樟种植、管理提供较优越的区位条件。

表4-2　福建省县（市、区）香樟用地适宜性评价面积

行政区	不适宜用地面积（hm²）	适宜用地面积（hm²）			
		高度适宜	中度适宜	一般适宜	合计
仓山区	758.37	58.45	–	–	58.45
福清市	43 651.65	–	2 862.44	10 873.87	13 736.30
鼓楼区	354.69	–	–	–	–
晋安区	33 683.15	2 420.31	3 779.27	–	6 199.58
连江县	62 093.31	162.17	2 070.17	2 309.91	4 542.25
罗源县	68 712.99	269.87	290.02	5 160.19	5 720.09
马尾区	10 546.29	447.98	2 459.31	–	2 907.29
闽侯县	104 270.25	4 623.11	22 829.92	1 566.96	29 019.99
闽清县	94 425.37	11 516.79	2 134.71	570.25	14 221.75
永泰县	146 886.60	18 197.82	3 719.27	134.16	22 051.26
长乐区	18 044.12	–	1 787.96	2 776.72	4 564.67
连城县	156 610.51	34 566.87	24 807.26	205.40	59 579.53
上杭县	179 505.17	9 863.40	27 396.99	2 714.57	39 974.96
武平县	171 131.50	18 480.81	22 336.30	46.21	40 863.33

（续表）

行政区	不适宜用地面积（hm²）	适宜用地面积（hm²）			
		高度适宜	中度适宜	一般适宜	合计
新罗区	178 211.09	30 921.08	6 502.29	59.96	37 483.33
永定区	144 907.20	6 915.50	8 319.07	–	15 234.56
漳平市	196 480.69	49 671.11	705.71	9.54	50 386.36
长汀县	197 224.42	7 258.40	41 158.28	3 788.80	52 205.49
光泽县	186 807.79	31.80	770.14	763.67	1 565.61
建瓯市	265 942.32	5 123.21	8 006.47	3 430.32	16 559.99
建阳区	270 302.78	91.14	845.29	272.96	1 209.39
浦城县	268 364.23	–	21.79	785.80	807.59
邵武市	232 232.48	–	86.63	–	86.63
顺昌县	154 778.46	1 282.38	212.49	–	1 494.87
松溪县	77 874.07	–	1.61	1 188.36	1 189.96
武夷山市	220 192.30	145.75	12.13	3 295.20	3 453.08
延平区	190 601.96	5 719.89	13 381.66	1.38	19 102.92
政和县	122 158.60	142.92	–	2 066.45	2 209.37
福安市	100 702.44	267.87	26.48	–	294.35
福鼎市	84 762.98	3.19	55.70	–	58.89
古田县	161 468.71	1 124.20	1 707.08	54.88	2 886.16
蕉城区	93 560.16	–		12.18	12.18
屏南县	105 603.69	–	162.85	2 486.15	2 649.00
寿宁县	96 603.46	–	91.53	151.05	242.58
霞浦县	90 233.72	–	45.77	9.49	55.26
柘荣县	38 516.15	–	–	–	–
周宁县	75 996.47	–	509.55	375.77	885.32
平潭实验区	7 897.98	–	472.93	309.07	781.99
城厢区	12 565.92	–	3.21	7 254.94	7 258.15
涵江区	36 127.17	–	2 819.49	266.54	3 086.03
荔城区	320.31	–	3 628.68	–	3 628.68
仙游县	91 702.80	10 471.79	15 918.00	2.47	26 392.26
秀屿区	4 407.57		291.97	–	291.97
安溪县	127 479.26	11 812.68	19 140.89	–	30 953.57
德化县	132 942.01	34 528.63	8 575.12	4.26	43 108.01
丰泽区	2 134.07	–	57.50	–	57.50
惠安县	12 171.40	–	192.27	545.14	737.41
金门县	0.00	–	–	–	–
晋江市	1 729.13	–	73.83	2 352.93	2 426.76
鲤城区	406.41	–	203.20	–	203.20

（续表）

行政区	不适宜用地面积（hm²）	适宜用地面积（hm²）			
		高度适宜	中度适宜	一般适宜	合计
洛江区	19 590.22	112.50	768.87	19.35	900.72
南安市	63 328.72	7 533.56	22 473.07	4.85	30 011.48
泉港区	7 044.56	–	2 029.06	–	2 029.06
石狮市	1 411.55	–	7.62	–	7.62
永春县	75 141.72	3 484.15	3 710.96	–	7 195.11
大田县	127 802.68	19 368.03	19 724.48	150.50	39 243.00
建宁县	128 343.49	–	–	–	–
将乐县	193 952.54	–	–	–	–
梅列区	26 498.12	20.39	2.19	24.05	46.62
明溪县	135 161.60	12 369.38	10.83	6.50	12 386.70
宁化县	168 848.90	5 281.69	6 038.70	542.95	11 863.35
清流县	116 326.63	21 159.71	12 566.24	936.96	34 662.91
三元区	47 810.41	11 565.39	4 208.10	182.51	15 956.00
沙县	137 942.23	–	922.15	74.75	996.90
泰宁县	119 582.61	–	–	–	–
永安市	189 577.12	29 216.32	23 480.73	1 021.82	53 718.88
尤溪县	222 415.43	33 998.70	9 702.64	1 920.05	45 621.39
海沧区	3 443.34	1.16	380.81	772.91	1 154.87
湖里区	289.29	–	–	–	–
集美区	6 908.60	–	200.81	–	200.81
思明区	1 228.72	–	117.03	654.41	771.45
同安区	27 019.99	81.61	138.53	–	220.13
翔安区	7 859.89	44.87	70.72	–	115.59
东山县	4 140.64	–	48.17	95.89	144.06
华安县	69 799.44	8 692.18	3 720.09	3 895.18	16 307.45
龙海市	29 339.83	7.83	1 764.36	78.24	1 850.43
龙文区	1 075.50	–	383.99	43.95	427.94
南靖县	103 733.76	13 924.27	6 919.54	11 180.71	32 024.52
平和县	104 410.73	–	3 546.13	20 074.26	23 620.39
芗城区	3 273.03	–	–	–	–
云霄县	29 324.59	–	451.18	11 060.78	11 511.96
漳浦县	49 747.40	39.74	6 081.85	6 327.16	12 448.74
长泰县	47 600.15	–	69.00	139.23	208.22
诏安县	34 682.68	1 245.26	3 320.29	12 590.66	17 156.21
总计	7 378 740.27	434 265.86	383 331.35	127 643.19	945 240.39

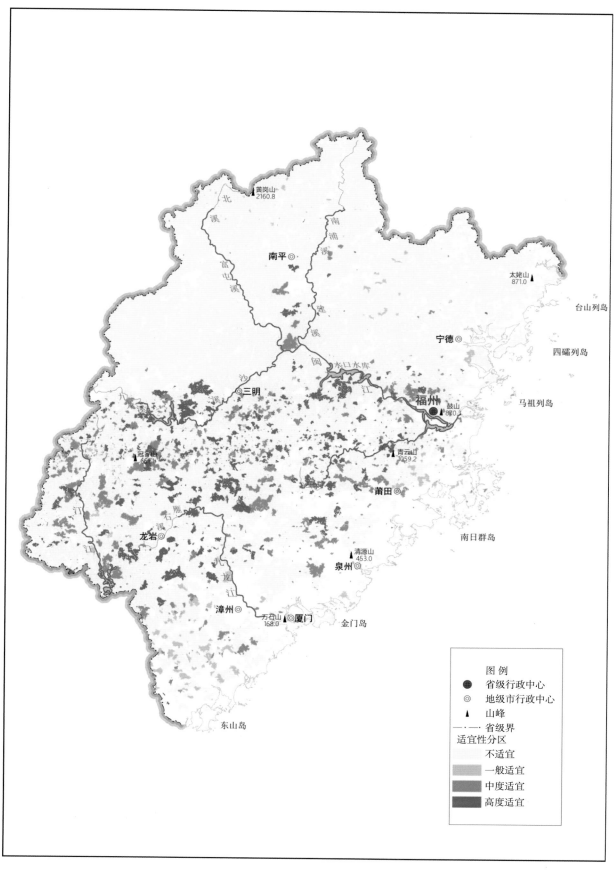

图4-6　福建省香樟用地适宜性分布示意图

福建省香樟不适宜用地面积为7 378 740.27hm²，占全省林地资源总面积的88.64%，主要分布于福州、龙岩、南平、宁德、泉州、三明和漳州等市，合计面积为7 178 960.52hm²，占全省香樟不适宜用地总面积的97.29%。从县域分布情况来看，全省香樟不适宜用地主要分布于连江、南安、罗源、华安、永春、周宁、松溪、福鼎、霞浦、仙游、蕉城、闽清、寿宁、福安、南靖、闽侯、平和、屏南、清流、泰宁、政和、安溪、大田、建宁、德化、明溪、沙县、永定、永泰、顺昌、连城、古田、宁化、武平、新罗、上杭、光泽、永安、延平、将乐、漳平、长汀、武夷山、尤溪、邵武、建瓯、浦城和建阳等县（市、区），合计面积为6 807 137.40hm²，占全省香樟不适宜用地总面积的92.25%。上述区域不适宜香樟种植的主要原因是：①平均海拔为510.65m，热量资源条件较差，分布区的极端低温均值为-6.76℃，部分区域年均温低于12℃；或分布于沿海南部地区，夏季气温太高，极端最高气温大于36.5℃，超出了香樟正常生长的气候条件极限指标。②部分区域土壤pH值大于7.5，不利于香樟正常生长发育。③部分区域地形坡度高于45°，超出香樟适宜用地的坡度极限指标。

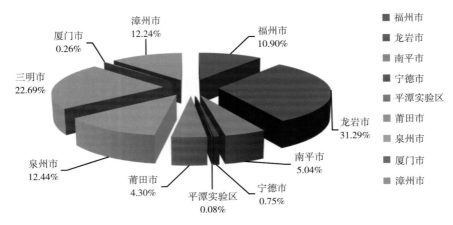

图4-7　福建省设区市香樟适宜用地面积比例

（二）香樟适宜用地质量及其分布

福建省香樟用地适宜性评价结果表明（表4-2、图4-6），全省高度、中度和一般适宜种植香樟用地面积分别为434 265.86hm²、383 331.35hm²和127 643.19hm²，分别占全省适宜种植香樟用地总面积的45.95%、40.55和13.50%，可见，福建省以高度与中度适宜种植香樟用地占优势，合计占全省适宜种植香樟用地面积的86.50%。

从各设区市适宜香樟种植用地资源质量状况来看（图4-8至图4-10），高度适宜种植香樟用地主要分布于龙岩和三明市，合计面积达290 656.79hm²，占全省高度适宜种植香樟用地总面积的66.93%，而后依次为泉州（13.23%）、福州（8.68%）、漳州（5.51%）、南平（2.89%）、莆田（2.41%）、宁德（0.32%）和厦门市（0.03%）；中度适宜种植香樟用地主要分布于龙岩、三明和泉州市，合计面积达265 114.32hm²，占全省中度适宜种植香樟用地总面积的69.16%，其他设区市中度适宜种植香樟面积大小顺序为福州>漳州>南平>莆田>宁德>厦门>平潭实验区，分别占全省中度适宜种植香樟用地总面积的10.94%、6.86%、6.09%、5.91%、0.68%、0.24%和0.12%；一般适宜种植香樟用地主要分布在漳州和福州市，合计面积达88 878.10hm²，占全省一般适宜种植香樟用地总面积的69.63%，其他设区市一般适宜种植香樟用地面积大小的顺序为南平>莆田>龙岩>三明>宁德>泉州>厦门>平潭实验区，分别占全省一般适宜种植香樟用地面积的9.25%、5.89%、5.35%、3.81%、2.24%、2.29%、1.12%和0.24%。可见，福建省比较适宜种植香樟的用地资源主要集中于三明、龙岩和泉州三市。

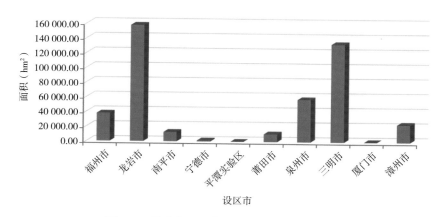

图4-8　福建省设区市香樟高度适宜用地面积

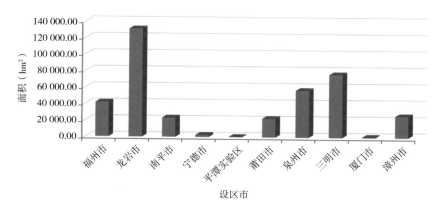

图4-9　福建省设区市香樟中度适宜用地面积

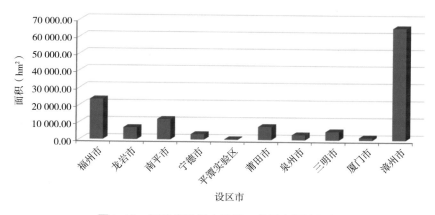

图4-10　福建省设区市香樟一般适宜用地面积

从全省各县（市、区）适宜种植香樟用地质量状况分布来看（表4-2、图4-6），全省高度适宜种植香樟用地资源主要分布于闽清、永泰、连城、上杭、武平、新罗、仙游、安溪、德化、大田、明溪、清流、三元、永安、尤溪、华安和南靖等17个县（市、区），合计面积达330 653.86hm²，占全省高度适宜种植香樟用地面积的76.14%，其中以连城、德化、尤溪、永安和新罗等县（市、区）的高度适宜香樟种植用地面积比例最高，占全省高度适宜种植香樟用地总面积6.73%~7.96%；其次是清流、大田、武平、永泰和南靖等县，占全省高度适宜种植香樟用地总面积的3.21%~4.87%。上述区域宜种植香樟用地资源质量较高的原因是：①水光热资源较为丰富。上述区域年降水量和年均温均值分别达1 663mm和18.22℃，分别比全省适宜种植香樟用地区相应因子均值高1.09%和3.91%，为香樟正常生长发育提供优越的水热条件。②土壤质地适中，水肥气热较为协调。上述区域土壤质地多为中壤土和轻壤土，土壤有机质、全磷和全钾含量较丰富，均值分别达39.90g/kg、0.69g/kg和19.29g/kg，分别比全省适宜种植香樟用地相应因子均值高16.25%、14.88%和6.97%，为香樟正常生长发育提供优越的土壤条件。中度适宜种植香樟用地资源主要分布于闽侯、连城、上杭、武平、永定、新罗、建瓯、延平、仙游、安溪、南安、德化、宁化、南靖、漳浦、大田、清流、永安和尤溪等19个县（市、区），合计面积达284 201.21hm²，占全省中度适宜种植香樟用地面积的74.14%，其中以永安、上杭和连城等县（市）的中度适宜用地面积比例最高，占全省中度适宜种植香樟用地面积的6.13%~7.15%；其次是闽侯、武平、仙游、安溪、南安和大田等县（市），占全省中度适宜种植香樟用地面积的4.99~5.96%。一般适宜种植香樟的用地资源主要分布于福清、罗源、长乐、上杭、长汀、建瓯、武夷山、城厢、华安、南靖、平和、云霄、漳浦和诏安等14个县（市、区），合计面积为104 423.35hm²，占福建省一般适宜种植香樟用地面积的81.81%，其中以平和县的一般适宜用地面积比例最高，占全省一般适宜种植香樟用地面积15.73%。上述区域适宜种植香樟用地质量较差原因主要是：①光热资源相对较差。上述区域年降水量和年均温均值分别为1 623mm和18.00℃，分别比全省适宜种植香樟用地区相应因子均值低1.40%和0.64%。②土壤条件较差。土壤有机质、全磷和全钾含量较缺乏，均值分别为24.39g/kg、0.40g/kg和16.20g/kg，分别比全省适宜种植香樟用地相应因子均值低28.95%、32.44%和10.12%。

三、沉水樟用地适宜性分析

（一）沉水樟适宜用地数量及其分布

福建省沉水樟用地适宜性评价结果表明（表4-3、图4-11），全省沉水樟适宜用地总面积为4 191 897.57hm²，占全省林地资源总面积的50.36%，表明福建省沉水樟适宜种植用地资源相对较为丰富。从沉水樟适宜用地设区市分布来看（图4-12），全省沉水樟适宜用地主要分布在福州、龙岩、三明、泉州和漳州等市，合计面积达3 622 365.62hm²，占全省沉水樟适宜用地总面积的86.41%。从沉水樟适宜用地的县域分布来看，全省沉水樟适宜用地主要分布在建瓯、明溪、诏安、三元、漳浦、闽侯、永春、延平、南安、华安、仙游、宁化、永泰、清流、平和、德化、南靖、安溪、尤溪、大田、永定、连城、新罗、武平、永安、上杭、长汀和漳平市等县（市、区），合计面积达3 426 250.56hm²，占全省沉水樟适宜用地总面积的81.74%。上述区域适宜沉水樟种植的原因主要是：①限制沉水樟正常生长的极限因子均未超过极限值。②水热资源较为丰富。年均温、降水量和无霜期均值分别为18.45℃、1 625.10mm和285.68d，分别比沉水樟用地适宜性相应评价指标的标准值高2.50%、1.57%和7.80%。③土壤较肥沃。有机质含量均值为32.85g/kg，比沉水樟用地适宜性相应评价指标的标准值高9.50%，能够为沉水樟生长发育提供较理想的土壤条件。④区位条件较好。区位的平均值为1.25km，仅为沉水樟用地适宜性相应评价指标标准值的25%。

表4-3　福建省县（市、区）沉水樟用地适宜性评价面积

行政区	不适宜用地面积（hm²）	适宜用地面积（hm²）			
		高度适宜	中度适宜	一般适宜	合计
仓山区	758.37	58.45	–	–	58.45
福清市	11 168.36	649.49	6 673.61	38 896.50	46 219.59
鼓楼区	354.69	–	–	–	–
晋安区	22 461.87	1 727.29	14 591.39	1 102.19	17 420.86
连江县	40 430.50	246.88	10 167.01	15 791.17	26 205.06
罗源县	44 060.10	6 832.67	5 542.74	17 997.57	30 372.98

（续表）

行政区	不适宜用地面积（hm²）	适宜用地面积（hm²）			
		高度适宜	中度适宜	一般适宜	合计
马尾区	7 348.61	2 177.89	3 879.75	47.34	6 104.97
闽侯县	67 274.55	5 165.61	46 344.55	14 505.53	66 015.69
闽清县	76 152.91	17 182.91	11 929.40	3 381.90	32 494.21
永泰县	51 092.86	72 034.94	41 384.45	4 425.61	117 845.00
长乐区	9 747.93	–	729.58	12 131.28	12 860.86
连城县	34 067.30	41 897.47	123 464.00	16 761.27	182 122.74
上杭县	17 314.97	76 883.19	106 115.00	19 166.98	202 165.16
武平县	22 580.88	120 690.07	67 808.32	915.57	189 413.95
新罗区	27 745.88	136 964.05	49 034.92	1 949.57	187 948.54
永定区	2 908.86	118 328.13	37 658.55	1 246.22	157 232.90
漳平市	7 951.40	211 328.55	27 357.53	229.57	238 915.65
长汀县	43 073.91	17 829.11	125 843.04	62 683.84	206 356.00
光泽县	172 537.56	257.69	9 865.91	5 712.24	15 835.84
建瓯市	231 117.80	20 502.59	24 494.25	6 387.67	51 384.51
建阳区	236 204.63	2 394.72	19 295.51	13 617.30	35 307.54
浦城县	230 948.14	145.53	17 896.22	20 181.92	38 223.68
邵武市	206 572.02	7 471.48	15 589.66	2 685.95	25 747.09
顺昌县	136 538.98	13 281.82	4 468.54	1 983.98	19 734.35
松溪县	69 438.44	621.83	4 453.94	4 549.82	9 625.59
武夷山市	207 213.35	1 362.42	3 132.00	11 937.60	16 432.03
延平区	136 583.79	62 968.32	7 564.90	2 587.87	73 121.09
政和县	118 350.67	1 785.32	3 704.62	527.36	6 017.30
福安市	91 051.55	24.85	3 359.51	6 560.88	9 945.24
福鼎市	76 830.31	–	138.66	7 852.90	7 991.56
古田县	129 907.75	9 862.15	18 522.98	6 061.98	34 447.12
蕉城区	81 814.79	42.17	1 201.10	10 514.29	11 757.55
屏南县	106 810.64	–	353.80	1 088.25	1 442.05
寿宁县	95 644.78	–	3.73	1 197.54	1 201.26
霞浦县	68 134.56	9 510.67	3 220.88	9 422.86	22 154.42
柘荣县	38 213.02	–	–	303.13	303.13
周宁县	72 722.92	0.99	2 950.70	1 207.19	4 158.87
平潭实验区	4 389.72	–	338.00	3 952.24	4 290.25
城厢区	5 079.83	10.86	723.16	14 010.23	14 744.24
涵江区	4 995.52	605.76	9 701.92	23 910.00	34 217.68
荔城区	3 655.30	–	293.69	–	293.69
仙游县	24 157.21	21 230.87	56 102.96	16 604.02	93 937.85
秀屿区	1 619.63	–	1 002.69	2 077.22	3 079.91
安溪县	23 278.41	22 589.85	76 423.61	36 140.96	135 154.42
德化县	44 904.52	68 599.69	61 058.35	1 487.46	131 145.50
丰泽区	1 028.08	2.66	941.02	219.81	1 163.49

（续表）

行政区	不适宜用地面积（hm²）	适宜用地面积（hm²）			
		高度适宜	中度适宜	一般适宜	合计
惠安县	916.63	–	5 740.61	6 251.57	11 992.18
金门县	–	–	–	–	–
晋江市	1 581.57	–	52.35	2 521.97	2 574.32
鲤城区	–	–	508.01	101.60	609.61
洛江区	192.37	67.40	19 558.07	673.10	20 298.57
南安市	16 603.24	26 914.12	46 806.05	3 016.79	76 736.96
泉港区	1 268.09	–	7 805.53	–	7 805.53
石狮市	46.08	–	5.72	1 367.37	1 373.09
永春县	13 842.15	39 053.84	26 673.59	2 767.25	68 494.68
大田县	21 030.67	47 635.38	87 058.83	11 320.80	146 015.01
建宁县	121 861.79	–	5 666.83	814.87	6 481.70
将乐县	176 826.43	2 435.02	10 721.89	3 969.20	17 126.11
梅列区	16 312.52	6 256.96	3 898.76	76.51	10 232.22
明溪县	95 973.97	24 878.55	23 691.05	3 004.73	51 574.33
宁化县	83 390.25	6 028.25	53 102.47	38 191.27	97 322.00
清流县	31 864.70	59 332.55	44 613.74	15 178.55	119 124.84
三元区	10 776.05	41 573.40	9 132.36	2 284.59	52 990.36
沙县	110 282.99	6 224.11	9 152.01	13 280.03	28 656.14
泰宁县	112 157.21	2 685.03	4 449.33	291.04	7 425.40
永安市	47 048.16	80 881.19	107 442.69	7 923.96	196 247.84
尤溪县	132 524.35	61 303.13	59 367.12	14 842.22	135 512.47
海沧区	19.06	774.33	1 718.84	2 085.98	4 579.15
湖里区	227.73	–	61.56	–	61.56
集美区	–	–	7 109.41	–	7 109.41
思明区	126.82	–	562.37	1 310.98	1 873.35
同安区	8 349.98	575.36	11 818.03	6 496.75	18 890.14
翔安区	6 350.99	115.59	766.83	742.07	1 624.49
东山县	357.24	–	123.46	3 804.00	3 927.46
华安县	3 375.61	25 391.50	45 031.09	12 308.69	82 731.28
龙海市	1 239.94	656.70	16 396.94	12 896.68	29 950.32
龙文区	122.09	–	691.58	689.78	1 381.35
南靖县	3 585.51	35 475.26	51 324.44	45 373.07	132 172.77
平和县	3 345.07	4 172.31	18 710.83	101 802.92	124 686.05
芗城区	–	–	2 158.91	1 114.12	3 273.03
云霄县	89.44	–	2 039.20	38 707.90	40 747.11
漳浦县	4 152.07	42.72	17 350.57	40 650.78	58 044.07
长泰县	4.50	850.85	38 378.87	8 574.15	47 803.87
诏安县	–	1 416.10	10 394.88	40 027.91	51 838.89
总计	4 132 083.09	1 548 008.59	1 775 410.98	868 477.99	4 191 897.57

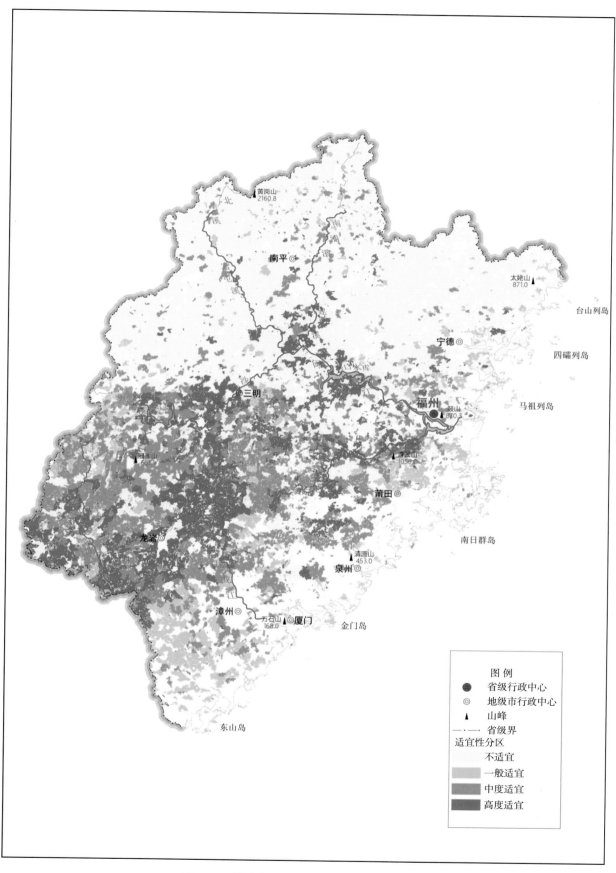

图4-11 福建省沉水樟用地适宜性分布示意图

　　福建省沉水樟不适宜用地面积为4 132 083.09hm²，占全省林地资源总面积的49.64%，主要分布于福州、南平、宁德和三明等市，合计面积为3 797 535.52hm²，占全省沉水樟不适宜用地总面积的91.90%。从县域分布情况来看，全省沉水樟不适宜用地主要分布于永泰、闽侯、霞浦、松溪、周宁、闽清、福鼎、蕉城、宁化、福安、寿宁、明溪、屏南、沙县、泰宁、政和、建宁、古田、尤溪、顺昌、延平、光泽、将乐、邵武、武夷山、浦城、建瓯和建阳等县（市、区），合计面积为3 495 959.98hm²，占全省沉水樟不适宜用地总面积的54.61%。上述区域不适宜种植沉水樟的原因主要是：①平均海拔为544.05m，热量资源条件较差。年均温、极端低温均值分别为15.89℃、-7.39℃，较多区域年均温低于16℃，极端最低气温低于-5℃，超出沉水樟正常生长发育的极限指标。②部分区域土壤pH值大于7.5，不利于沉水樟的正常生长。③部分区域水土流失十分严重，侵蚀模数高于11 500t/（km²·年），土壤环境条件极为恶劣。

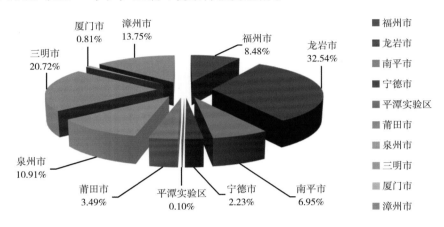

图4-12　福建省设区市沉水樟适宜用地面积比例

（二）沉水樟适宜用地质量及其分布

　　福建省沉水樟用地适宜性评价结果表明（表4-3、图4-11），全省高度、中度和一般适宜种植沉水樟用地面积分别为1 548 008.59hm²、1 775 410.98hm²和868 477.99hm²，分别占全省适宜种植沉水樟用地总面积的36.93%、42.35%和20.72%，可见，福建省以高度与中度适宜种植沉水樟用地为主，合计占全省适宜种植沉水樟用地面积的79.228%。

　　从各设区市适宜沉水樟种植用地资源质量状况来看（图4-13至图4-15），高度适宜种植沉水樟用地主要分布于龙岩和三明市，合计面积达1 063 154.14hm²，占全省高度适宜种植沉水樟用地总面积的68.68%，而后依次为泉州（10.16%）、南平（7.16%）、福州（6.85%）、漳州（4.39%）、莆田（1.41%）、宁德（1.26%）、厦门（0.09%）和平潭实验区（0.00%）；中度适宜种植沉水樟用地主要分布于龙岩和三明市，合计面积达955 578.44hm²，占全省中度适宜种植沉水樟用地总面积的53.82%，其他设区市中度适宜种植沉水樟面积大小顺序为泉州>漳州>福州>南平>莆田>宁德>厦门>平潭实验区，分别占全省中度适宜种植沉水樟用地总面积的13.83%、11.41%、7.96%、6.22%、3.82%、1.68%、1.24%和0.02%；一般适宜种植沉水樟用地面积主要分布在漳州、三明、福州和龙岩市，合计面积达628 359.87hm²，占全省一般适宜种植沉水樟用地总面积的72.35%，其他设区市一般适宜种植沉水樟用地面积大小的顺序为南平>莆田>泉州>宁德>厦门>平潭实验区，分别占全省一般适宜种植沉水樟用地面积的8.08%、6.52%、6.28%、5.09%、1.22%和0.46%。可见，福建省比较适宜种植沉水樟的用地资源主要集中于龙岩和三明两市。

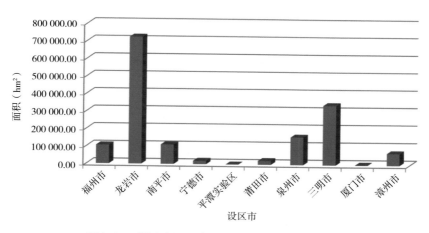

图4-13　福建省设区市沉水樟高度适宜用地面积

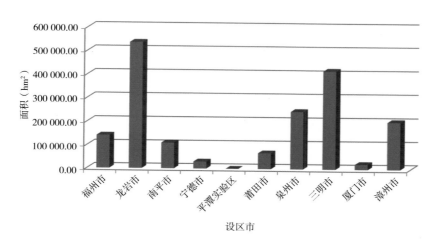

图4-14　福建省设区市沉水樟中度适宜用地面积

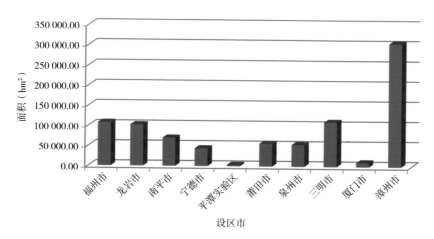

图4-15　福建省设区市沉水樟一般适宜用地面积

从全省各县（市、区）适宜种植沉水樟用地质量状况分布来看，全省高度适宜种植沉水樟用地资源主要分布于永泰、连城、上杭、武平、新罗、永定、漳平、延平、德化、永春、大田、清流、三元、永安、尤溪和南靖等16个县（市、区），合计面积达1 274 949.16hm²，占全省高度适宜种植沉水樟用地面积的82.36%，其中以漳平、新罗、武平和永定县（市、区）的高度适宜沉水樟种植用地面积比例最高，占全省高度适宜种植沉水樟用地总面积的7.64% ~ 13.65%；其次是永安、延平、上杭、永泰和德化等县（市、区），占全省高度适宜种植沉水樟用地总面积的4.07%～5.22%。上述区域宜种植沉水樟用地资源质量较高的原因是：①水光热资源较为丰富。上述区域年降水量、无霜期和年日照时数均值分别达1 659mm、281d和1 807.23h，分别比全省适宜种植沉水樟用地区相应因子均值高1.21%、3.77%和0.20%，为沉水樟正常生长发育提供优越的水、光和热条件。②土壤养分丰富。上述区域土壤有机质、全磷和全钾含量较丰富，均值分别达39.92g/kg、0.70g/kg和19.55g/kg，分别比全省适宜种植沉水樟用地相应因子的均值高17.89%、17.69%和6.48%，为沉水樟正常生长发育提供丰富的养分。全省中度适宜种植沉水樟用地资源主要分布于永泰、闽侯、连城、上杭、武平、新罗、永定、长汀、仙游、安溪、德化、南安、大田、宁化、清流、华安、南靖和长泰等18个县（市、区），合计面积达1 324 363.05hm²，占全省中度适宜种植沉水樟用地面积的74.59%，其中以长汀、连城和永安等县（市）的中度适宜用地面积比例最高，分别占全省中度适宜种植沉水樟用地面积的7.09%、6.95%和6.05%；其次是大田、安溪和上杭等县，占全省中度适宜种植沉水樟用地面积的4.30%～5.98%。全省一般适宜种植沉水樟的用地资源主要分布于福清、罗源、上杭、长汀、浦城、涵江、安溪、宁化、南靖、平和、云霄、漳浦和诏安等13个县（市、区），合计面积为523 731.63hm²，占福建省一般适宜种植沉水樟用地面积的60.30%，其中以平和及长汀县的一般适宜用地面积比例最高，分别占全省一般适宜种植沉水樟用地面积11.72%和7.22%。上述区域适宜种植沉水樟用地质量较差原因主要是由于土壤养分状况较差，上述区域土壤有机质、全磷和全钾含量均值分别为24.96g/kg、0.45g/kg和16.81g/kg，分别比全省适宜种植沉水樟用地相应因子的均值低26.29%、25.36%和8.45%。

第二节　樟科主要树种用地优化布局分析

一、闽楠用地优化布局分析

福建省闽楠用地优化布局结果表明（表4-4、图4-16），全省闽楠优化布局用地总面积为497 556.15hm²，占全省林地资源总面积的5.98%，其中优先种植区、次优先种植区和一般种植区面积分别为121 048.44hm²、308 490.48hm²和68 017.23hm²，分别占全省闽楠优化布局用地总面积的24.33%、62.00%和13.67%，可见，全省闽楠优化布局用地以次优先种植区为主。从闽楠优化布局用地的设区市分布来看（图4-17至图4-20），全省闽楠优化布局用地主要分布于宁德、三明和南平市，合计面积493 520.12hm²，占全省闽楠优化布局用地总面积的99.19%。其中闽楠优先种植区主要分布于南平和三明市，合计面积达117 466.90hm²，占全省闽楠优先种植区总面积的97.04%；闽楠次优先种植区也主要分布于南平和三明市，合计面积达288 962.62hm²，占全省闽楠次优先种植区总面积的93.67%；闽楠一般种植区主要分布于南平和宁德市，合计面积达66 135.85hm²，占全省闽楠一般种植区总面积的97.23%。

从闽楠优化布局用地县市区分布来看（表4-4、图4-16），全省闽楠优化布局用地主要分布于光泽、建瓯、建阳、浦城、邵武、顺昌、武夷山、政和、寿宁、将乐、沙县和泰宁等县（市、区），合计面积达460 067.03hm²，占全省闽楠优化布局用地总面积的92.47%。其中全省闽楠优先种植区主要分布在沙县、光泽、将乐、建瓯、泰宁、政和、顺昌和邵武等县（市、区），面积合计为105 015.01hm²，占全省闽楠优先种植区总面积的86.75%。该种植区的主要特点是：①热量资源丰富。该区年均温均值为18.77℃，比全省闽楠优化布局用地相应指标均值高10.22%，能充分满足闽楠生长对温度的要求。②土壤质地类型适中，肥力较高。该区土壤质地多为砂壤土和轻壤土，水肥气热协调，土壤有机质、全磷和全钾含量较丰富，均值分别达40.31g/kg、1.09g/kg和25.16g/kg，分别比全省闽楠优化布局用地相应指标均值高0.32%、78.69%和22.14%，土壤环境条件良好，有利于闽楠生长。③区位和交通条件优越。该区区位和交通通达度均值分别为1.08km和206.77km，分别是全省闽楠优化布局用地相应指标均值的79.41%和92.71%。全省闽楠次优先种植区主要分布于将乐、寿宁、顺昌、泰宁、建阳、沙县、光泽、政和、建瓯、武夷山、邵武和浦城等县（市、区），合计面积达290 310.78hm^2，占全省闽楠次优先种植用地总面积的94.11%。全省闽楠一般种植区主要分布于政和、浦城、邵武、周宁、武夷山和寿宁等县（市、区），合计面积60 948.26hm^2，占全省闽楠一般种植区总面积的89.61%。该种植区由于①光热条件相对较差。年均日照时数均值为1 780.90h，年均温为15.94℃，分别比全省闽楠优化布局用地相应指标均值低0.66%和6.40%，影响闽楠的正常生长发育。②土壤养分含量较低。土壤有机质、全磷和全钾含量均值分别为33.76g/kg、0.38g/kg和16.73g/kg，分别比全省闽楠优化布局用地相应指标均值低15.98%、37.70%和18.79%，土壤肥力条件一般。③地理区位和交通条件较差。区位和交通通达度均值分别为1.64km和229.94km，分别是全省闽楠优化布局用地相应指标均值的120.59%和103.10%，影响闽楠种植管理和林产品运输。

表4-4　福建省闽楠优化布局用地面积

行政区	优化布局用地面积（hm^2）			合计（hm^2）
	优先种植区	次优先种植区	一般种植区	
仓山区	—	—	—	—
福清市	—	—	—	—
鼓楼区	—	—	—	—
晋安区	—	—	—	—
连江县	—	—	—	—
罗源县	—	465.05	—	465.05
马尾区	—	—	—	—
闽侯县	—	—	—	—
闽清县	—	—	—	—
永泰县	323.36	—	—	323.36
长乐区	—	—	—	—
连城县	2.17	62.93	—	65.10
上杭县	—	1.94	—	1.94
武平县	—	1.73	—	1.73
新罗区	—	10.23	5.80	16.03
永定区	—	—	—	—
漳平市	19.69	—	—	19.69
长汀县	1 245.42	95.42	126.27	1 467.11
光泽县	6 380.48	21 529.38	1 293.49	29 203.35
建瓯市	10 158.79	26 004.42	859.77	37 022.98

行政区	优化布局用地面积（hm²）			合计（hm²）
	优先种植区	次优先种植区	一般种植区	
建阳区	3 913.18	17 109.79	999.48	22 022.45
浦城县	1 578.64	52 468.55	3 470.60	57 517.79
邵武市	25 335.70	50 935.00	5 693.90	81 964.6
顺昌县	23 720.94	12 222.17	–	35 943.11
松溪县	–	–	203.54	203.54
武夷山市	788.27	27 187.10	18 837.48	46 812.85
延平区	5.51	4 008.05	–	4 013.56
政和县	14 960.75	25 633.65	2 534.08	43 128.48
福安市	321.34	4 567.49	1 785.69	6 674.52
福鼎市	–	–	–	–
古田县	–	1 946.59	–	1 946.59
蕉城区	–	2.48	–	2.48
屏南县	–	–	45.62	45.62
寿宁县	–	11 825.30	23 605.23	35 430.53
霞浦县	–	–	–	–
柘荣县	–	–	–	–
周宁县	–	542.25	6 806.97	7 349.22
城厢区	–	–	–	–
涵江区	–	–	–	–
荔城区	–	–	–	–
仙游县	–	–	–	–
秀屿区	–	–	–	–
安溪县	–	–	–	–
德化县	1 669.55	6.45	–	1 676.00
丰泽区	–	–	–	–
惠安县	–	–	–	–
金门县	–	–	–	–
晋江市	–	–	–	–
鲤城区	–	–	–	–
洛江区	–	–	–	–
南安市	–	–	–	–
泉港区	–	–	–	–
石狮市	–	–	–	–

（续表）

行政区	优化布局用地面积（hm²）			合计（hm²）
	优先种植区	次优先种植区	一般种植区	
永春县	–	–	–	–
大田县	3 107.11	55.48	–	3 162.59
建宁县	–	–	–	–
将乐县	6 744.59	10 445.99	19.24	17 209.82
梅列区	–	–	–	–
明溪县	2.17	–	–	2.17
宁化县	–	2 968.64	–	2 968.64
清流县	549.68	1 388.83	582.19	2 520.7
三元区	367.09	194.41	–	561.5
沙县	6 163.60	18 600.36	–	24 763.96
泰宁县	11 550.17	16 349.07	1 147.87	29 047.11
永安市	2 135.04	1 827.53	–	3 962.57
尤溪县	5.21	34.20	–	39.41
海沧区	–	–	–	–
湖里区	–	–	–	–
集美区	–	–	–	–
思明区	–	–	–	–
同安区	–	–	–	–
翔安区	–	–	–	–
东山县	–	–	–	–
华安县	–	–	–	–
龙海市	–	–	–	–
龙文区	–	–	–	–
南靖县	–	–	–	–
平和县	–	–	–	–
芗城区	–	–	–	–
云霄县	–	–	–	–
漳浦县	–	–	–	–
长泰县	–	–	–	–
诏安县	–	–	–	–
平潭实验区	–	–	–	–
总计	121 048.44	308 490.48	68 017.23	497 556.15

（续表）

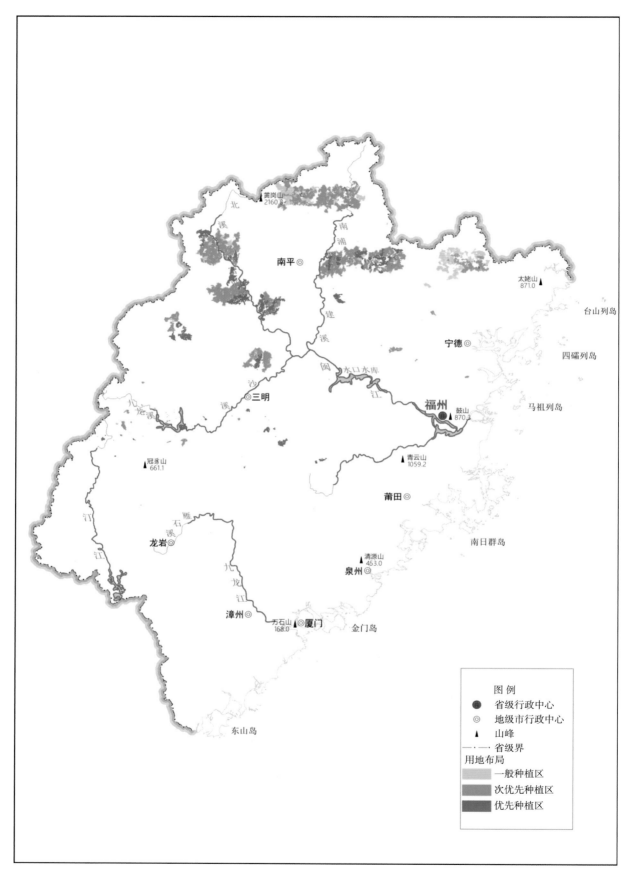

图4-16 福建省闽楠优化布局用地分布示意图

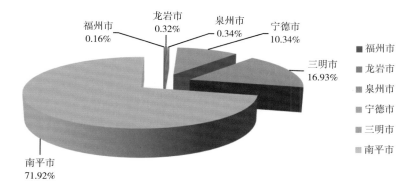

图4-17　福建省设区市闽楠优化布局用地面积比例

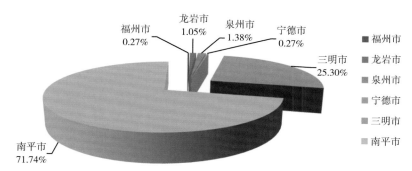

图4-18　福建省设区市闽楠优先种植区面积比例

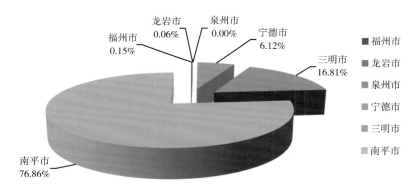

图4-19　福建省设区市闽楠次优先种植区面积比例

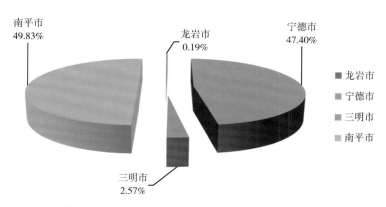

图4-20　福建省设区市闽楠一般种植区面积比例

二、香樟用地优化布局分析

福建省香樟用地优化布局结果表明（表4-5、图4-21），全省香樟优化布局用地总面积为686 125.68hm²，占全省林地总面积的8.24%，其中优先种植区、次优先种植区和一般种植区面积分别为251 194.45hm²、335 093.96hm²和99 837.27hm²，分别占全省香樟优化布局用地总面积的36.61%、48.84%和14.55%，可见，全省香樟优化布局用地以次优先种植区为主。从香樟优化布局用地的设区市分布来看（图4-22至图4-25），全省香樟优化布局用地主要分布于福州、龙岩、三明、泉州和漳州等市，合计面积642 396.68hm²，占全省香樟优化布局用地总面积的93.63%。其中香樟优先种植区主要分布于龙岩、三明和泉州市，合计面积达218 517.19hm²，占全省香樟优先种植区总面积的86.99%；香樟次优先种植区主要分布于龙岩、三明、泉州和漳州市，合计面积达274 260.41hm²，占全省香樟次优先种植区总面积的81.84%；香樟一般种植区主要分布于漳州和福州市，合计面积达76 795.05hm²，占全省香樟一般种植区总面积的76.92%。

从香樟优化布局用地县（市、区）分布来看（表4-5、图4-21），全省香樟优化布局用地主要分布于闽清、明溪、漳浦、诏安、福清、永定、闽侯、华安、尤溪、永泰、平和、武平、仙游、永安、上杭、长汀、南安、南靖、清流、安溪、大田、新罗、德化、漳平和连城等县（市、区），合计面积达621 985.57hm²，占全省香樟优化布局用地总面积的90.65%。其中全省香樟优先种植区主要分布在上杭、长汀、永春、宁化、永定、华安、仙游、南安、闽清、武平、安溪、尤溪、明溪、永安、大田、永泰、清流、新罗、连城、德化和漳平等县（市、区），面积合计为249 911.56hm²，占全省香樟优先种植区总面积的99.49%。上述区域可优先发展香樟种植的主要原因是：①水资源较为丰富，年降水量均值为1 650.03mm，比全省香樟优化布局用地相应指标均值高3.31%。②土壤质地多为中壤土和轻壤土，土层深厚、肥沃，土壤有机质、全磷、全钾、土层厚度均值分别达40.44g/kg、1.08g/kg、26.39g/kg、118.18cm，分别比全省香樟优化布局用地相应指标的平均值高24.24%、89.47%、46.21%、18.41%。③地理区位优越，交通较为便利。区位和交通通达值均值分别为1.17km、161.17km，为全省香樟优化布局用地相应指标平均水平的89.31%、91.85%。全省香樟次优先种植区主要分布于漳浦、永泰、尤溪、华安、新罗、永定、德化、永安、清流、闽侯、武平、大田、南靖、仙游、安溪、上杭、长汀、连城和南安等县（市、区），面积合计为295 068.48hm²，占全省香樟次优先种植用地总面积的88.05%。全省香樟一般种植区主要分布于新罗、长汀、晋江、上杭、长乐、华安、漳浦、城厢、云霄、南靖、诏安、福清和平和等县（市、区），合计面积91 738.98hm²，占全省香樟一般种植区总面积的91.89%。该区主要特点是：①土壤养分含量相对缺乏，肥力较低。土壤有机质、全磷、全钾均值分别为19.5g/kg、0.37g/kg、15.95g/kg，分别比全省香樟优化布局用地相应指标的平均值低40.09%、35.09%、11.63%。②区位和交通通达性较差，交通通达度均值分别为1.55km、194.90km，是全省香樟优化布局用地相应指标平均值的118.32%、111.07%，不利于林地的管理和木材运输。③年降水量均值为1 597.20mm，比全省香樟优化布局用地相应指标均值低7.34%，水资源条件相对较差。

表4-5 福建省香樟优化布局用地面积

行政区	优化布局用地面积（hm²）			合计（hm²）
	优先种植区	次优先种植区	一般种植区	
仓山区	46.84	11.61	–	58.45
福清市	–	1 466.44	12 269.87	13 736.31
鼓楼区	–	–	–	–
晋安区	–	1 260.94	–	1 260.94
连江县	–	927.35	464.84	1 392.19

（续表）

行政区	优化布局用地面积（hm²）			合计（hm²）
	优先种植区	次优先种植区	一般种植区	
罗源县	–	–	–	–
马尾区	–	2 907.29	–	2 907.29
闽侯县	8.81	14 991.57	130.80	15 131.18
闽清县	8 976.39	2 076.78	–	11 053.17
永泰县	14 110.14	7 268.59	134.16	21 512.89
长乐区	–	1 754.73	2 809.95	4 564.68
连城县	25 719.85	23 347.33	418.36	49 485.54
上杭县	1 661.95	22 223.30	2 731.12	26 616.37
武平县	9 305.29	16 541.55	24.59	25 871.43
新罗区	22 424.63	10 317.64	1 736.52	34 478.79
永定区	3 656.74	11 233.07		14 889.81
漳平市	40 731.20	1 381.13	4.72	42 117.05
长汀县	1 842.94	22 953.71	1 966.40	26 763.05
光泽县	–	–	–	–
建瓯市	–	–	–	–
建阳区	–	–	–	–
浦城县	–	–	–	–
邵武市	–	–	–	–
顺昌县	–	–	–	–
松溪县	–	–	–	–
武夷山市	–	–	–	–
延平区	–	–	–	–
政和县	–	–	–	–
福安市	–	–	–	–
福鼎市	–	–	–	–
古田县	–	–	–	–
蕉城区	–	–	–	–
屏南县	–	–	–	–
寿宁县	–	–	–	–
霞浦县	–	–	–	–
柘荣县	–	–	–	–
周宁县	–	–	–	–
城厢区	–	3.21	7 254.94	7 258.15
涵江区	–	2 660.22	356.98	3 017.2
荔城区	–	3 628.68	–	3 628.68
仙游县	5 256.44	20 880.50	153.15	26 290.09
秀屿区	–	100.95	191.02	291.97
安溪县	9 485.50	21 279.40	149.55	30 914.45
德化县	28 101.28	12 823.85	596.88	41 522.01
丰泽区	–	57.50	–	57.50

（续表）

行政区	优化布局用地面积（hm²）			合计（hm²）
	优先种植区	次优先种植区	一般种植区	
惠安县	–	192.27	545.14	737.41
金门县	–	–	–	–
晋江市	–	73.83	2 352.93	2 426.76
鲤城区	–	–	203.20	203.20
洛江区	6.16	843.10	51.46	900.72
南安市	5 682.00	24 043.88	179.30	29 905.18
泉港区	–	2 029.06	–	2 029.06
石狮市	–	7.62	–	7.62
永春县	3 423.39	3 771.72	–	7 195.11
大田县	12 490.92	18 761.83	34.32	31 287.07
建宁县	–	–	–	–
将乐县	–	–	–	–
梅列区	–	–	17.49	17.49
明溪县	11 322.38	524.65	6.50	11 853.53
宁化县	3 471.16	3 796.19	261.95	7 529.3
清流县	16 339.31	13 693.12	500.21	30 532.64
三元区	906.82	2 385.53	–	3 292.35
沙县	–	784.79	6.64	791.43
泰宁县	–	–	–	–
永安市	12 281.56	13 148.58	990.28	26 420.42
尤溪县	9 664.12	7 588.86	5.21	17 258.19
海沧区	–	340.56	812.39	1 152.95
湖里区	–	–	–	–
集美区	–	200.81	–	200.81
思明区	–	117.03	654.41	771.44
同安区	–	147.47	72.66	220.13
翔安区	44.87	70.72	–	115.59
东山县	–	37.94	95.89	133.83
华安县	3 964.37	8 408.50	3 903.65	16 276.52
龙海市	7.83	1 720.95	89.13	1 817.91
龙文区	–	383.99	43.95	427.94
南靖县	217.58	19 643.19	10 483.09	30 343.86
平和县	–	2 677.42	20 245.36	22 922.78
芗城区	–	–	–	–
云霄县	–	301.84	8 439.95	8 741.79
漳浦县	39.74	5 920.00	6 074.47	12 034.21
长泰县	–	69.00	139.23	208.23
诏安县	4.24	1 294.06	11 470.73	12 769.03
平潭实验区	–	18.11	763.88	781.99
总计	251 194.45	335 093.96	99 837.27	686 125.68

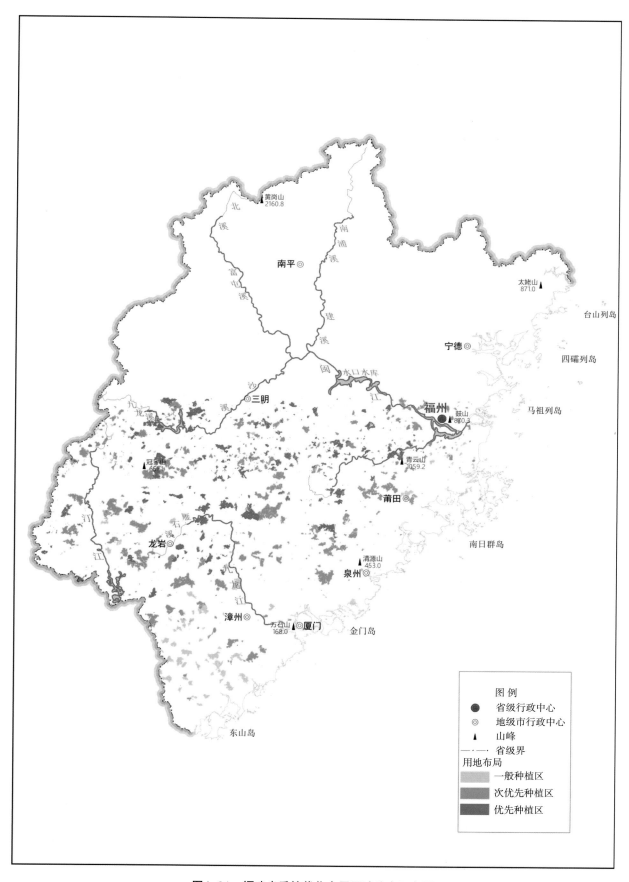

图4-21　福建省香樟优化布局用地分布示意图

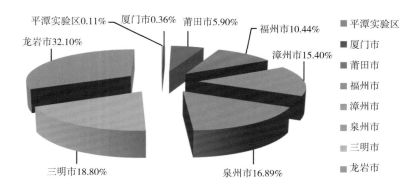

图4-22　福建省设区市香樟优化布局用地面积比例

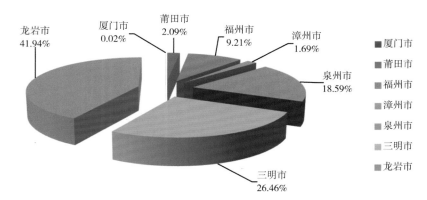

图4-23　福建省设区市香樟优先种植区面积比例

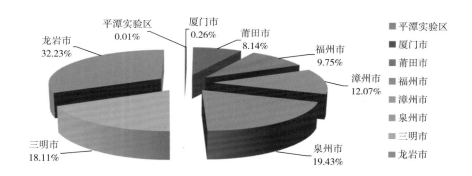

图4-24　福建省设区市香樟次优先种植区面积比例

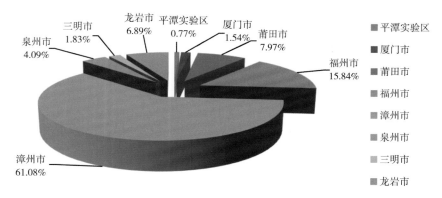

图4-25　福建省设区市香樟一般种植区面积比例

三、沉水樟用地优化布局分析

福建省沉水樟用地优化布局结果表明（表4-6、图4-26），全省沉水樟优化布局用地总面积为1 613 649.22hm²，占全省林地资源总面积的19.39%，其中优先种植区、次优先种植区和一般种植区面积分别为499 435.99hm²、869 283.02hm²和244 930.21hm²，分别占全省沉水樟优化布局用地总面积的30.95%、53.87%和15.18%，表明全省沉水樟优化布局用地以次优先种植区为主。从沉水樟优化布局用地的设区市分布来看（图4-27至图4-30），全省沉水樟优化布局用地主要分布于龙岩、南平、泉州和漳州等市，合计面积1 428 937.40hm²，占全省沉水樟优化布局用地总面积的88.55%。其中沉水樟优先种植区主要分布于龙岩、三明、南平和泉州市，合计面积达457 719.29hm²，占全省沉水樟优先种植区总面积的91.65%；沉水樟次优先种植区主要分布于龙岩、泉州和漳州市，合计面积达697 540.90hm²，占全省沉水樟次优先种植区总面积的80.24%；沉水樟一般种植区主要分布于漳州、泉州和龙岩市，合计面积达204 718.37hm²，占全省沉水樟一般种植区总面积的83.58%。

表4-6　福建省沉水樟优化布局用地面积

行政区	优化布局用地面积（hm²）			合计（hm²）
	优先种植区	次优先种植区	一般种植区	
仓山区	–	–	–	–
福清市	154.49	3 067.79	7 507.63	10 729.91
鼓楼区	–	–	–	–
晋安区		952.64	–	952.64
连江县	–	3 798.45	11.27	3 809.72
罗源县	–	–	3.03	3.03
马尾区	–	1 466.59	–	1 466.59
闽侯县	1 999.73	4 559.83	2.33	6 561.89
闽清县	–	–	–	–
永泰县	11 478.02	6 945.72	–	18 423.74
长乐区	–	5.24	13.35	18.59
连城县	307.86	21 998.00	504.04	22 809.9
上杭县	33 302.35	124 670.15	17 893.67	175 866.17
武平县	77 255.19	80 689.61	731.44	158 676.24
新罗区	73 870.71	53 887.38	252.47	128 010.56
永定区	47 286.99	93 809.88	1 246.22	142 343.09
漳平市	104 038.45	17 011.49	24.68	121 074.62
长汀县	218.06	8 912.11	1 691.91	10 822.08
光泽县	–	–	9.62	9.62
建瓯市	16 765.42	24 164.61	7 814.76	48 744.79
建阳区	18 156.67	44 715.80	1 705.64	64 578.11

行政区	优化布局用地面积（hm²）			合计（hm²）
	优先种植区	次优先种植区	一般种植区	
浦城县	–	–	9.53	9.53
邵武市	–	147.65	491.74	639.39
顺昌县	14.07	–	–	14.07
松溪县	–	2 096.67	1 236.12	3 332.79
武夷山市	–	86.57	1 171.10	1 257.67
延平区	5 655.95	3.93	–	5 659.88
政和县	–	48.28	1.77	50.05
福安市	–	58.74	1.56	60.30
福鼎市	–	–	–	–
古田县	–	2.82	2.41	5.23
蕉城区	–	–	–	–
屏南县	–	–	2 437.62	2 437.62
寿宁县	–	–	–	–
霞浦县	–	44.84	1.26	46.10
柘荣县	–	–	–	–
周宁县	–	–	–	–
城厢区	–	734.01	3 850.85	4 584.86
涵江区	605.76	448.08	17.50	1 071.34
荔城区	–	240.94	–	240.94
仙游县	1 265.69	32 400.48	3 257.22	36 923.39
秀屿区	–	897.59	814.82	1 712.41
安溪县	6 303.42	61 929.06	33 671.88	101 904.36
德化县	6 822.28	3 348.21	20.72	10 191.21
丰泽区	–	39.98	219.81	259.79
惠安县	–	5 610.80	5 643.98	11 254.78
金门县	–	–	–	–
晋江市	–	–	33.03	33.03
鲤城区	–	304.81	101.60	406.41
洛江区	–	18 283.13	357.28	18 640.41
南安市	9 025.39	28 968.83	2 595.98	40 590.2
泉港区	–	5 519.15	–	5 519.15
石狮市	–	5.72	1 367.37	1 373.09

（续表）

行政区	优化布局用地面积（hm²）			合计（hm²）
	优先种植区	次优先种植区	一般种植区	
永春县	18 436.92	39 214.92	615.51	58 267.35
大田县	219.36	3 153.76	15.06	3 388.18
建宁县	–	1 135.02	21.55	1 156.57
将乐县	53.56	619.47	1.10	674.13
梅列区	1 795.97	11.05	–	1 807.02
明溪县	524.51	–	–	524.51
宁化县	–	23 123.83	3 089.46	26 213.29
清流县	2 836.01	252.21	13.16	3 101.38
三元区	18 094.96	450.84	–	18 545.8
沙县	230.05	–	6.96	237.01
泰宁县	1 029.14	452.15	–	1 481.29
永安市	15 473.43	2 476.06	15.68	17 965.17
尤溪县	2.57	21.08	–	23.65
海沧区	698.34	826.76	932.15	2 457.25
湖里区	–	61.56	–	61.56
集美区	–	138.73	–	138.73
思明区	–	61.08	–	61.08
同安区	–	11 439.45	5 694.55	17 134
翔安区	–	415.79	28.27	444.06
东山县	–	–	–	–
华安县	7 681.23	48 050.74	7 633.30	63 365.27
龙海市	–	771.12	2 331.21	3 102.33
龙文区	–	76.50	–	76.50
南靖县	17 288.44	41 358.75	26 681.77	85 328.96
平和县	540.74	12 030.35	64 086.85	76 657.94
芗城区	–	2 158.91	1 114.12	3 273.03
云霄县	–	712.03	16 021.95	16 733.98
漳浦县	–	2 349.18	9 726.41	12 075.59
长泰县	–	23 122.72	5 520.51	28 643.23
诏安县	4.25	2 707.37	4 630.62	7 342.24
平潭实验区	–	216.03	32.75	248.78
总计	499 435.99	869 283.02	244 930.21	1 613 649.22

（续表）

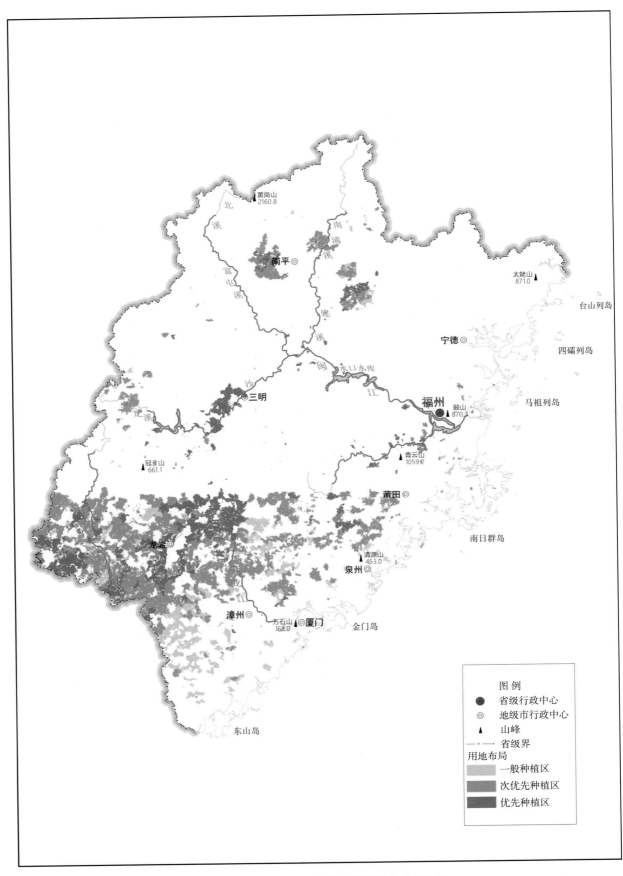

图4-26　福建省沉水樟优化布局用地分布示意图

从沉水樟优化布局用地县（市、区）分布来看（图4-6、图4-26），全省沉水樟优化布局用地主要分布于诏安、德化、福清、长汀、惠安、漳浦、云霄、同安、永安、永泰、三元、洛江、连城、宁化、长泰、仙游、南安、建瓯、永春、华安、建阳、平和、南靖、安溪、漳平、新罗、永定、武平和上杭等县（市、区），合计面积达1 549 856.42hm²，占全省沉水樟优化布局用地总面积的96.05%。其中全省沉水樟优先种植区主要分布在延平、安溪、德化、华安、南安、永泰、永安、建瓯、南靖、三元、建阳、永春、上杭、永定、新罗、武平和漳平等县（市、区），面积合计为486 935.83hm²，占全省沉水樟优先种植区总面积的97.50%。该分布区主要特点是：①水热资源较为丰富，年降水量均值为1 854.69mm、年均温为19.05℃，分别比全省沉水樟优化布局用地相应指标的平均值高16.10%、0.79%。②土层深厚，肥力相对较高，有机质、全磷、全钾、土层厚度均值分别达40.57g/kg、0.71g/kg、25.48g/kg、119.05cm，分别比全省沉水樟优化布局用地相应指标的平均值高22.38%、26.79%、37.95%、14.19%，沉水樟生长的土壤环境良好。③地理区位优越，交通较为便利，区位和交通通达值的平均值分别为1.12km、189.39km，为全省沉水樟优化布局用地相应指标平均水平的84.85%、96.71%。全省沉水樟次优先种植区主要分布于泉港、惠安、永泰、长汀、同安、平和、漳平、洛江、连城、长泰、宁化、建瓯、南安、仙游、永春、南靖、建阳、华安、新罗、安溪、武平、永定和上杭等县（市、区），合计面积达827 856.96hm²，占全省沉水樟次优先种植用地总面积的95.23%。全省沉水樟一般种植区主要分布于龙海、屏南、南安、宁化、仙游、城厢、诏安、长泰、惠安、同安、福清、华安、建瓯、漳浦、云霄、上杭、南靖、安溪和平和等县（市、区），合计面积230 090.25hm²，占全省沉水樟一般种植区总面积的93.94%。该区主要特点是：①土层浅薄，土壤肥力相对较低，有机质、全磷、全钾、土层厚度均值分别达22.61g/kg、0.38g/kg、15.25g/kg、74.07cm，分别比全省沉水樟优化布局用地相应指标的平均值低31.79%、32.14%、17.43%、30.19%。②交通和区位条件较差，区位和交通通达值分别为1.52km、200.42km，为全省沉水樟优化布局用地相应指标平均值的115.15%、102.34%。③年均温、降水量分别为18.82℃、1 531.58mm，分别比全省沉水樟优化布局用地相应指标的平均值低0.42%、4.13%，水热条件相对较差。

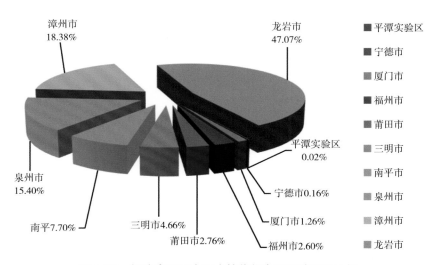

图4-27　福建省设区市沉水樟优化布局用地面积比例

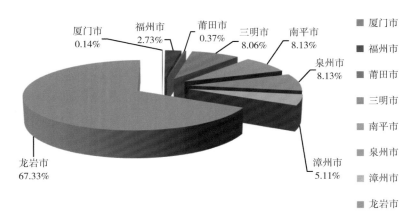

图4-28 福建省设区市沉水樟优先种植区面积比例

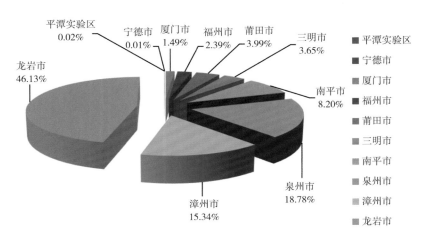

图4-29 福建省设区市沉水樟次优先种植区面积比例

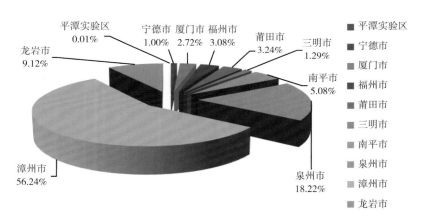

图4-30 福建省设区市沉水樟一般种植区面积比例

第五章 豆科主要树种用地适宜性与优化布局

豆科（Leguminosae sp.）为双子叶植物纲蔷薇目支下的一个科，属于乔木、灌木、亚灌木或草本，直立或攀援，常有能固氮的根瘤。约有650属，18 000种，广布于全世界。豆科在中国有172属，1 485种，13亚种，153变种，16变型。豆科最常见的有蝶形花、云实和含羞草三个亚科，豆科珍贵树种多属于蝶形花和云实亚科。根据福建省主要栽培的珍贵树种名录，全省主要栽培的豆科珍贵树种分红豆属、黄檀属、紫檀属、格木属、决明属、金合欢属等，主要树种有花榈木、红豆树、降香黄檀、印度紫檀、紫檀、黄檀、格木、铁刀木、木荚红豆、大果紫檀、卷荚相思、黑木相思等。本章根据福建省樟科主要珍贵树种用地适宜性评价和优化布局结果，深入分析福建省花榈木、红豆树和降香黄檀三种主要豆科珍贵树种适宜用地的数量、质量以及用地优化空间分布，为福建省发展豆科珍贵树种生产提供科学依据。

第一节 豆科主要树种用地适宜性分析

一、花榈木用地适宜性分析

（一）花榈木适宜用地数量及其分布

花榈木用地适宜性评价结果表明（表5-1、图5-1），福建省花榈木适宜用地资源总面积为5 335 887.52hm²，占全省林地资源总面积的64.10%，表明福建省大部分地区适宜种植花榈木。从花榈木适宜用地设区市分布来看（图5-2），全省花榈木适宜用地主要分布在福州、宁德、三明和南平等市，合计面积达4 850 259.94hm²，占全省花榈木适宜用地总面积的90.90%。从花榈木适宜用地的县域分布来看，全省花榈木适宜用地主要分布在柘荣、涵江、晋安、仙游、福清、三元、漳平、松溪、周宁、连江、罗源、寿宁、屏南、福鼎、连城、霞浦、蕉城、闽清、政和、福安、泰宁、大田、德化、宁化、建宁、闽侯、长汀、沙县、明溪、清流、古田、顺昌、永泰、光泽、武夷山、将乐、延平、邵武、永安、尤溪、浦城、建阳和建瓯等县（市、区），合计面积5 254 088.97hm²，占全省花榈木适宜用地总面积的98.47%。上述区域适宜种植花榈木的原因主要是：①限制花榈木正常生长的极限因子均未超过极限值。②水热资源较为丰富。年均温、降水量、无霜期均值分别为18.34℃、1 739.77mm、277.68d，分别比花榈木用地适宜性相应评价指标的标准值高1.89%、8.74%、4.78%，气候条件均适宜花榈木的正常生长发育。③立地条件较优越，土壤较肥沃，有机质含量均值为34.39g/kg，比花榈木用地适宜性相应评价指标的标准值高14.63%。④区位平均值为1.36km，仅为花榈木用地适宜性相应评价指标标准值的27.20%，区位条件优越。

福建省花榈木不适宜用地面积为2 988 093.14hm²，占全省林地总面积的35.90%，花榈木不适宜用地主要分布于龙岩、泉州和漳州等市，合计面积为2 275 123.67hm²，占全省花榈木不适宜用地总面积的76.14%。从县域分布情况来看，全省花榈木不适宜用地主要分布于龙海、云霄、尤溪、武夷山、长泰、诏安、德化、大田、宁化、漳浦、仙游、永春、华安、南安、长汀、平和、连城、南靖、安溪、永定、漳平、新罗、武平和上杭等县（市、区），合计面积为2 490 547.30hm²，占全省花榈木不适宜用地总面积的83.35%。上述区域不适宜种植花榈木的主要原因是：①分布海拔相对较高，平均海拔为511.90m，水热资源条件较差，年均温、极端低温均值分别为17.66℃、-6.57℃，部分区域年均温低于17℃，极端低温低于-11℃；或分布于闽南沿海地区，夏季高温，极端高温高于41.5℃，致使这些区域极易受到低温冻害或高温的影响，无法满足花榈木正常生长发育的需求。②部分区域土壤pH值大于7.5，不利于花榈木的正常生长。③部分区域水土流失严重，侵蚀模数高于11 500t/（km²·年），土壤环境条件极为恶劣。④部分区域地形坡度大于45°，超出适宜种植花榈木的极限值。

表5-1　福建省县（市、区）花榈木用地适宜性评价面积

行政区	不适宜用地面积（hm²）	适宜用地面积（hm²）			
		高度适宜	中度适宜	一般适宜	合计
仓山区	–	805.21	11.61	–	816.82
福清市	15 255.53	1 097.85	13 272.90	27 761.68	42 132.42
鼓楼区	–	–	354.69	–	354.69
晋安区	4.75	9 388.09	30 489.90	–	39 877.98
连江县	199.68	321.35	53 584.80	12 529.73	66 435.88
罗源县	33.61	33 946.82	24 778.71	15 673.93	74 399.47
马尾区	–	2 390.40	11 063.18	–	13 453.58
闽侯县	7 312.56	21 699.63	96 844.62	7 433.43	125 977.68
闽清县	11 144.97	84 692.74	12 437.84	371.56	97 502.15
永泰县	24.95	123 699.87	45 152.47	60.57	168 912.91
长乐区	149.62	–	3 204.04	19 255.12	22 459.17
连城县	129 747.13	49 127.18	37 186.75	128.98	86 442.91
上杭县	219 480.13	–	–	–	–
武平县	211 967.29	–	27.54	–	27.54
新罗区	207 128.66	8 488.22	77.54	–	8 565.76
永定区	160 141.76	–	–	–	–
漳平市	196 848.78	45 032.36	4 981.19	4.72	50 018.27
长汀县	121 447.73	45 505.84	61 954.04	20 522.30	127 982.18
光泽县	17 880.48	18 034.17	95 166.60	57 292.15	170 492.92
建瓯市	12 560.53	137 536.11	107 053.62	25 352.05	269 941.78
建阳区	9 667.18	94 721.32	133 912.85	33 210.82	261 844.99
浦城县	17 216.64	6 575.08	152 287.33	93 092.78	251 955.18
邵武市	22 549.41	72 217.47	125 537.11	12 015.13	209 769.70

（续表）

行政区	不适宜用地面积（hm²）	适宜用地面积（hm²）			
		高度适宜	中度适宜	一般适宜	合计
顺昌县	670.13	115 651.85	38 330.12	1 621.24	155 603.20
松溪县	21 937.18	4 324.00	32 206.58	20 596.27	57 126.85
武夷山市	43 379.04	13 326.39	60 061.76	106 878.19	180 266.34
延平区	12 508.59	186 376.66	9 580.53	1 239.10	197 196.29
政和县	23 909.27	16 980.40	66 022.75	17 455.54	100 458.70
福安市	44.92	21 185.07	61 001.35	18 765.44	100 951.87
福鼎市	1 437.04	1 963.58	26 048.68	55 372.57	83 384.83
古田县	13 936.35	28 368.23	92 793.30	29 256.99	150 418.52
蕉城区	944.20	6 607.35	25 607.24	60 413.55	92 628.14
屏南县	29 421.60	251.57	34 445.97	44 133.54	78 831.09
寿宁县	18 805.95	428.88	17 981.33	59 629.88	78 040.09
霞浦县	291.14	15 501.21	51 917.09	22 579.54	89 997.84
柘荣县	621.79	190.39	4 686.23	33 017.74	37 894.36
周宁县	19 316.21	166.77	14 233.70	43 165.11	57 565.58
平潭实验区	2 914.65	–	922.23	4 843.09	5 765.32
城厢区	19 824.07	–	–	–	–
涵江区	6.34	765.28	21 114.61	17 326.97	39 206.86
荔城区	3 896.24	–	52.75	–	52.75
仙游县	76 206.84	22 844.62	19 043.59	–	41 888.22
秀屿区	4 496.74	–	52.51	150.29	202.80
安溪县	158 432.83	–	–	–	–
德化县	54 275.10	94 346.08	27 293.85	134.98	121 774.92
丰泽区	2 191.57	–	–	–	–
惠安县	12 908.81	–	–	–	–
金门县	0.00	–	–	–	–
晋江市	4 155.89	–	–	–	–
鲤城区	609.61	–	–	–	–
洛江区	20 490.94	–	–	–	–
南安市	93 340.20	–	–	–	–
泉港区	9 073.62	–	–	–	–
石狮市	1 419.17	–	–	–	–

（续表）

行政区	不适宜用地面积（hm²）	适宜用地面积（hm²）			
		高度适宜	中度适宜	一般适宜	合计
永春县	78 636.78	2 070.04	1 630.02	–	3 700.05
大田县	54 490.53	80 043.20	32 198.31	313.63	112 555.15
建宁县	5 788.58	10 162.12	63 017.55	49 375.24	122 554.91
将乐县	10 388.37	84 000.43	80 752.31	18 811.43	183 564.17
梅列区	144.68	21 901.50	4 068.75	429.81	26 400.06
明溪县	11 883.47	100 499.02	24 738.28	10 427.53	135 664.83
宁化县	58 602.24	26 642.53	79 827.91	15 639.57	122 110.01
清流县	10 176.81	103 696.85	20 908.39	16 207.49	140 812.73
三元区	15 627.36	37 151.08	7 639.65	3 348.33	48 139.05
沙县	7 041.79	31 029.74	93 648.74	7 218.85	131 897.34
泰宁县	9 621.39	37 935.76	45 125.44	26 900.03	109 961.22
永安市	28 767.61	160 480.90	51 664.60	2 382.90	214 528.39
尤溪县	42 655.77	135 750.25	86 098.67	3 532.13	225 381.05
海沧区	4 598.21	–	–	–	–
湖里区	289.29	–	–	–	–
集美区	7 109.41	–	–	–	–
思明区	2 000.17	–	–	–	–
同安区	27 240.12	–	–	–	–
翔安区	7 975.48	–	–	–	–
东山县	4 284.70	–	–	–	–
华安县	86 106.89	–	–	–	–
龙海市	31 190.26	–	–	–	–
龙文区	1 503.44	–	–	–	–
南靖县	135 758.28	–	–	–	–
平和县	128 031.12	–	–	–	–
芗城区	3 273.03	–	–	–	–
云霄县	40 836.55	–	–	–	–
漳浦县	62 196.14	–	–	–	–
长泰县	47 808.37	–	–	–	–
诏安县	51 838.89	–	–	–	–
总计	2 988 093.14	2 115 921.50	2 204 094.12	1 015 871.90	5 335 887.52

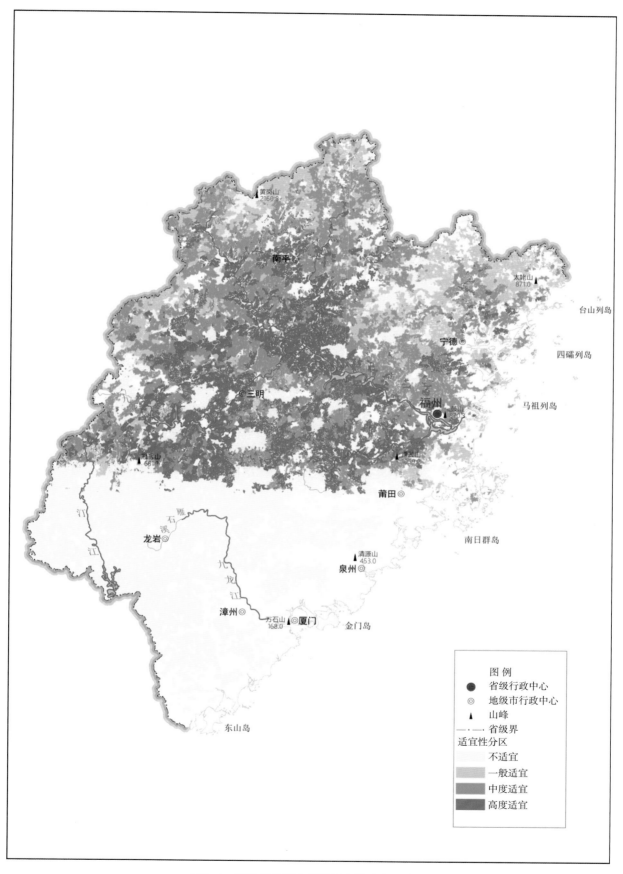

图5-1　福建省花榈木用地适宜性分布示意图

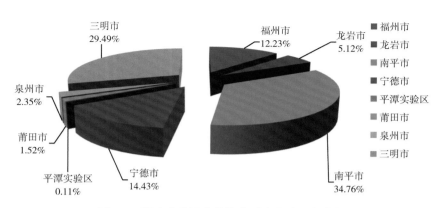

图5-2　福建省设区市花榈木适宜用地面积比例

（二）花榈木适宜用地质量及其分布

福建省花榈木用地适宜性评价结果表明（表5-1、图5-1），全省高度、中度和一般适宜种植花榈木用地面积分别为2 115 921.50hm²、2 204 094.12hm²和1 015 871.90hm²，分别占全省适宜种植花榈木用地总面积的39.65%、41.31%和19.04%，可见，福建省以高度与中度适宜种植花榈木用地为主，合计占全省适宜种植花榈木用地面积的80.96%。

从各设区市适宜花榈木种植用地资源质量状况来看（图5-3至图5-5），全省高度适宜种植花榈木用地主要分布于三明和南平市，合计面积达1 495 036.86hm²，占全省高度适宜种植花榈木用地总面积的70.66%，而后依次为泉州（13.14%）、龙岩（7.00%）、泉州（4.56%）、三明（3.92%）、宁德（3.53%）和莆田市（1.12%）；中度适宜种植花榈木用地主要分布于南平和三明市，合计面积达1 409 847.83hm²，占全省中度适宜种植花榈木用地总面积的63.96%，其他设区市中度适宜种植花榈木面积大小顺序为宁德>福州>龙岩>莆田>泉州>平潭实验区，分别占全省中度适宜种植花榈木用地总面积的14.91%、13.21%、4.73%、1.83%、1.31%和0.04%；一般适宜种植花榈木用地面积主要分布在南平和宁德市，合计面积达735 087.61hm²，占全省一般适宜种植花榈木用地总面积的72.36%，其他设区市一般适宜种植花榈木用地面积大小的顺序为三明>福州>龙岩>莆田>平潭实验区>泉州，分别占全省一般适宜种植花榈木用地面积的15.22%、8.18%、2.03%、1.72%、0.05%和0.01%。可见，福建省比较适宜种植花榈木的用地资源主要集中于南平和三明两市。

从全省各县（市、区）适宜种植花榈木用地质量状况分布来看（表5-1、图5-1），全省高度适宜种植花榈木用地资源主要分布于闽清、永泰、连城、漳平、长汀、建瓯、建阳、顺昌、延平、德化、大田、将乐、明溪、清流、永安和尤溪等16个县（市、区），合计面积达1 690 287.86hm²，占全省高度适宜种植花榈木用地面积的79.88%，其中以延平、建瓯、永安和尤溪县（市、区）的高度适宜花榈木种植用地面积比例最高，占全省高度适宜种植花榈木用地总面积的6.42%～8.81%；其次是闽清、永泰、建阳、顺昌、德化、明溪和清流等县（市、区），占全省高度适宜种植花榈木用地总面积的4.00%～5.47%。上述区域宜种植花榈木用地资源质量较高的原因主要是：①热量充足。上述区域无霜期和年均温均值分别达272d和17.92℃，分别比全省适宜种植花榈木用地区相应因子均值高2.19%和3.78%，为花榈木正常生长发育提供充分的热量条件。②土壤养分较为丰富。上述区域土壤有机质、全磷和全钾含量较丰富，均值分别达39.57g/kg、0.69g/kg和21.57g/kg，分别比全省适宜种植花榈木用地相应因子均值高8.30%、14.84%和10.03%，为花榈木正常生长发育提供充足的养分。③地形相对平缓。上述区域坡度均值为11.00°，比全省适宜种植花榈木用地相应因子的均值低12.79%，便于花榈木种植、管理和农产品运输。中度适宜种植花榈木用地资源主要分布于连江、闽侯、永泰、长汀、光泽、建瓯、建阳、浦城、邵武、武夷山、政和、福安、古田、霞浦、建宁、将乐、宁化、沙县、泰宁、永安和尤溪等21个县（市、区），合计面积达1 703 424.91hm²，占全省中度适宜种植花榈木用地面积的77.28%，其中以建阳、浦城和邵武等县（市、区）的中度适宜用地面积比例最高，分别占全省中度适宜种植花榈木用地面积的6.08%、6.91%和5.70%；其次是闽侯、光泽、建瓯、古田、沙县、将乐、尤溪、等县（市），占全省中度适宜种植花榈木用地面积的3.62%~4.86%。一般适宜种植花榈木的用地资源主要分布于福清、长汀、光泽、建瓯、建阳、浦城、松溪、武夷山、福鼎、古田、蕉城、屏南、寿宁、霞浦、柘荣、周宁、建宁和泰宁等18个县（市、区），合计面积为808 550.42hm²，占福建省一般适宜种植花榈木用地面积的79.59%，其中以浦城县及武夷山市的一般适宜用地面积比例最高，分别占全省一般适宜种植花榈木用地面积的9.16%和10.52%。上述区域适宜种植花榈木用地质量较差原因主要是：①光热资源相对较差。上述区域无霜期和年日照时数均值分别为256d和1 763.76h，分别比全省适宜种植花榈木用地区相应因子均值低3.67%和0.51%。②土壤养分相对缺乏，上述区域土壤有机质、全磷和全钾含量均值分别为32.45g/kg、0.47g/kg和17.52g/kg，分别比全省适宜种植花榈木用地相应因子均值低11.17%、21.86%和10.61%。③地势相对较陡，坡度均值为15.27°，比全省适宜种植花榈木用地相应因子均值高21.08%。

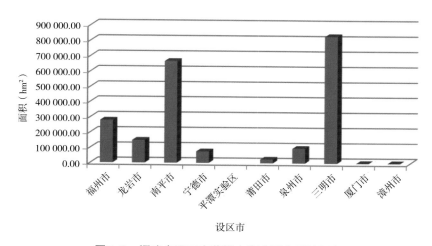

图5-3 福建省设区市花榈木高度适宜用地面积

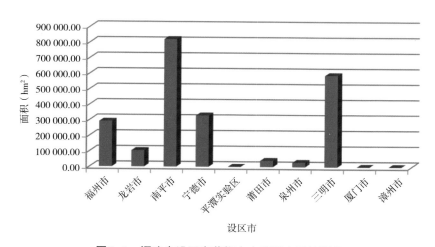

图5-4 福建省设区市花榈木中度适宜用地面积

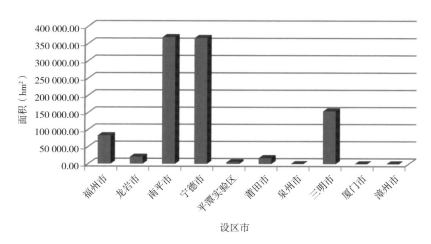

图5-5 福建省设区市花榈木一般适宜用地面积

二、红豆树用地适宜性分析

（一）红豆树适宜用地数量及其分布

红豆树用地适宜性评价结果表明（表5-2、图5-6），福建省红豆树适宜用地总面积3 731 467.23hm²，占全省林地总面积的44.83%，表明福建省适宜种植红豆树的用地资源面积不大。从红豆树适宜用地设区市分布来看（图5-7），全省红豆树适宜用地主要分布在龙岩、南平和三明等市，合计面积达2 859 387.07hm²，占全省红豆树适宜用地总面积的76.63%。从红豆树适宜用地的县域分布来看，全省红豆树适宜用地主要分布在古田、闽清、永泰、邵武、长汀、将乐、政和、上杭、建阳、明溪、清流、顺昌、大田、连城、德化、武平、永安、建瓯、新罗、尤溪、延平和漳平等县（市、区），合计面积达2 867 918.96hm²，占全省红豆树适宜用地总面积的76.86%。上述区域适宜于红豆树生长是因为：①限制红豆树正常生长的极限因子均未超过极限值。②降水量、无霜期均值分别为1 879.74mm、270.78d，分别比红豆树用地适宜性相应评价指标的标准值高17.48%、2.18%，水热条件较优越。③土壤肥沃，有机质含量均值为39.03g/kg，比红豆树用地适宜性相应评价指标的标准值高30.10%。④地理位置优越，区位平均值为1.29km，仅为红豆树用地适宜性相应评价指标标准值的25.80%。

表5-2 福建省县（市、区）红豆树用地适宜性评价面积

行政区	不适宜用地面积（hm²）	适宜用地面积（hm²）			
		高度适宜	中度适宜	一般适宜	合计
仓山区	-	-	816.82	-	816.82
福清市	43 338.79	-	620.39	13 428.77	14 049.16
鼓楼区	354.69	-	-	-	
晋安区	30 949.14	1 811.81	4 654.80	2 466.97	8 933.59
连江县	58 840.16	-	166.48	7 628.92	7 795.40
罗源县	39 712.11	17 148.59	17 337.13	235.25	34 720.97
马尾区	10 555.16	-	-	2 898.42	2 898.42
闽侯县	79 905.56	3 063.28	31 299.80	19 021.59	53 384.68
闽清县	31 524.66	22 897.17	51 986.26	2 239.03	77 122.46
永泰县	85 325.43	7 550.22	69 140.75	6 921.46	83 612.43

（续表）

行政区	不适宜用地面积（hm²）	适宜用地面积（hm²）			
		高度适宜	中度适宜	一般适宜	合计
长乐区	19 232.06	–	–	3 376.73	3 376.73
连城县	81 284.57	41 765.27	87 322.12	5 818.08	134 905.47
上杭县	119 260.99	17 125.84	71 153.76	11 939.53	100 219.14
武平县	57 978.41	5 816.90	143 844.48	4 355.04	154 016.42
新罗区	24 861.39	68 832.10	121 737.33	263.60	190 833.03
永定区	152 088.61	–	8 053.15	–	8 053.15
漳平市	12 193.19	187 739.62	46 693.98	240.27	234 673.86
长汀县	161 590.17	4 968.52	64 408.63	18 462.59	87 839.74
光泽县	154 389.51	1 686.77	31 650.35	646.77	33 983.89
建瓯市	97 671.27	64 723.17	107 838.63	12 269.24	184 831.04
建阳区	161 907.18	20 575.83	82 382.17	6 646.99	109 604.99
浦城县	225 856.33	–	37 545.49	5 770.00	43 315.49
邵武市	146 777.89	18 122.09	67 330.17	88.96	85 541.22
顺昌县	44 608.71	30 685.62	80 979.00	–	111 664.62
松溪县	65 583.68	–	10 807.23	2 673.12	13 480.35
武夷山市	191 776.82	1 614.92	22 468.09	7 785.55	31 868.56
延平区	10 465.63	135 634.29	62 711.37	893.59	199 239.25
政和县	29 143.24	19 556.48	72 978.95	2 689.29	95 224.73
福安市	64 653.79	542.78	15 585.83	20 214.39	36 343.00
福鼎市	80 703.51	–	13.70	4 104.66	4 118.36
古田县	93 587.55	10 389.95	50 315.81	10 061.56	70 767.32
蕉城区	71 657.04	136.04	2 981.18	18 798.07	21 915.30
屏南县	66 461.91	56.82	37 156.00	4 577.97	41 790.78
寿宁县	83 411.33	–	4 242.44	9 192.27	13 434.71
霞浦县	73 670.03	3 045.74	9 451.28	4 121.93	16 618.95
柘荣县	36 712.57	–	344.42	1 459.17	1 803.58
周宁县	60 755.32	437.78	12 058.50	3 630.18	16 126.47
平潭实验区	7 448.35	–	–	1 231.62	1 231.62
城厢区	7 486.09	–	–	12 337.98	12 337.98
涵江区	36 570.19	–	674.59	1 968.41	2 643.01
荔城区	325.34	–	–	3 623.65	3 623.65
仙游县	61 420.15	13 046.09	23 575.37	20 053.45	56 674.91
秀屿区	3 034.32	–	–	1 665.22	1 665.22
安溪县	110 147.90	6 316.62	30 552.23	11 416.08	48 284.93
德化县	33 613.09	40 519.70	101 717.52	199.70	142 436.93
丰泽区	2 191.57	–	–	–	–
惠安县	12 444.58	–	–	464.23	464.23
金门县	–	–	–	–	–

（续表）

行政区	不适宜用地面积（hm²）	适宜用地面积（hm²）			
		高度适宜	中度适宜	一般适宜	合计
晋江市	4 155.89	–	–	–	–
鲤城区	609.61	–	–	–	–
洛江区	20 146.62	–	71.86	272.46	344.32
南安市	79 325.69	39.82	4 562.40	9 412.29	14 014.51
泉港区	7 666.56	–	–	1 407.06	1 407.06
石狮市	1 419.17	–	–	–	0.00
永春县	30 274.10	11 293.87	35 377.77	5 391.08	52 062.73
大田县	53 804.63	32 656.36	75 648.83	4 935.86	113 241.05
建宁县	101 830.30	1 836.66	24 479.10	197.42	26 513.19
将乐县	102 329.92	38 542.46	53 033.32	46.83	91 622.62
梅列区	4 479.00	18 253.65	3 790.23	21.86	22 065.74
明溪县	36 277.82	35 813.04	69 173.08	6 284.36	111 270.48
宁化县	128 104.15	3 242.29	44 418.87	4 946.93	52 608.10
清流县	39 523.65	50 468.08	48 654.14	12 343.68	111 465.89
三元区	6 582.84	34 436.63	21 815.41	931.53	57 183.57
沙县	107 181.95	17 048.02	14 259.38	449.78	31 757.18
泰宁县	75 004.57	21 640.83	22 937.21	–	44 578.04
永安市	59 907.21	56 327.30	120 952.23	6 109.27	183 388.79
尤溪县	73 639.34	94 945.38	92 971.97	6 480.13	194 397.48
海沧区	4 598.21	–	–	–	–
湖里区	289.29	–	–	–	–
集美区	7 109.41	–	–	–	–
思明区	2 000.17	–	–	–	–
同安区	27 240.12	–	–	–	–
翔安区	7 975.48	–	–	–	–
东山县	4 284.70	–	–	–	–
华安县	63 829.05	5 265.80	15 527.88	1 484.15	22 277.84
龙海市	31 190.26	–	–	–	–
龙文区	1 503.44	–	–	–	–
南靖县	132 823.05	804.86	2 130.37	–	2 935.23
平和县	128 031.12	–	–	–	–
芗城区	3 273.03	–	–	–	–
云霄县	40 836.55	–	–	–	–
漳浦县	62 196.14	–	–	–	–
长泰县	47 761.50	–	46.87	–	46.87
诏安县	51 838.89	–	–	–	–
总计	4 592 513.43	1 168 425.05	2 234 447.17	328 595.01	3 731 467.23

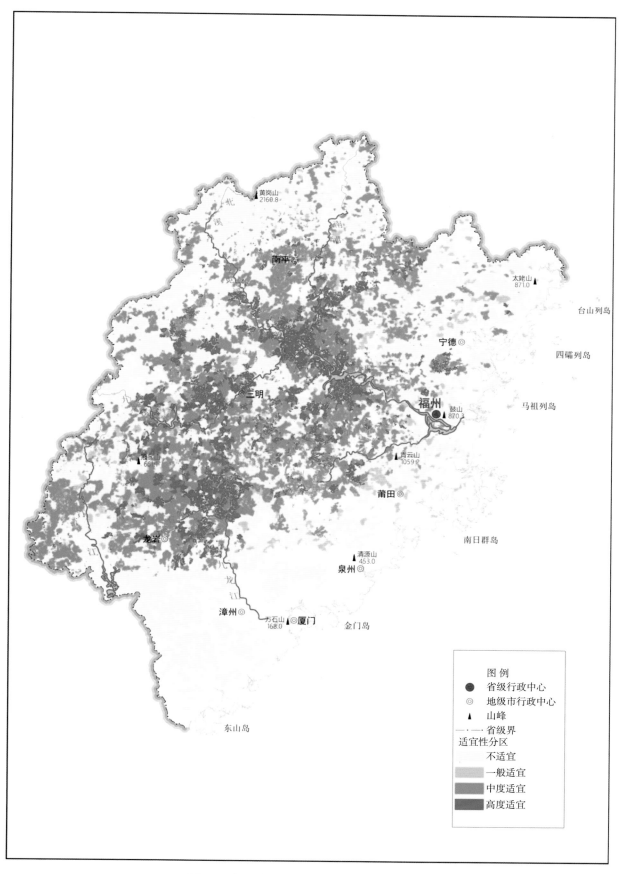

图5-6　福建省红豆树用地适宜性分布示意图

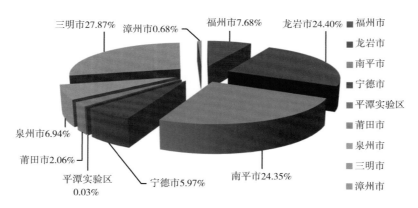

图5-7　福建省设区市红豆树适宜用地面积比例

福建省红豆树不适宜用地面积为4 592 513.43hm²，占全省林地资源总面积的55.17%，红豆树不适宜用地主要分布于福州、龙岩、南平、漳州、宁德和三明等市，合计面积为4 125 021.52hm²，占全省红豆树不适宜用地总面积的89.82%。从县域分布情况来看，全省红豆树不适宜用地主要分布于诏安、大田、武平、连江、永安、周宁、仙游、漳浦、华安、福安、松溪、屏南、蕉城、尤溪、霞浦、泰宁、南安、闽侯、福鼎、连城、寿宁、永泰、古田、建瓯、建宁、将乐、沙县、安溪、上杭、平和、宁化、南靖、邵武、永定、光泽、长汀、建阳、武夷山和浦城等县（市、区），合计面积为3 826 551.12hm²，占全省红豆树不适宜用地总面积的83.32%。上述区域不适宜红豆树种植的原因主要是：①部分区域年均温、极端高温均值分别为17.63℃、37.70℃，部分地区极端高温大于35.6℃，年均温大于25℃，超出了红豆树正常生长的极限指标，不适宜红豆树生长发育。②部分区域分布海拔较高，极端低温低于-8.4℃，易使红豆树受冻害。③部分区域地形坡度大于45°，不适宜种植红豆树。

（二）红豆树适宜用地质量及其分布

福建省红豆树用地适宜性评价结果表明（表5-2、图5-6），全省高度、中度和一般适宜种植红豆树用地面积分别为1 168 425.05hm²、2 234 447.17hm²和328 595.01hm²，分别占全省适宜种植红豆树用地总面积的31.31%、59.88%和8.81%，可见，福建省以高度与中度适宜种植红豆树用地占优势，合计占全省适宜种植红豆树用地面积的91.19%。

从各设区市适宜红豆树种植用地资源质量状况来看（图5-8至图5-10），高度适宜种植红豆树用地主要分布于三明、龙岩和南平市，合计面积达1 024 058.11hm²，占全省高度适宜种植红豆树用地总面积的87.64%，而后依次为泉州（4.98%）、福州（4.49%）、宁德（1.25%）、莆田（1.12%）和漳州市（0.52%）；中度适宜种植红豆树用地主要分布于南平、三明和龙岩市，合计面积达1 712 038.69hm²，占全省中度适宜种植红豆树用地总面积的76.62%，其他设区市中度适宜种植红豆树面积大小顺序为福州>泉州>宁德>莆田>漳州，分别占全省中度适宜种植红豆树用地总面积的7.88%、7.71%、5.91%、1.09%和0.79%；一般适宜种植红豆树用地面积主要分布宁德、福州、三明、龙岩、南平和莆田市，合计面积达297 316.33hm²，占全省一般适宜种植红豆树用地总面积的90.48%，其他设区市一般适宜种植红豆树用地面积大小的顺序为泉州>漳州>平潭实验区，分别占全省一般适宜种植红豆树用地面积的8.69%、0.45%和0.37%。可见，福建省比较适宜种植红豆树的用地资源主要集中于龙岩、三明和南平三市。

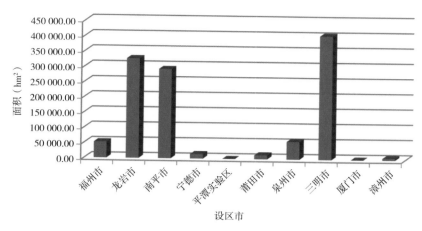

图5-8　福建省设区市红豆树高度适宜用地面积

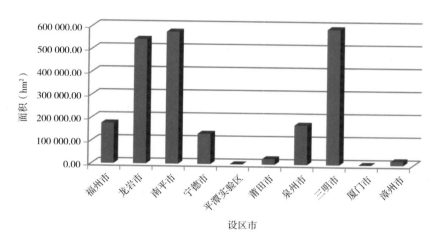

图5-9　福建省设区市红豆树中度适宜用地面积

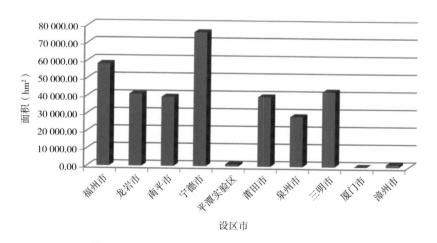

图5-10　福建省设区市红豆树一般适宜用地面积

　　从全省各县（市、区）适宜种植红豆树用地质量状况分布来看，全省高度适宜种植红豆树用地资源主要分布于连城、新罗、漳平、建瓯、顺昌、延平、德化、大田、将乐、明溪、清流、三元、永安和尤溪等14个县（市、区），合计面积达913 089.01hm²，占全省高度适宜种植红豆树用地面积的78.15%，其中以尤溪、延平和漳平县（市、区）的高度适宜红豆树种植用地面积比例最高，占全省高度适宜种植红豆树用地总面积的8.13%~16.07%；其次是新罗、建瓯、永安和清流等县（市、区），占全省高度适宜种植红豆树用地总面积的4.31%~5.89%。上述区域适宜种植红豆树用地资源质量较高的原因是：①热量充足。上述区域无霜期和年均温均值分别达273d和18.11℃，分别比全省适宜种植红豆树用地相应因子均值高1.10%和2.49%，为红豆树正常生长发育提供充足热量。②土壤养分充足。上述区域土壤有机质、全磷和全钾含量较丰富，均值分别达39.99g/kg、0.84g/kg和23.35g/kg，分别比全省适宜种植红豆树用地相应因子的均值高1.41%、20.84%和12.74%，为红豆树正常生长发育提供充足养分。③坡度相对较缓。上述区域的坡度均值为10.43°，比全省适宜种植红豆树用地相应因子的均值低10.42%，为红豆树种植、管理和农产品运输提供了便利的条件。中度适宜种植红豆树用地资源主要分布于闽清、永泰、连城、上杭、武平、新罗、漳平、长汀、建瓯、建阳、邵武、顺昌、延平、政和、古田、大田、德化、将乐、明溪、清流、永安和尤溪等22个县（市、区），合计面积达1 742 974.52hm²，占全省中度适宜种植红豆树用地面积的78.00%，其中以永安、新罗和武平等县（市、区）的中度适宜用地面积比例最高，分别占全省中度适宜种植红豆树用地面积的5.41%、5.44%和6.44%；其次是建瓯、德化和尤溪等县（市），占全省中度适宜种植红豆树用地面积的4.16%~4.83%。一般适宜种植红豆树的用地资源主要分布于福清、连江、闽侯、永泰、上杭、长汀、建瓯、建阳、武夷山、福安、古田、蕉城、寿宁、城厢、仙游、安溪、南安和清流等18个县（市、区），合计面积达227 934.42hm²，占全省一般适宜种植红豆树用地面积的69.37%，其中福安和仙游县（市）的一般适宜用地面积比例最高，分别占全省一般适宜种植红豆树用地面积6.15%和6.10%。上述区域适宜种植红豆树用地质量较差原因主要是：①光热资源相对较差。上述区域年降水量和年均温均值分别为1 673mm和17.55℃，分别比全省适宜种植红豆树用地区相应因子均值低2.89%和0.67%。②土壤养分含量较低。上述区域土壤有机质、全磷和全钾含量均值分别达29.34g/kg、0.47g/kg和16.98g/kg，分别比全省适宜种植红豆树用地相应因子均值低25.58%、31.61%和17.98%。③坡度相对较陡。上述区域的坡度均值为12.89°，比全省适宜种植红豆树用地相应因子均值高10.68%，不利于红豆树种植、管理和农产品运输。

三、降香黄檀用地适宜性分析

（一）降香黄檀适宜用地数量及其分布

降香黄檀用地适宜性评价结果表明（表5-3、图5-11），福建省降香黄檀适宜用地总面积为1 501 987.34hm²，占全省林地资源总面积的18.04%，表明福建省仅有小部分区域适宜种植降香黄檀。从降香黄檀适宜用地设区市分布来看（图5-12），全省降香黄檀适宜用地主要分布在龙岩、三明、漳州和泉州等市，合计面积达1 349 340.31hm²，占全省降香黄檀适宜用地总面积的89.84%。从降香黄檀适宜用地的县域分布来看，全省降香黄檀适宜用地主要分布在龙海、德化、华安、长泰、云霄、永春、安溪、诏安、漳浦、永安、永定、仙游、长汀、连城、新罗、南靖、上杭、平和、武平和漳平等县（市、区），合计面积达1 311 569.05hm²，占全省降香黄檀适宜用地总面积的87.32%。上述区域适宜降香黄檀种植的原因主要是：①限制降香黄檀正常生长的极限因子均未超过极限值。②平均海拔相对较低，均值为463.23m，热量资源较为丰富。年均温、无霜期均值分别为20.84℃、320.70d，分别比降香黄檀用地适宜性相应评价指标的标准值高15.78%、21.02%，气候条件指标均满足降香黄檀正常生长发育的要求。③土壤肥力较高，有机质含量均值为32.22g/kg，比降香黄檀用地适宜性相应评价指标的标准值高7.40%。④地理位置优越，区位平均值为1.30km，仅为降香黄檀用地适宜性相应评价指标标准值的26.00%。

福建省降香黄檀不适宜用地面积为6 821 993.32hm²，占全省林地资源总面积的81.96%，降香黄檀不适宜用地主要分布于福州、南平、龙岩、宁德和三明等市，合计面积为6 147 662.60hm²，占全省降香黄檀不适宜用地总面积的90.12%。从县域分布情况来看，全省降香黄檀不适宜用地主要分布于武平、福鼎、霞浦、漳平、蕉城、寿宁、福安、永定、屏南、闽清、安溪、泰宁、政和、建宁、闽侯、上杭、新罗、沙县、大田、清流、永泰、德化、明溪、连城、顺昌、古田、宁化、长汀、光泽、永安、将乐、延平、武夷山、邵武、尤溪、浦城、建阳和建瓯等县（市、区），合计面积5 873 539.41hm²，占全省降香黄檀不适宜用地总面积的86.10%。上述区域不适宜降香黄檀种植的原因主要是：①水热资源条件较差。年均温、极端低温均值分别为17.37℃、-6.36℃，多数区域极端低温在-3℃以下，年均温低于20.5℃，致使降香黄檀极易受到低温冻害的影响，不利于降香黄檀的正常生长。②部分区域土壤pH值大于7.5，不利于降香黄檀的正常生长。③部分区域侵蚀模数高于11 500t/（km²·年），水土流失严重，无法为降香黄檀正常生长提供必要的土壤环境条件。

表5-3　福建省县（市、区）降香黄檀用地适宜性评价面积

行政区	不适宜用地面积（hm²）	适宜用地面积（hm²）			
		高度适宜	中度适宜	一般适宜	总计
仓山区	816.82	–	–	–	–
福清市	34 913.13	649.49	6 185.44	15 639.89	22 474.82
鼓楼区	354.69	–	–	–	–
晋安区	39 882.73	–	–	–	–
连江县	66 635.56	–	–	–	–
罗源县	74 433.08	–	–	–	–
马尾区	13 453.58	–	–	–	–
闽侯县	130 271.08	179.76	2 795.92	43.47	3 019.16
闽清县	108 647.12	–	–	–	–
永泰县	141 383.22	15 181.18	10 532.67	1 840.79	27 554.64
长乐区	18 037.32	–	606.38	3 965.09	4 571.47
连城县	150 914.84	23 024.60	34 394.50	7 856.10	65 275.20
上杭县	136 565.24	5 468.25	62 245.60	15 201.04	82 914.89
武平县	84 169.91	26 029.48	92 997.81	8 797.63	127 824.92
新罗区	137 797.58	26 621.32	50 686.34	589.18	77 896.84
永定区	103 067.49	28 725.70	27 456.01	892.56	57 074.27
漳平市	92 166.55	119 481.38	35 147.36	71.76	154 700.50
长汀县	187 472.37	–	18 714.78	43 242.75	61 957.54
光泽县	188 373.40	–	–	–	–
建瓯市	282 502.31	–	–	–	–
建阳区	271 512.17	–	–	–	–
浦城县	269 171.82	–	–	–	–
邵武市	232 319.11	–	–	–	–

（续表）

行政区	不适宜用地面积（hm²）	适宜用地面积（hm²）			
		高度适宜	中度适宜	一般适宜	总计
顺昌县	156 273.33	–	–	–	–
松溪县	79 064.03	–	–	–	–
武夷山市	223 645.38	–	–	–	–
延平区	209 704.88	–	–	–	–
政和县	124 367.97	–	–	–	–
福安市	100 996.79	–	–	–	–
福鼎市	84 821.87	–	–	–	–
古田县	164 354.87	–	–	–	–
蕉城区	93 572.34	–	–	–	–
屏南县	108 252.69	–	–	–	–
寿宁县	96 846.04	–	–	–	–
霞浦县	90 288.98	–	–	–	–
柘荣县	38 516.15	–	–	–	–
周宁县	76 881.79	–	–	–	–
平潭实验区	5 511.01	–	1 146.59	2 022.37	3 168.96
城厢区	18 473.56	13.57	771.35	565.59	1 350.51
涵江区	27 852.17	282.34	7 580.79	3 497.90	11 361.03
荔城区	222.24	65.42	3 661.33	–	3 726.75
仙游县	60 222.03	14 717.68	36 773.11	6 382.25	57 873.03
秀屿区	2 893.27	113.41	1 692.87	–	1 806.27
安溪县	114 014.49	7 789.92	30 497.50	6 130.91	44 418.34
德化县	145 162.34	13 061.25	17 185.04	641.39	30 887.68
丰泽区	1 310.85	880.72	–	–	880.72
惠安县	5 286.50	664.40	6 761.91	196.00	7 622.31
金门县	–	–	–	–	–
晋江市	147.83	52.35	3 955.71	–	4 008.06
鲤城区	609.61	–	–	–	–
洛江区	7 348.05	818.06	12 324.83	–	13 142.89
南安市	73 969.76	15 329.74	3 831.51	209.19	19 370.44
泉港区	4 965.36	3 937.31	170.94	–	4 108.26
石狮市	1 405.83	5.72	7.62	–	13.34

（续表）

行政区	不适宜用地面积（hm²）	适宜用地面积（hm²）			
		高度适宜	中度适宜	一般适宜	总计
永春县	41 106.14	8 206.91	25 867.61	7 156.17	41 230.69
大田县	139 692.21	4 860.65	19 436.70	3 056.12	27 353.47
建宁县	128 343.49	–	–	–	–
将乐县	193 952.54	–	–	–	–
梅列区	26 544.74	–	–	–	–
明溪县	147 548.30	–	–	–	–
宁化县	180 712.25	–	–	–	–
清流县	140 347.75	1 105.47	8 257.17	1 279.14	10 641.79
三元区	63 766.41	–	–	–	–
沙县	138 939.13	–	–	–	–
泰宁县	119 582.61	–	–	–	–
永安市	188 935.81	24 080.61	22 703.85	7 575.73	54 360.19
尤溪县	266 849.12	560.48	388.47	238.75	1 187.70
海沧区	3 268.10	750.47	579.64	–	1 330.11
湖里区	289.29	–	–	–	–
集美区	339.53	6 769.88	–	–	6 769.88
思明区	887.54	394.17	718.47	–	1 112.63
同安区	21 777.20	3 922.43	1 531.27	9.22	5 462.92
翔安区	6 910.64	351.04	713.80	–	1 064.84
东山县	5.20	1 135.53	1 818.50	1 325.47	4 279.50
华安县	45 479.66	10 579.92	27 874.27	2 173.03	40 627.23
龙海市	2 155.64	26 207.77	2 287.21	539.64	29 034.62
龙文区	626.53	354.52	522.40	–	876.91
南靖县	55 040.81	27 508.34	22 527.75	30 681.39	80 717.47
平和县	10 806.76	12 800.98	37 381.82	67 041.56	117 224.36
芗城区	1 114.12	–	2 158.91	–	2 158.91
云霄县	89.44	4 823.14	15 641.60	20 282.36	40 747.11
漳浦县	7 888.19	16 501.65	32 782.17	5 024.13	54 307.95
长泰县	7 151.03	32 781.32	2 959.89	4 916.13	40 657.34
诏安县	–	9 395.65	24 610.03	17 833.21	51 838.89
总计	6 821 993.32	496 183.99	718 885.44	286 917.91	1 501 987.34

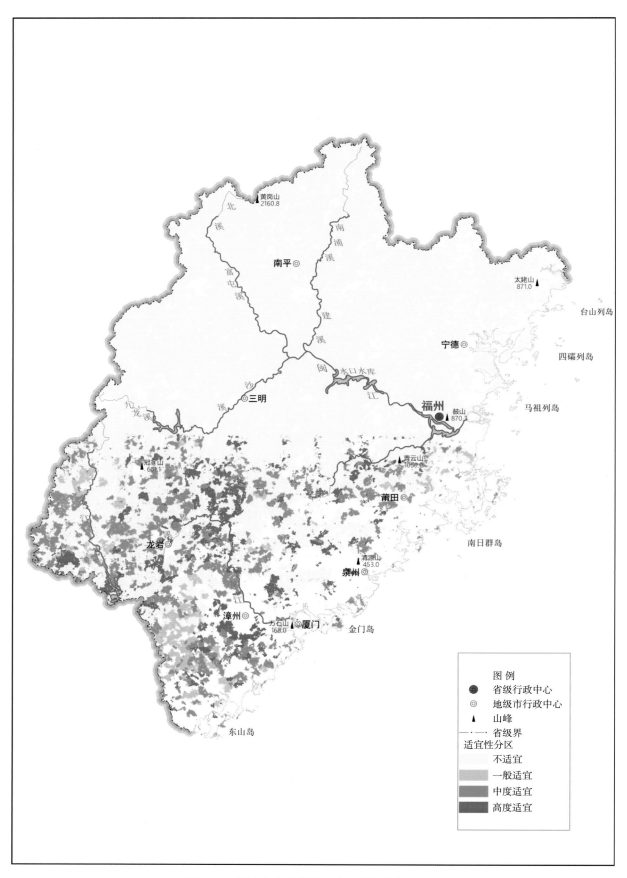

图5-11 福建省降香黄檀用地适宜性分布示意图

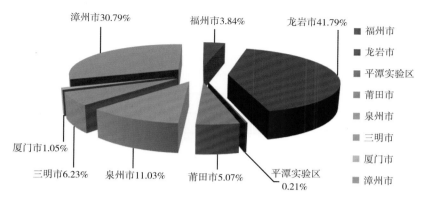

图5-12　福建省设区市降香黄檀适宜用地面积比例

（二）降香黄檀适宜用地质量及其分布

福建省降香黄檀用地适宜性评价结果表明（表5-3、图5-11），全省高度、中度和一般适宜种植降香黄檀用地面积分别为496 183.99hm²、718 885.44hm²和286 917.91hm²，分别占全省适宜种植降香黄檀用地总面积的33.04%、47.86%和19.10%，可见，福建省以高度与中度适宜种植降香黄檀用地为主，合计占全省适宜种植降香黄檀用地面积的80.90%。

从各设区市适宜降香黄檀种植用地资源质量状况来看（图5-13至图5-15），全省高度适宜种植降香黄檀用地主要分布于龙岩和漳州市，合计面积达371 439.55hm²，占全省高度适宜种植降香黄檀用地总面积的74.86%，而后依次为泉州（10.23%）、三明（6.17%）、福州（3.23%）、莆田（3.06%）和厦门市（2.46%）；中度适宜种植降香黄檀用地主要分布于龙岩和漳州市，合计面积达492 206.55hm²，占全省中度适宜种植降香黄檀用地总面积的68.47%，其他设区市中度适宜种植降香黄檀面积大小顺序为泉州>三明>莆田>福州>厦门>平潭实验区，分别占全省中度适宜种植降香黄檀用地总面积的13.99%、7.06%、7.02%、2.80%、0.49%和0.16%；一般适宜种植降香黄檀用地面积主要分布在漳州和龙岩市，合计面积达226 467.94hm²，占全省一般适宜种植降香黄檀用地总面积的78.93%，其他设区市一般适宜种植降香黄檀用地面积大小的顺序为福州>泉州>三明>莆田>平潭实验区>厦门，分别占全省一般适宜种植降香黄檀用地面积的7.49%、5.00%、4.23%、3.64%、0.70%和0.00%。可见，福建省比较适宜种植降香黄檀的用地资源主要集中于龙岩和漳州两市。

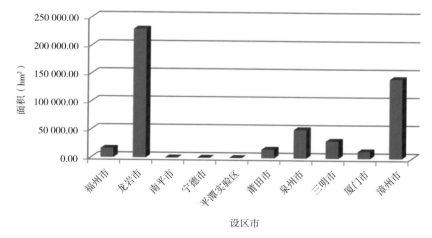

图5-13　福建省设区市降香黄檀高度适宜用地面积

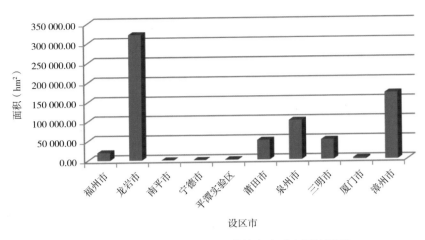

图5-14　福建省设区市降香黄檀中度适宜用地面积

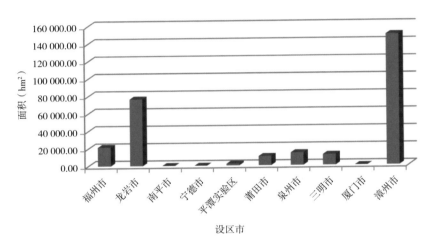

图5-15　福建省设区市降香黄檀一般适宜用地面积

从全省各县（市、区）适宜种植降香黄檀用地质量状况分布来看，全省高度适宜种植降香黄檀用地资源主要分布于永泰、连城、武平、新罗、永定、漳平、仙游、德化、南安、永安、华安、南靖、龙海、平和、漳浦和长泰等16个县（市、区），合计面积达432 632.93hm²，占全省高度适宜种植降香黄檀用地面积的87.19%，其中以漳平和长泰县（市）的高度适宜降香黄檀种植用地面积比例最高，分别占全省高度适宜种植降香黄檀用地总面积的22.08%和6.61%；其次是连城、武平、新罗、永定、永安、龙海和南靖等县（市、区），占全省高度适宜种植降香黄檀用地总面积的4.64%~5.79%。上述区域适宜种植降香黄檀用地资源质量较高的原因是：①光热资源较为丰富。上述区域年无霜期、年均温和年日照时数均值分别达301d、19.22℃和1 917h，分别比全省适宜种植降香黄檀用地区相应因子均值高3.41%、2.67%和0.01%，为降香黄檀正常生长发育提供优越的光和热条件。②土壤养分充足。上述区域土壤有机质、全磷和全钾含量较丰富，均值分别达34.36g/kg、0.72g/kg和20.64g/kg，分别比全省适宜种植降香黄檀用地相应因子均值高3.52%、24.58%和17.35%，为降香黄檀正常生长发育提供充足养分。③坡度较缓。上述区域的坡度均值为10.67°，比全省适宜种植降香黄檀用地相应因子均值低11.85%，为降香黄檀种植、管理和农产品运输提供了便利的条件。全省中度适宜种植降香黄檀用地资源主要分布于连城、上杭、武平、新罗、永定、漳平、长汀、仙游、安溪、德化、永春、大田、永安、华安、南靖、平和、云霄、漳浦和诏安等19个县（市、区），合计面积达634 923.86hm²，占全省中度适宜种植降香黄檀用地面积的88.32%，其中以新罗、上杭和武平等县（区）的中度适宜用地面积比例最高，分别占全省中度适宜种植降香黄檀用地面积的7.05%、8.66%和12.94%；其次是连城、漳平、仙游、安溪、漳浦和平和等县（市），占全省中度适宜种植降香黄檀用地面积的4.24%~5.20%。全省一般适宜种植降香黄檀的用地资源主要分布于福清、连城、上杭、武平、长汀、仙游、安溪、永春、永安、南靖、平和、云霄和诏安等13个县（市、区），合计面积为253 820.99hm²，占福建省一般适宜种植降香黄檀用地面积的88.46%，其中以平和、长汀和南靖县的一般适宜用地面积比例最高，分别占全省一般适宜种植降香黄檀用地面积23.37%、15.07%和10.69%。上述区域适宜种植降香黄檀用地质量较差原因主要是：①水热资源相对较差。上述区域年降水量、年均温和年无霜期均值分别为1 581mm、18.48℃和286d，分别比全省适宜种植降香黄檀用地区相应因子均值低0.16%、1.26%和1.33%。②土壤养分较缺乏。上述区域土壤有机质、全磷和全钾含量均值分别为27.96g/kg、0.48g/kg和15.42g/kg，分别比全省适宜种植降香黄檀用地相应因子均值低15.76%、15.95%和12.31%。③坡度较陡。上述区域的坡度均值为13.16°，比全省适宜种植降香黄檀用地相应因子均值高8.74%，不利于降香黄檀种植、管理和农产品运输。

第二节　豆科主要树种用地优化布局分析

一、花榈木用地优化布局分析

福建省花榈木用地优化布局结果表明（表5-4、图5-16），全省花榈木优化布局用地总面积为4 639 063.98hm²，占全省林地资源总面积的55.73%，其中优先种植区、次优先种植区和一般种植区面积分别为1 507 719.57hm²、2 464 221.25hm²和667 123.16hm²，分别占全省花榈木优化布局用地总面积的32.50%、53.12%和14.38%，表明全省花榈木优化布局用地以次优先种植区为主。从花榈木优化布局用地的设区市分布来看（图5-17至图5-20），全省花榈木优化布局用地主要分布于福州、南平、三明、龙岩和宁德等市，合计面积4 429 048.46hm²，占全省花榈木优化布局用地总面积的95.47%。从花榈木优化布局用地县（市、区）分布来看，全省花榈木优化布局用地主要分布于长乐、政和、新罗、梅列、福清、晋安、三元、涵江、柘荣、寿宁、仙游、周宁、屏南、松溪、连江、罗源、漳平、泰宁、福鼎、霞浦、蕉城、福安、闽清、闽侯、清流、沙县、宁化、德化、顺昌、建宁、武夷山、邵武、永泰、大田、明溪、连城、光泽、古田、将乐、建阳、浦城、建瓯、长汀、延平、永安和尤溪等县（市、区），合计面积达4 613 262.13hm²，占全省花榈木优化布局用地总面积的99.44%。

福建省花榈木优先种植区主要分布在福安、武夷山、闽侯、霞浦、仙游、新罗、宁化、泰宁、梅列、沙县、三元、古田、长汀、罗源、邵武、建阳、连城、将乐、闽清、德化、漳平、永泰、大田、顺昌、清流、明溪、建瓯、永安、尤溪和延平等县（市、区），面积合计为1 487 131.76hm²，占全省花榈木优先种植区总面积的98.63%。该分布区主要特点是：①热量资源较为丰富，年均温均值为18.03℃，比全省花榈木优化布局用地相应指标的均值高4.22%。②土层深厚、土壤肥沃，土壤有机质、全磷、全钾含量和土层厚度均值分别达39.46g/kg、0.74g/kg、22.31g/kg和110.12cm，分别比全省花榈木优化布局用地相应指标的均值高9.52%、21.31%、13.88%、13.42%，土壤肥力状况较为理想，有利于花榈木生长发育。③地理区位优越，交通较为便利，区位和交通通达值的均值分别为1.13km、169.37km，为全省花榈木优化布局用地相应指标平均水平的83.09%、87.78%。全省花榈木次优先种植区主要分布于寿宁、延平、福清、政和、清流、周宁、涵江、屏南、罗源、晋安、闽清、蕉城、仙游、福鼎、松溪、明溪、泰宁、顺昌、武夷山、连江、德化、大田、霞浦、永泰、福安、建宁、闽侯、建瓯、宁化、连城、沙县、永安、邵武、光泽、建阳、古田、将乐、浦城、尤溪和长汀等县（市、区），合计面积达2 402 237.84hm²，占全省花榈木次优先种植用地总面积的97.48%。全省花榈木一般种植区主要分布于明溪、福安、长乐、宁化、古田、松溪、涵江、福清、清流、长汀、霞浦、建阳、泰宁、周宁、寿宁、屏南、柘荣、光泽、建宁、福鼎、蕉城、浦城和武夷山等县（市、区），合计面积607 619.71hm²，占全省花榈木一般种植区总面积的91.08%。该分布区主要特点是：①海拔较高，平均海拔642.85m，光热资源条件较差，年日照时数、年均温均值分别为1 759.98h、16.2℃，分别比花榈木优化布局用地相应指标的均值低0.71%、6.36%。②土层浅薄，土壤贫瘠，有机质、全磷、全钾、土层厚度均值分别达31.17g/kg、0.46g/kg、17.32g/kg、78.05cm，分别比全省花榈木优化布局用地相应指标的均值低13.49%、24.60%、11.60%、19.61%。③地理区位条件较差，区位和交通通达值的均值分别为1.76km、222.50km，是全省花榈木优化布局用地相应指标平均水平的129.41%、115.32%。

二、降香黄檀用地优化布局分析

福建省降香黄檀用地优化布局结果表明（表5-5、图5-21），全省降香黄檀优化布局用地总面积为198 718.45hm²，占全省林地资源总面积的2.39%，其中优先种植区、次优先种植区和一般种植区面积分别为12 769.31hm²、137 712.45hm²和48 236.69hm²，分别占全省降香黄檀优化布局用地总面积的6.43%、69.30%和24.27%，可见，全省降香黄檀优化布局用地以次优先种植区为主。从降香黄檀优化布局用地的设区市分布来看（图5-22至图5-25），全省降香黄檀优化布局用地主要分布于泉州、厦门和漳州等市，合计面积198 536.03hm²，占全省降香黄檀优化布局用地总面积的99.91%。从降香黄檀优化布局用地县（市、区）分布来看，全省降香黄檀优化布局用地主要分布于东山、南安、集美、云霄、南靖、长泰、龙海、平和、诏安和漳浦等县（市、区），合计面积达183 679.42hm²，占全省降香黄檀优化布局用地总面积的92.43%。

表5-4　福建省花榈木优化布局用地面积

行政区	优化布局用地面积（hm²）			
	优先种植区	次优先种植区	一般种植区	合计
仓山区	758.37	–	–	758.37
福清市	896.56	13 552.64	14 656.02	29 105.22
鼓楼区	–	354.69	–	354.69
晋安区	2 583.10	30 142.66	–	32 725.76
连江县	–	52 653.46	5 437.56	58 091.02
罗源县	31 497.02	28 208.80	8 700.29	68 406.11
马尾区	2 382.59	6 697.11	–	9 079.7
闽侯县	11 176.93	81 333.89	4 471.81	96 982.63
闽清县	64 228.27	30 564.69	358.01	95 150.97
永泰县	67 368.49	61 274.44	24.01	128 666.94
长乐区	–	6 906.77	10 969.13	17 875.9
连城县	49 459.60	86 113.39	20.13	135 593.12
上杭县	–	–	–	
武平县	732.76	4 130.07	–	4 862.83

（续表）

行政区	优化布局用地面积（hm²）			
	优先种植区	次优先种植区	一般种植区	合计
新罗区	13 489.20	9 631.24	–	23 120.44
永定区	–	–	–	–
漳平市	67 134.37	8 770.34	–	75 904.71
长汀县	24 320.92	152 701.11	16 425.23	193 447.26
光泽县	4 494.02	96 316.19	39 684.65	140 494.86
建瓯市	89 300.13	81 692.53	6 566.64	177 559.3
建阳区	49 442.63	106 069.88	20 017.61	175 530.12
浦城县	1 089.61	118 721.84	56 758.61	176 570.06
邵武市	36 176.98	90 786.71	841.42	127 805.11
顺昌县	71 725.98	45 013.77	1 618.57	118 358.32
松溪县	1 771.09	37 551.10	14 363.16	53 685.35
武夷山市	8 473.64	50 827.20	65 565.67	124 866.51
延平区	179 824.23	13 308.86	1 230.35	194 363.44
政和县	466.59	16 073.30	6 007.70	22 547.59
福安市	7 995.80	75 085.13	10 849.30	93 930.23
福鼎市	–	37 082.65	46 243.30	83 325.95
古田县	21 408.69	107 264.96	14 028.46	142 702.11
蕉城区	1 968.64	33 098.20	55 159.64	90 226.48
屏南县	1.35	23 183.12	28 246.99	51 431.46
寿宁县	–	11 001.53	27 212.81	38 214.34
霞浦县	12 510.79	60 726.02	16 659.66	89 896.47
柘荣县	190.39	7 832.43	29 456.96	37 479.78
周宁县	17.43	20 546.80	26 599.96	47 164.19
城厢区	–	691.90	2 209.34	2 901.24
涵江区	–	20 626.57	14 491.77	35 118.34
荔城区	–	32.66	–	32.66
仙游县	12 951.23	33 259.85	–	46 211.08
秀屿区	–	4.14	–	4.14
安溪县	–	–	–	–
德化县	64 723.35	53 143.06	73.43	117 939.84
丰泽区	–	–	–	–
惠安县	–	–	–	–
金门县	–	–	–	–
晋江市	–	–	–	–
鲤城区	–	–	–	–

（续表）

行政区	优化布局用地面积（hm²）			
	优先种植区	次优先种植区	一般种植区	合计
洛江区	–	–	–	–
南安市	–	–	–	–
泉港区	–	–	–	–
石狮市	–	–	–	–
永春县	2 697.90	375.77	–	3 073.67
大田县	70 392.19	58 658.27	100.27	129 150.73
建宁县	537.40	80 094.42	41 923.09	122 554.91
将乐县	52 905.95	111 382.64	7 246.15	171 534.74
梅列区	19 848.88	4 394.16	359.52	24 602.56
明溪县	83 154.53	41 319.67	10 421.03	134 895.23
宁化县	17 201.84	85 138.56	12 547.22	114 887.62
清流县	80 238.94	16 166.65	15 244.23	111 649.82
三元区	20 997.55	9 887.17	2 627.83	33 512.55
沙县	19 941.61	87 018.85	5 188.41	112 148.87
泰宁县	18 154.27	42 664.65	20 095.20	80 914.12
永安市	104 117.39	89 018.67	1 533.98	194 670.04
尤溪县	116 970.37	122 851.10	2 428.46	242 249.93
海沧区	–	–	–	–
湖里区	–	–	–	–
集美区	–	–	–	–
思明区	–	–	–	–
同安区	–	–	–	–
翔安区	–	–	–	–
东山县	–	–	–	–
华安县	–	–	–	–
龙海市	–	–	–	–
龙文区	–	–	–	–
南靖县	–	–	–	–
平和县	–	–	–	–
芗城区	–	–	–	–
云霄县	–	–	–	–
漳浦县	–	–	–	–
长泰县	–	–	–	–
诏安县	–	–	–	–
平潭实验区	–	2 274.97	2 459.58	4 734.55
总计	1 507 719.57	2 464 221.25	667 123.16	4 639 063.98

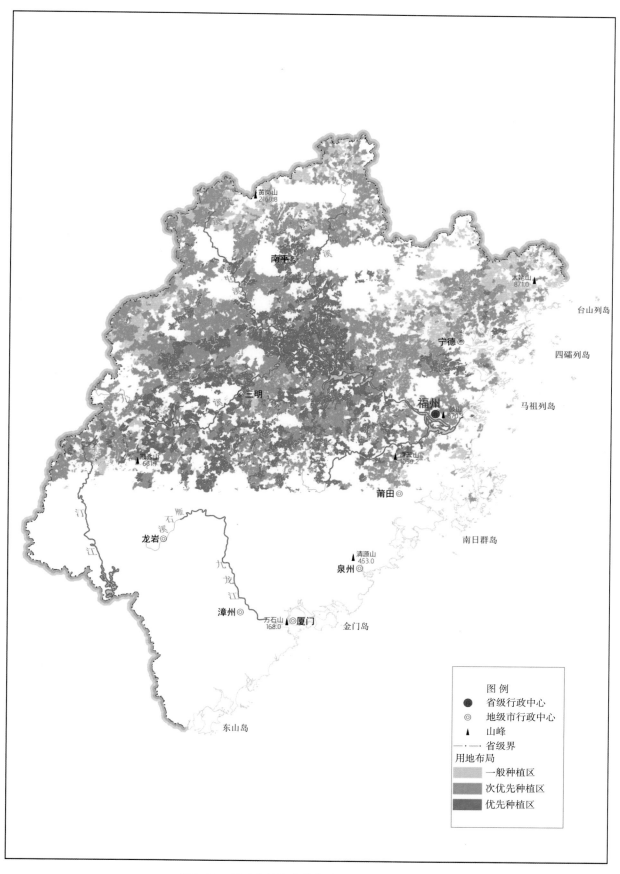

图5-16　福建省花榈木优化布局用地分布示意图

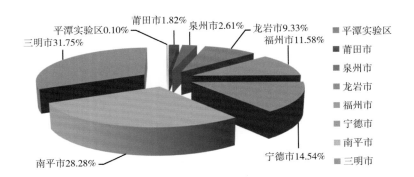

图5-17　福建省设区市花榈木优化布局用地面积比例

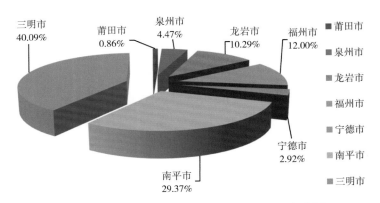

图5-18　福建省设区市花榈木优先种植区面积比例

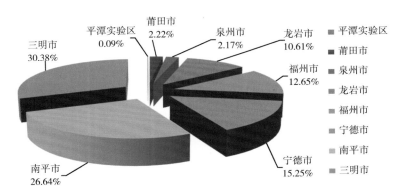

图5-19　福建省设区市花榈木次优先种植区面积比例

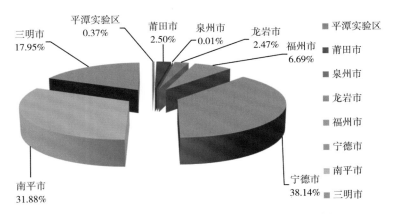

图5-20　福建省设区市花榈木一般种植区面积比例

福建省降香黄檀优先种植区主要分布在南靖、长泰、安溪、华安、龙海、诏安和南安等县（市、区），面积合计为10 705.02hm²，占全省降香黄檀优先种植区总面积的83.83%。该区主要特点是：①气候条件优越，水热资源较为丰富，年降水量均值为1 670.12mm，年均温均值为21.79℃，分别比全省降香黄檀优化布局用地相应指标的均值高15.41%、6.29%。②土层深厚、土壤质地多为砂壤土和轻壤土，透气性能好，水肥气热较为协调，土层厚度和土壤有机质、全磷和全钾含量丰富，均值分别为92.40cm、30.93g/kg、0.64g/kg、24.93g/kg，分别比全省降香黄檀优化布局用地相应指标的均值高25.56%、45.62%、30.61%、19.00%。③地理区位优越，交通较为便利，区位和交通通达值的均值分别为0.60km、192.36km，为全省降香黄檀优化布局用地相应指标平均水平的65.90%、92.00%。全省降香黄檀次优先种植区主要分布于集美、云霄、诏安、南靖、长泰、平和、漳浦和龙海等县（市、区），合计面积达125 008.06hm²，占全省降香黄檀次优先种植用地总面积的90.77%。全省降香黄檀一般种植区主要分布于晋江、东山、平和、云霄、漳浦和诏安等县（市、区），合计面积46 018.30hm²，占全省降香黄檀一般种植区总面积的95.40%。该区的特点为：①土层浅薄，土壤肥力较低。土壤有机质、全磷、全钾含量和土层厚度均值分别为17.87g/kg、0.32g/kg、16.12g/kg和52.27cm，分别比全省降香黄檀优化布局用地相应指标的均值低15.87%、34.70%、23.10%、28.97%，不利于降香黄檀生长。②交通和区位条件较差，区位和交通通达值的均值分别为1.17km、234.49km，为全省降香黄檀优化布局用地相应指标均值的128.60%、112.14%。

表5-5　福建省降香黄檀优化布局用地面积

行政区	优化布局用地面积（hm²）			
	优先种植区	次优先种植区	一般种植区	合计
仓山区		–	–	–
福清市		–	–	–
鼓楼区		–	–	–
晋安区		–	–	–
连江县		–	–	–
罗源县		–	–	–
马尾区		–	–	–
闽侯县		–	–	–
闽清县		–	–	–
永泰县		–	–	–
长乐区	–	–	–	–
连城县	–	–	–	–
上杭县	–	–	3.88	3.88
武平县	–	–	–	–
新罗区	–	–	16.47	16.47
永定区	–	–	–	–
漳平市	–	–	–	–
长汀县	–	–	–	–

（续表）

行政区	优化布局用地面积（hm²）			
	优先种植区	次优先种植区	一般种植区	合计
光泽县	–	–	–	–
建瓯市	–	–	–	–
建阳区	–	–	–	–
浦城县	–	–	–	–
邵武市	–	–	–	–
顺昌县	–	–	–	–
松溪县	–	–	–	–
武夷山市	–	–	–	–
延平区	–	–	–	–
政和县	–	–	–	–
福安市	–	–	–	–
福鼎市	–	–	–	–
古田县	–	–	–	–
蕉城区	–	–	–	–
屏南县	–	–	–	–
寿宁县	–	–	–	–
霞浦县	–	–	–	–
柘荣县	–	–	–	–
周宁县	–	–	–	–
城厢区	–	–	–	–
涵江区	–	–	–	–
荔城区	–	–	–	–
仙游县	129.45	32.59	–	162.04
秀屿区	–	–	–	–
安溪县	913.70	1 421.91	–	2 335.61
德化县	–	–	17.89	17.89
丰泽区	2.66	843.55	–	846.21
惠安县	–	–	–	–
金门县	–	–	–	–
晋江市	–	111.65	1 512.97	1 624.62
鲤城区	–	–	–	–
洛江区	61.23	696.21	–	757.44
南安市	3 404.39	2 837.18	–	6 241.57
泉港区	–	484.19	–	484.19

（续表）

行政区	优化布局用地面积（hm²）			
	优先种植区	次优先种植区	一般种植区	合计
石狮市	–	–	–	–
永春县	315.16	36.28	–	351.44
大田县	–	–	–	–
建宁县	–	–	–	–
将乐县	–	–	–	–
梅列区	–	–	–	–
明溪县	–	–	–	–
宁化县	–	–	–	–
清流县	–	–	–	–
三元区	–	–	–	–
沙县	–	–	–	–
泰宁县	–	–	–	–
永安市	–	–	–	–
尤溪县	–	–	–	–
海沧区	342.88	623.39	2.68	968.95
湖里区	–	–	–	–
集美区	214.84	6 555.03	–	6 769.87
思明区	–	1 040.82	–	1 040.82
同安区	286.09	1 249.91	–	1 536
翔安区	330.98	733.86	–	1 064.84
东山县	–	1 247.36	2 898.31	4 145.67
华安县	962.85	1 222.04	766.81	2 951.7
龙海市	1 646.83	23 150.56	232.69	25 030.08
龙文区	231.08	123.44	522.40	876.92
南靖县	609.67	15 619.96	270.32	16 499.95
平和县	21.92	20 598.56	4 486.17	25 106.65
芗城区	–	–	–	–
云霄县	37.36	9 367.82	5 866.15	15 271.33
漳浦县	90.64	21 361.99	12 481.64	33 934.27
长泰县	891.59	17 675.58	385.25	18 952.42
诏安县	2 275.99	10 678.57	18 773.06	31 727.62
平潭实验区	–	–	–	–
总计	12 769.31	137 712.45	48 236.69	198 718.45

图5-21　福建省降香黄檀优化布局用地分布示意图

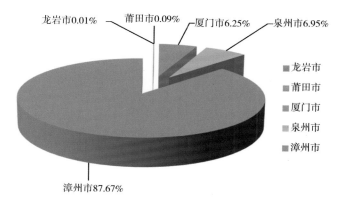

图5-22　福建省设区市降香黄檀优化布局用地面积比例

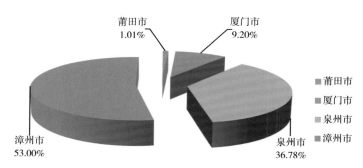

图5-23　福建省设区市降香黄檀优先种植区面积比例

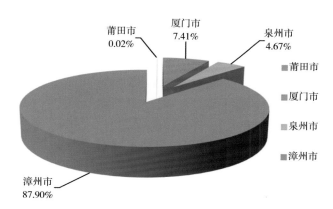

图5-24　福建省设区市降香黄檀次优先种植区面积比例

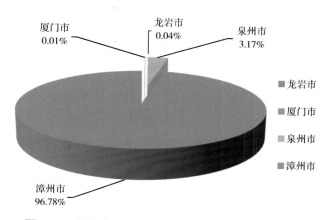

图5-25　福建省设区市降香黄檀一般种植区面积比例

三、红豆树用地优化布局分析

福建省红豆树用地优化布局结果表明（表5-6、图5-26），全省红豆树优化布局用地总面积为377 433.69hm²，占全省林地资源总面积的4.53%，其中优先种植区、次优先种植区和一般种植区面积分别为113 276.57hm²、236 129.35hm²和28 027.77hm²，分别占全省红豆树优化布局用地总面积的30.01%、62.56%和7.43%，表明全省红豆树优化布局用地以次优先种植区占优势。从红豆树优化布局用地的设区市分布来看（图5-27至图5-30），全省红豆树优化布局用地主要分布于福州、龙岩、南平、宁德和三明等市，合计面积336 526.65hm²，占全省红豆树优化布局用地总面积的89.16%。从红豆树优化布局用地县（市、区）分布来看，全省红豆树优化布局用地主要分布于清流、连江、宁化、松溪、永春、晋安、城厢、仙游、罗源、延平、漳平、三元、连城、寿宁、尤溪、周宁、武夷山、上杭、闽侯、建瓯、古田、安溪、武平、浦城、新罗、屏南和政和等县（市、区），合计面积达352 105.42hm²，占全省红豆树优化布局用地总面积的93.29%。

福建省红豆树优先种植区主要分布在闽清、清流、浦城、武平、古田、上杭、晋安、周宁、延平、漳平、新罗、闽侯、屏南、三元、建瓯、尤溪和政和等县（市、区），面积合计为105 219.44hm²，占全省红豆树优先种植区总面积的92.89%。该区主要特点是：①气候温暖湿润、光照充足、雨量充沛，年降水量均值为1 914.41mm、年日照时数均值为1 774.97h、年均温为21.86℃，分别比全省红豆树优化布局用地相应评价指标的均值高3.10%、1.07%、34.03%。②土层深厚、土壤肥沃。土层厚度均值为110.72cm，有机质、全钾含量均值分别达43.82g/kg、23.88g/kg，分别比全省红豆树优化布局用地相应指标的均值高3.64%、20.55%、11.80%，能较好满足红豆树正常生长的要求。③地理区位优越，交通较为便利，区位和交通通达值的均值分别为1.58km、192.52km，为全省红豆树优化布局用地相应指标平均水平的91.33%、95.32%。全省红豆树次优先种植区主要分布于罗源、闽侯、连城、建瓯、上杭、武夷山、安溪、古田、武平、新罗、浦城、屏南和政和等县（市、区），合计面积达198 711.20hm²，占全省红豆树次优先种植用地总面积的84.15%。全省红豆树一般种植区主要分布于柘荣、惠安、上杭、屏南、仙游、永春、蕉城、政和、寿宁、城厢和安溪等县（市、区），合计面积27 094.16hm²，占全省红豆树一般种植区总面积的96.67%。该区特点：①土层较浅薄，土壤肥力相对较低，土壤有机质、全磷、全钾含量和土层厚度均值分别为31.23g/kg、0.39g/kg、19.04g/kg和84.60cm，分别比全省红豆树优化布局用地相应指标的均值低26.14%、46.60%、10.90%、21.01%，不利于红豆树生长。②年均温、年降水量均值分别为15.49℃、1 823.15mm，分别比全省红豆树优化布局用地相应指标的均值低3.25%、1.81%。③交通和区位条件较差，区位和交通通达值均值分别为1.86km、203.68km，为全省红豆树优化布局用地相应指标均值的107.51%、100.84%。

表5-6 福建省红豆树优化布局用地面积

行政区	优化布局用地面积（hm²）			
	优先种植区	次优先种植区	一般种植区	合计
仓山区	-	-	-	-
福清市	-	-	-	-
鼓楼区	-	-	-	-
晋安区	4 938.65	-	-	4 938.65
连江县	782.69	2 367.37	-	3 150.06
罗源县	360.07	5 168.23	-	5 528.3
马尾区	-	-	-	-
闽侯县	6 503.94	7 968.23	-	14 472.17

行政区	优化布局用地面积（hm²）			
	优先种植区	次优先种植区	一般种植区	合计
闽清县	2 401.79	31.24	–	2 433.03
永泰县	1.66	–	–	–
长乐区	–	–	–	–
连城县	94.03	7 973.63	40.66	8 108.32
上杭县	4 309.53	9 341.15	612.24	14 262.92
武平县	2 814.14	19 542.43	32.13	22 388.7
新罗区	6 325.76	20 410.39	35.35	26 771.5
永定区	–	16.99	–	16.99
漳平市	6 022.35	1 075.10	13.19	7 110.64
长汀县	7.93	1 382.39	79.55	1 469.87
光泽县	106.83	960.98	17.49	1 085.3
建瓯市	8 031.95	8 573.64	20.73	16 626.32
建阳区	693.94	986.40	–	1 680.34
浦城县	2 614.03	20 858.06	33.51	23 505.6
邵武市	99.90	–	2.32	102.22
顺昌县	1 285.04	662.45	–	1 947.49
松溪县	–	3 778.52	184.22	3 962.74
武夷山市	186.10	11 753.60	175.52	12 115.22
延平区	5 449.53	192.24	–	5 641.77
政和县	22 475.94	29 191.40	2 641.51	54 308.85
福安市	271.96	22.39	–	294.35
福鼎市	3.19	55.70	–	58.89
古田县	2 853.91	15 502.38	–	18 356.29
蕉城区	–	7.23	2 444.40	2 451.63
屏南县	7 079.30	27 309.49	1 429.84	35 818.63
寿宁县	–	3 386.79	4 761.66	8 148.45
霞浦县	–	55.26	–	55.26
柘荣县	–	344.42	300.32	644.74
周宁县	4 984.11	3 761.89	79.06	8 825.06
城厢区	–	–	5 079.83	5 079.83
涵江区	–	–	–	–
荔城区	–	–	–	–
仙游县	200.48	3 269.44	1 861.22	5 331.14
秀屿区	–	–	–	–
安溪县	–	15 118.57	5 494.75	–
德化县	–	2 921.63	–	2 921.63
丰泽区	–	–	–	–
惠安县	–	6.37	438.86	445.23
金门县	–	–	–	–

（续表）

行政区	优化布局用地面积（hm²）			
	优先种植区	次优先种植区	一般种植区	合计
晋江市	–	–	–	–
鲤城区	–	–	–	–
洛江区	–	65.70	85.41	151.11
南安市	–	59.65	61.01	120.66
泉港区	–	–	–	–
石狮市	–	–	–	–
永春县	42.48	1 982.77	2 029.53	4 054.78
大田县	–	9.13	–	9.13
建宁县	–	1 915.08	–	1 915.08
将乐县	1 495.73	400.73	–	1 896.46
梅列区	36.49	81.20	–	117.69
明溪县	26.10	6.59	–	32.69
宁化县	372.92	3 146.08	65.85	3 584.85
清流县	2 588.84	532.89	–	3 121.73
三元区	7 702.37	149.37	–	7 851.74
沙县	120.74	64.58	–	185.32
泰宁县	1 157.57	1 670.07	–	2 827.64
永安市	196.85	77.67	–	274.52
尤溪县	8 123.28	304.53	–	8 427.81
海沧区	–	–	–	–
湖里区	–	–	–	–
集美区	–	–	–	–
思明区	–	–	–	–
同安区	–	–	–	–
翔安区	–	–	–	–
东山县	–	–	–	–
华安县	514.45	1 649.76	7.61	2 171.82
龙海市	–	–	–	–
龙文区	–	–	–	–
南靖县	–	17.55	–	17.55
平和县	–	–	–	–
芗城区	–	–	–	–
云霄县	–	–	–	–
漳浦县	–	–	–	–
长泰县	–	–	–	–
诏安县	–	–	–	–
平潭实验区	–	–	–	–
总计	113 276.57	236 129.35	28 027.77	377 433.69

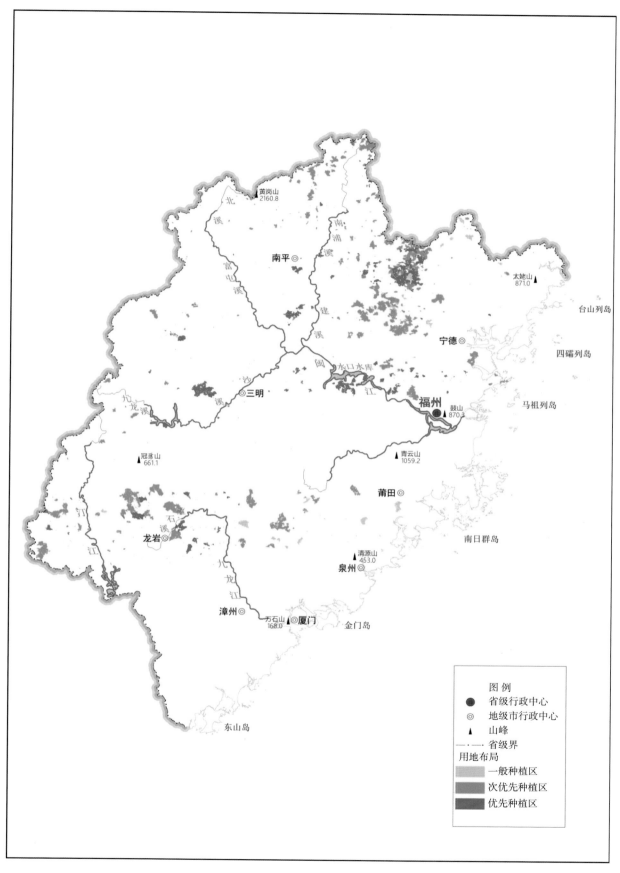

图5-26　福建省红豆树优化布局用地分布示意图

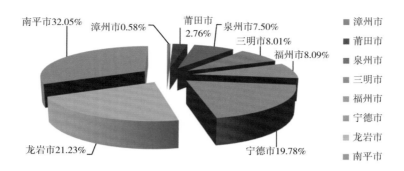

图5-27 福建省设区市红豆树优化布局用地面积比例

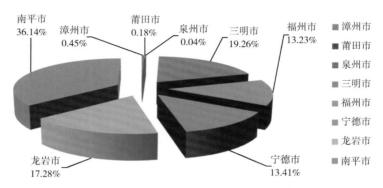

图5-28 福建省设区市红豆树优先种植区面积比例

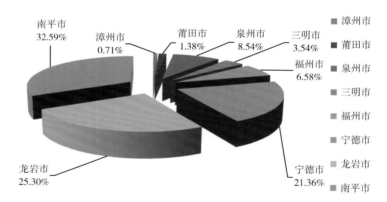

图5-29 福建省设区市红豆树次优先种植区面积比例

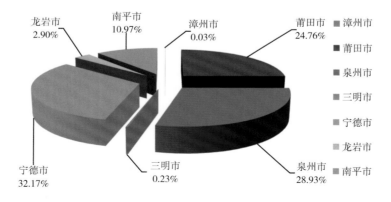

图5-30 福建省设区市红豆树一般种植区面积比例

第六章　木兰科主要树种用地适宜性与优化布局

木兰科（Magnoliaceae）是双子叶植物的一科，是显花植物中最古老的植物之一，木兰科之中花顶生、雌蕊群无柄、花被3数的为木兰属（*Magonlia* L.）；花腋生、雌蕊群有柄、花被3～5数为含笑属（*Michelia* L.）。木兰科分3族，18属，约335种，我国有14属，约165种，主要分布于我国东南部至西南部。广义的木兰科包括有木兰亚科、八角亚科、五味子亚科和水青树亚科等，狭义的木兰科指木兰亚科和鹅掌楸亚科。根据福建省主要栽培的珍贵树种名录，全省主要栽培的木兰科珍贵树种分木兰属、含笑属、观光木属、鹅掌楸属和木莲属等，主要树种有厚朴、黄山木兰、天目木兰、鹅掌楸、观光木、深山含笑、福建含笑、乐昌含笑、野含笑、火力楠、木莲和乳源木莲等。本章根据福建省木兰科主要珍贵树种用地适宜性评价和优化布局结果，深入分析福建省厚朴、鹅掌楸、观光木、深山含笑、福建含笑和乳源木莲六种主要木兰科珍贵树种适宜用地的数量、质量以及用地优化的空间分布，为福建省发展木兰科珍贵树种生产提供科学依据。

第一节　木兰科主要树种用地适宜性分析

一、厚朴用地适宜性分析

（一）厚朴适宜用地数量及其分布

福建省厚朴用地适宜性评价结果表明（表6-1、图6-1），全省适宜种植厚朴用地总面积为5 307 920.38hm²，占全省林地资源总面积的63.77%，全省适宜种植厚朴用地资源主要分布在福建省中部、北部和西北部。从各设区市适宜种植厚朴用地面积分析来看（图6-2），各设区市适宜种植厚朴用地面积大小顺序为南平>龙岩>三明>宁德>泉州>福州>漳州>莆田。从各县（市、区）适宜种植厚朴用地资源面积分布来看，全省适宜厚朴种植的用地资源主要分布于泰宁、古田、武夷山、沙县、邵武、顺昌、永定、大田、光泽、将乐、延平、漳平、武平、新罗、连城、上杭、长汀、永安、浦城、尤溪、建阳和建瓯等县（市、区），合计面积为4 297 347.20hm²，占全省厚朴适宜种植用地资源总面积的80.96%。上述区域适宜种植厚朴的原因主要是：①限制厚朴正常生长的极限因子均未超过极限值。②水热资源较为丰富。年降水量、年均温和年无霜期均值分别为1 752mm、17.60℃和266d，分别比厚朴用地适宜性相应评价指标标准值高16.83%、3.53%和10.76%，气候条件均适宜厚朴正常生长发育。③立地条件较优越，土壤较肥沃，有机质含量均值为40.18g/kg，比厚朴用地适宜性相应评价指标标准值高33.94%。④区位平均值为1.54km，为厚朴用地适宜性相应评价指标标准值的30.82%，区位条件优越。

福建省不适宜种植厚朴用地总面积为3 016 060.28hm²，占全省林地资源总面积的36.23%，不适宜种植厚朴用地主要分布在福建省南部沿海一带，包括漳州市的华安、龙海、龙文、南靖、平和、芗城、云霄、漳浦、长泰和诏安等县（市、区）；福州市的仓山、长乐、福清、鼓楼、晋安、连江、罗源、马尾、闽侯、闽清和永泰等县（市、区）；宁德市的福安、福鼎、古田、蕉城和霞浦等县（市、区）以及泉州市的丰泽、惠安、晋江、鲤城、洛江、南安、泉港、石狮、安溪、德化和永春等县（市、区），合计面积为1 803 085.54hm²，占全省不适宜种植厚朴用地总面积的59.78%，这些区域夏季极端高温均大于40℃，导致厚朴长期处于高温的生长环境，无法正常生长。其余各县市区不适宜种植厚朴的用地面积占全省不适宜种植厚朴用地总面积的40.22%，这些区域土地资源不适宜种植厚朴的原因主要源于两个方面：①土壤类型属滨海盐土等，pH值大于7.5，土壤呈碱性反应，而厚朴需生长在酸性或者微酸性的土壤环境中，超过厚朴生长的土壤pH值极限值，导致厚朴无法正常生长与发育。②海拔较高，多数区域海拔在1 000m以上，冬季极端低温在-12℃以下，对厚朴产生冻害、死亡或不利于厚朴的正常生长。

表6-1　福建省县（市、区）厚朴用地适宜性评价面积

行政区	不适宜用地面积（hm²）	适宜用地面积（hm²）			
		高度适宜	中度适宜	一般适宜	合计
仓山区	816.82	–	–	–	
福清市	57 387.95	–	–	–	
鼓楼区	354.69	–	–	–	
晋安区	39 882.73	–	–	–	
连江县	66 635.56	–	–	–	
罗源县	66 203.85	–	–	8 229.23	8 229.23
马尾区	13 453.58	–	–	–	–
闽侯县	130 036.14	–	3 254.10	–	3 254.10
闽清县	70 485.36	–	3 372.48	34 789.28	38 161.76
永泰县	128 279.30	–	–	40 658.56	40 658.56
长乐区	22 592.13	–	–	16.66	16.66
连城县	9.41	109 913.63	105 920.10	346.90	216 180.63
上杭县	18.78	15 349.69	172 561.76	31 549.90	219 461.35
武平县	41.79	18 553.77	181 151.18	12 248.09	211 953.04
新罗区	51.14	56 875.13	143 570.31	15 197.84	215 643.28
永定区	–	335.21	74 865.63	84 940.92	160 141.76
漳平市	34 959.47	64 854.49	142 945.86	4 107.23	211 907.58
长汀县	13 304.94	21 873.34	182 220.26	32 031.37	236 124.97
光泽县	1 682.87	–	185 520.77	1 169.76	186 690.53
建瓯市	277.35	94 385.55	142 078.76	45 760.64	282 224.95
建阳区	–	–	269 547.73	1 964.44	271 512.17
浦城县	16 738.45	–	104 774.79	147 658.58	252 433.37
邵武市	92 891.10	1 056.25	58 789.62	79 582.15	139 428.02

（续表）

行政区	不适宜用地面积（hm²）	适宜用地面积（hm²）			
		高度适宜	中度适宜	一般适宜	合计
顺昌县	–	76 572.61	77 349.74	2 350.98	156 273.33
松溪县	–		79 064.03	–	79 064.03
武夷山市	111 423.81	–	18 694.65	93 526.92	112 221.57
延平区	591.83	143 496.78	63 493.83	2 122.44	209 113.05
政和县	103 313.66	–	1 268.90	19 785.41	21 054.31
福安市	56 754.21	–	44 122.00	120.58	44 242.58
福鼎市	84 821.87	–	–	–	–
古田县	55 674.72	–	95 178.92	13 501.23	108 680.15
蕉城区	4 453.38	–	11 874.09	77 244.87	89 118.96
屏南县	31 768.79	–	37 342.03	39 141.88	76 483.91
寿宁县	70 172.26	–	2 297.52	24 376.26	26 673.78
霞浦县	90 147.16	–	141.82	–	141.82
柘荣县	38 516.15	–	–	–	–
周宁县	35 232.90	–	3 201.93	38 446.96	41 648.89
城厢区	19 824.07	–	–	–	–
涵江区	39 213.20	–	–	–	–
荔城区	3 948.99	–	–	–	–
仙游县	90 166.53	–	–	27 928.53	27 928.53
秀屿区	4 699.54	–	–	–	–
安溪县	89 889.22	2 935.93	37 827.48	27 780.19	68 543.60
德化县	109 518.57	–	–	66 531.45	66 531.45
丰泽区	2 191.57	–	–	–	–
惠安县	12 908.81	–	–	–	–
晋江市	4 155.89	–	–	–	–
鲤城区	609.61	–	–	–	–
洛江区	20 490.94	–	–	–	–
南安市	93 300.70	–	–	39.50	39.50
泉港区	5 222.98	–	–	3 850.64	3 850.64
石狮市	1 419.17	–	–	–	–
永春县	36 929.42	–	–	45 407.41	45 407.41
大田县	–	13 601.23	89 447.90	63 996.55	167 045.68

（续表）

行政区	不适宜用地面积（hm²）	适宜用地面积（hm²）			
		高度适宜	中度适宜	一般适宜	合计
建宁县	60 835.21	–	12 964.02	54 544.26	67 508.28
将乐县	229.11	33 531.31	124 343.93	35 848.19	193 723.43
梅列区	19 930.52	3 752.45	2 861.77	–	6 614.22
明溪县	65 264.57	11 053.02	47 430.43	23 800.29	82 283.74
宁化县	115 554.76	835.26	63 648.66	673.56	65 157.48
清流县	110 810.93	11 466.54	26 420.85	2 291.21	40 178.60
三元区	46 071.15	12 640.94	4 681.88	372.44	17 695.26
沙县	42.53	66 121.78	68 714.74	4 060.08	138 896.60
泰宁县	23 167.01	–	–	96 415.60	96 415.60
永安市	21.51	122 438.99	115 762.39	5 073.12	243 274.50
尤溪县	35.19	53 166.19	202 951.20	11 884.25	268 001.64
海沧区	4 596.55	–	–	1.66	1.66
湖里区	289.29	–	–	–	–
集美区	7 109.41	–	–	–	–
思明区	2 000.17	–	–	–	–
同安区	27 229.66	–	3.33	7.13	10.46
翔安区	7 975.48	–	–	–	–
东山县	4 284.70	–	–	–	–
华安县	83 629.79	–	–	2 477.10	2 477.10
龙海市	31 190.26	–	–	–	–
龙文区	1 503.44	–	–	–	–
南靖县	132 388.01	–	–	3 370.27	3 370.27
平和县	83 804.73	–	–	44 226.39	44 226.39
芗城区	3 273.03	–	–	–	–
云霄县	40 836.55	–	–	–	–
漳浦县	62 196.14	–	–	–	–
长泰县	47 808.37	–	–	–	–
诏安县	51 838.89	–	–	–	–
平潭实验区	8 679.97	–	–	–	–
总计	3 016 060.28	934 810.09	3 001 661.39	1 371 448.90	5 307 920.38

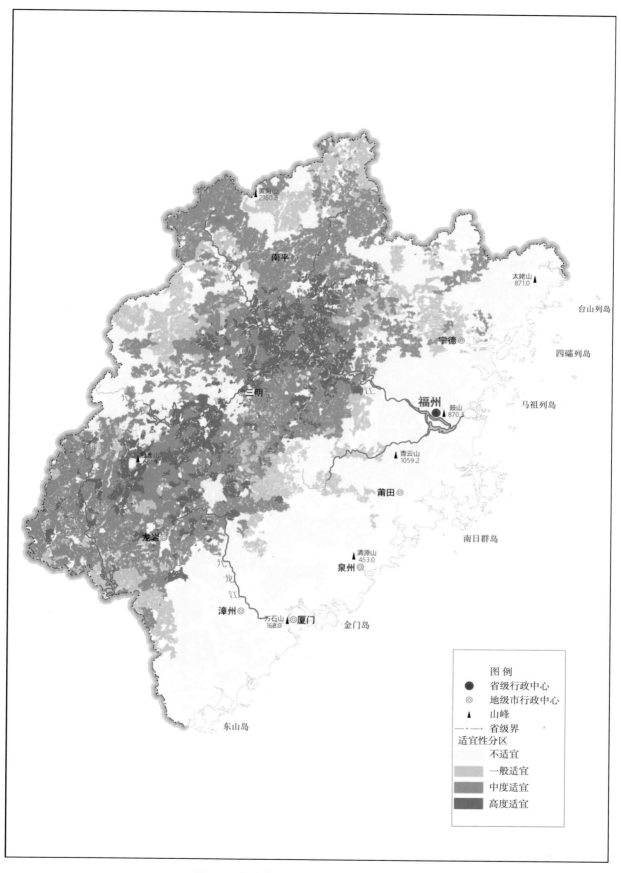

图6-1　福建省厚朴用地适宜性分布示意图

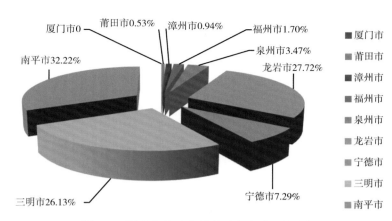

图6-2 福建省设区市厚朴适宜用地面积比例

（二）厚朴适宜用地质量及其分布

福建省厚朴用地适宜性评价结果表明（表6-1、图6-1），全省高度、中度和一般适宜种植厚朴用地面积分别为934 810.09hm²、3 001 661.39hm²和1 371 448.90hm²，分别占全省适宜种植厚朴用地总面积的17.61%、56.55%和25.84%，可见，福建省以中度适宜种植厚朴用地为主。

从各设区市适宜厚朴种植用地资源质量状况分析（图6-3至图6-5），全省高度适宜种植厚朴用地主要分布于三明、龙岩和南平市，合计面积达931 874.16hm²，占全省高度适宜种植厚朴用地总面积的99.69%，其余厚朴高度适宜用地分布于泉州市（0.31%）。全省中度适宜种植厚朴用地主要分布于三明、龙岩和南平市，合计面积达2 763 045.68hm²，占全省中度适宜种植厚朴用地总面积的92.05%，其他各设区市中度适宜种植厚朴用地面积大小顺序为宁德＞泉州＞福州＞厦门，分别占全省中度适宜种植厚朴用地总面积的6.47%、1.26%、0.22%和0.000 1%。全省一般适宜种植厚朴用地主要分布在南平、龙岩、三明、宁德和泉州市，分别占全省一般适宜种植厚朴用地总面积的28.72%、21.80%、14.06%、13.16%和10.47%，合计面积达1 209 744.10hm²，占全省一般适宜种植厚朴用地总面积的88.21%，其他各设区市一般适宜种植厚朴用地面积大小的顺序为福州＞漳州＞莆田＞厦门，分别占全省一般适宜种植厚朴用地面积的6.10%、3.65%、2.04%和0.000 6%，从以上分析可以看出，全省较适宜种植厚朴用地资源主要集中于南平、龙岩和三明市。

从各县（市、区）适宜种植厚朴用地质量状况分布来看（表6-1、图6-1），全省高度适宜种植厚朴用地资源主要分布于明溪、清流、三元、大田、上杭、武平、长汀、将乐、尤溪、新罗、漳平、沙县、顺昌、建瓯、连城、永安和延平等县（市、区），合计面积达925 894.99hm²，占全省高度适宜种植厚朴用地面积的99.05%。上述区域适宜种植厚朴用地资源质量较高主要有以下几方面原因：①水热资源较为适宜。≥10℃年活动积温、年降水量和年无霜期均值分别达5 872.20℃、1 715.73mm和274.26d，与全省适宜种植厚朴用地区相应因子的均值相比，分别高出4.33%、0.40%和0.22%，为厚朴的正常生长发育提供了充沛的水热资源。②土壤条件优越，质地适中，酸碱性适宜，水肥气热较为协调。上述区域的土壤质地以轻壤土与中壤土为主，土壤有机质均值大于标准值，高达30.75g/kg；全磷和全钾含量较丰富，均值分别达0.71g/kg和21.38g/kg，分别比全省适宜种植厚朴用地相应因子均值高18.87%和10.41%；土壤pH值均值为5.12，酸碱性适宜。③区位优越，交通方便。上述区域的区位和交通通达度均值分别为1.17km和176.81km，为全省适宜种植厚朴用地相应因子均值的84.50%和90.35%，方便厚朴的管理、种植以及产品运输。全省中度适宜种植厚朴用地资源主要分布于蕉城、建宁、武夷山、清流、屏南、安溪、福安、明溪、邵武、延平、宁化、沙县、永定、顺昌、松溪、大田、古田、浦城、连城、永安、将乐、建瓯、漳平、新罗、上杭、武平、长汀、光泽、尤溪和建阳等县（市、区），合计面积达2 980 577.65hm²，占全省种植厚朴中度适宜用地面积的99.30%，其中以建阳区的中度适宜种植厚朴用地面积最大，面积为269 547.73hm²，占全省中度适宜种植厚朴用地面积的8.98%；其次是尤溪县，占全省种植厚朴中度适宜用地面积的6.76%。全省一般适宜种植厚朴用地资源主要分布于尤溪、武平、古田、新罗、政和、明溪、寿宁、安溪、仙游、上杭、长汀、闽清、将乐、周宁、屏南、永泰、平和、永春、建瓯、建宁、大田、德化、蕉城、邵武、永定、武夷山、泰宁和浦城等县（市、区），合计面积为1 328 803.97hm²，占全省一般适宜种植厚朴用地面积的96.89%，其中以浦城县的一般适宜用地面积最大，占全省一般适宜种植厚朴用地面积10.77%。这些区域适宜厚朴种植用地质量较差主要有以下几个原因：①热资源条件较一般。≥10℃年活动积温和年无霜期均值分别达53 65.62℃和262.25d，分别比全省适宜种植厚朴用地相应因子的均值低4.67%和4.17%。②土壤全钾含量均值为17.86g/kg，仅为全省适宜种植厚朴用地区土壤全钾含量均值的92.23%。③区位和交通条件一般。其区位和交通通达度的均值分别为1.53km和209.48km，分别比全省适宜种植厚朴用地相应因子均值高10.66%和7.04%。

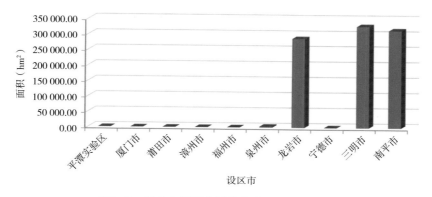

图6-3　福建省设区市厚朴高度适宜用地面积

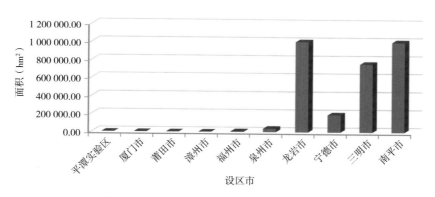

图6-4　福建省设区市厚朴中度适宜用地面积

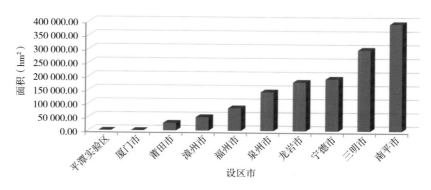

图6-5　福建省设区市厚朴一般适宜用地面积

二、鹅掌楸用地适宜性分析

（一）鹅掌楸适宜用地数量及其分布

从福建省鹅掌楸用地适宜性评价结果看（表6-2、图6-6），全省适宜种植鹅掌楸用地总面积为6 229 288.83hm²，占福建省林地资源总面积74.84%，适宜鹅掌楸种植的用地资源主要分布于福建省中部、北部和西北部。从各设区市适宜种植鹅掌楸用地面积来看（图6-7），各设区市适宜种植鹅掌楸用地面积大小顺序为南平>三明>龙岩>宁德>泉州>福州>漳州>莆田。从各县（市、区）适宜鹅掌楸种植用地面积分布来看，全省适宜种植鹅掌楸的用地资源主要分布于古田、清流、泰宁、政和、建宁、沙县、德化、明溪、顺昌、永定、大田、宁化、光泽、武夷山、将乐、延平、武平、新罗、连城、上杭、邵武、永安、漳平、长汀、尤溪、浦城、建阳和建瓯等县（市、区），合计面积为5 366 565.24hm²，占全省鹅掌楸适宜种植用地资源总面积的74.84%。这些区域适宜种植鹅掌楸的原因主要是：①限制鹅掌楸正常生长的极限因子均未超过极限值。②水热资源较为丰富。年均温、年降水量、年无霜期均值分别为17.37℃、1 764mm、264d，分别比鹅掌楸用地适宜性相应评价指标标准值高15.78%、3.76%、5.66%，气候条件均适宜鹅掌楸正常生长发育。③立地条件较优越，土壤较肥沃，有机质含量均值为39.14g/kg，比鹅掌楸用地适宜性相应评价指标标准值高30.47%。④区位条件较为优越。区位平均值为1.45km，仅为鹅掌楸用地适宜性相应评价指标标准值的29.06%。

福建省不适宜种植鹅掌楸用地总面积为2 094 691.83hm²，占全省林地资源总面积的25.16%，不适宜种植鹅掌楸用地主要分布在福建省南部沿海一带，包括漳州市的诏安、平和、南靖、长泰、漳浦、云霄、芗城、龙文、龙海、华安等县（市、区），福州市的闽侯、闽清、罗源、晋安、马尾、连江、福清、永泰等县（市、区），泉州市的永春、安溪、丰泽、惠安、德化、晋江、洛江、南安、泉港等县（市、区），合计面积为1 426 991.02hm²，占全省不适宜种植鹅掌楸用地总面积的68.12%。这些区域夏季易于出现41℃以上的极端高温，超过鹅掌楸生长的极限值，导致鹅掌楸无法正常生长与发育；其余县（市、区）不适宜用地面积占全省不适宜种植鹅掌楸用地总面积的31.88%，主要位于戴云山脉主体部分的德化县以及北部武夷山市境内的部分区域，主要是由于这些区域海拔较高、极端低温低于-12.4℃，对鹅掌楸产生冻害，不利于鹅掌楸的生长。

表6-2　福建省县（市、区）鹅掌楸用地适宜性评价面积

行政区	不适宜用地面积（hm²）	适宜用地面积（hm²）			
		高度适宜	中度适宜	一般适宜	合计
仓山区	816.82	–	–	–	–
福清市	57 387.95	–	–	–	–
鼓楼区	354.69	–	–	–	–
晋安区	39 882.73	–	–	–	–
连江县	66 635.56	–	–	–	–
罗源县	74 433.08	–	–	–	–
马尾区	13 453.58	–	–	–	–
闽侯县	133 290.24	–	–	–	–
闽清县	108 647.12	–	–	–	–
永泰县	78 193.65	2 745.40	66 137.98	21 860.83	90 744.21
长乐区	22 608.79	–	–	–	–
连城县	9.41	132 992.93	83 069.93	117.77	216 180.63

（续表）

行政区	不适宜用地面积（hm²）	适宜用地面积（hm²）			
		高度适宜	中度适宜	一般适宜	合计
上杭县	18.78	31 034.45	160 523.76	27 903.14	219 461.35
武平县	41.79	34 451.24	175 343.77	2 158.03	211 953.04
新罗区	51.14	58 768.54	132 855.70	24 019.04	215 643.28
永定区	–	945.74	68 136.11	91 059.91	160 141.76
漳平市	11.22	99 304.86	143 990.75	3 560.22	246 855.83
长汀县	1 569.74	43 430.25	177 370.21	27 059.71	247 860.17
光泽县	13 182.70	405.15	112 405.51	62 380.04	175 190.7
建瓯市	167.32	127 466.65	135 437.04	19 431.30	282 334.99
建阳区	–	11 960.87	202 707.19	56 844.11	271 512.17
浦城县	502.27	56.26	148 066.37	120 546.92	268 669.55
邵武市	212.57	6 150.41	117 945.22	108 010.91	232 106.54
顺昌县	560.58	90 894.94	63 872.88	944.93	155 712.75
松溪县	719.85	2 181.38	50 784.63	25 378.17	78 344.18
武夷山市	34 845.82	12 877.16	115 691.86	60 230.54	188 799.56
延平区	591.83	165 636.34	42 443.80	1 032.91	209 113.05
政和县	710.42	4 522.42	65 284.97	53 850.16	123 657.55
福安市	100 996.79	–	–	–	–
福鼎市	63 802.99	107.33	14 002.88	6 908.68	21 018.89
古田县	62 165.37	61 749.35	39 371.50	1 068.65	102 189.5
蕉城区	9 036.05	1 464.08	57 206.45	25 865.76	84 536.29
屏南县	24 909.82	1 291.68	61 575.03	20 476.16	83 342.87
寿宁县	20 655.60	–	14 482.45	61 707.99	76 190.44
霞浦县	49 038.41	1 709.79	35 870.48	3 670.30	41 250.57
柘荣县	–	–	23 876.94	14 639.21	38 516.15
周宁县	2 120.99	–	5 057.77	69 703.03	74 760.8
城厢区	19 824.07	–	–	–	–
涵江区	39 213.20	–	–	–	–
荔城区	3 948.99	–	–	–	–
仙游县	55 156.17	–	42 018.02	20 920.87	62 938.89
秀屿区	4 699.54	–	–	–	–
安溪县	93 769.26	22 501.73	29 258.52	12 903.32	64 663.57
德化县	31 598.32	263.77	137 200.61	6 987.32	144 451.7
丰泽区	2 191.57	–	–	–	–
惠安县	12 908.81	–	–	–	–
晋江市	4 155.89	–	–	–	–
鲤城区	609.61	–	–	–	–
洛江区	20 490.94	–	–	–	–

（续表）

行政区	不适宜用地面积（hm²）	适宜用地面积（hm²）			
		高度适宜	中度适宜	一般适宜	合计
南安市	92 899.62	-	-	440.58	440.58
泉港区	9 073.62	-	-	-	-
石狮市	1 419.17	-	-	-	-
永春县	81 699.61	-	453.94	183.28	637.22
大田县	65.34	19 986.85	101 854.76	45 138.73	166 980.34
建宁县	-	1 594.15	121 024.02	5 725.32	128 343.49
将乐县	225.21	58 448.99	108 588.61	26 689.72	193 727.32
梅列区	6 832.47	16 290.16	3 422.11	-	19 712.27
明溪县	1 147.34	21 829.10	122 566.45	2 005.41	146 400.96
宁化县	10 586.14	1 541.44	163 798.49	4 786.18	170 126.11
清流县	31 642.37	37 014.35	47 713.23	34 619.60	119 347.18
三元区	20 403.23	35 500.11	7 478.45	384.62	43 363.18
沙县	-	84 927.26	50 573.28	3 438.59	138 939.13
泰宁县	1.59	12 987.28	85 958.36	20 635.39	119 581.03
永安市	12.08	137 359.61	102 257.38	3 666.93	243 283.92
尤溪县	35.19	66 202.96	196 484.13	5 314.55	268 001.64
海沧区	4 598.21	-	-	-	-
湖里区	289.29	-	-	-	-
集美区	7 109.41	-	-	-	-
思明区	2 000.17	-	-	-	-
同安区	27 240.12	-	-	-	-
翔安区	7 975.48	-	-	-	-
东山县	4 284.70	-	-	-	-
华安县	86 106.89	-	-	-	-
龙海市	31 190.26	-	-	-	-
龙文区	1 503.44	-	-	-	-
南靖县	75 758.16	-	-	60 000.12	60 000.12
平和县	105 776.56	-	-	22 254.56	22 254.56
芗城区	3 273.03	-	-	-	-
云霄县	40 836.55	-	-	-	-
漳浦县	62 196.14	-	-	-	-
长泰县	47 808.37	-	-	-	-
诏安县	51 830.07	-	-	8.82	8.82
平潭实验区	8 679.97	-	-	-	-
总计	2 094 691.83	1 408 594.97	3 634 161.55	1 186 532.31	6 229 288.83

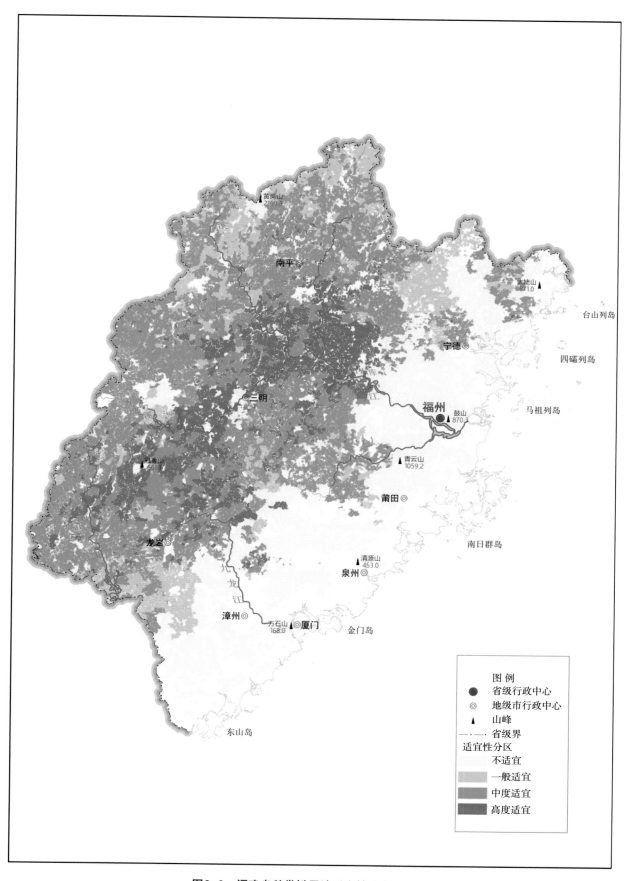

图6-6　福建省鹅掌楸用地适宜性分布示意图

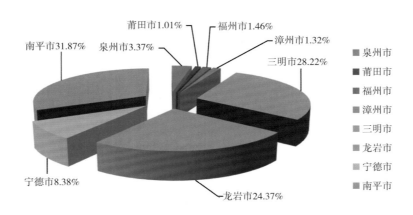

图6-7　福建省设区市鹅掌楸适宜用地面积比例

（二）鹅掌楸适宜用地质量及其分布

福建省鹅掌楸适宜性评价结果表明（表6-2、图6-6），全省适宜鹅掌楸种植用地资源总体质量较高，高度和中度适宜鹅掌楸种植用地面积分别为1 408 594.97hm^{2}和3 634 161.55hm^2，分别占全省适宜鹅掌楸用地资源总面积的22.61%和58.34%，而一般适宜鹅掌楸用地面积为1 186 532.31hm^2，仅占全省适宜鹅掌楸用地资源总面积的19.05%。可见，福建省以高度与中度适宜种植鹅掌楸用地为主，合计占全省适宜种植鹅掌楸用地面积的80.95%。

从设区市适宜鹅掌楸种植用地资源质量状况分布来看（图6-8至图6-10），全省高度适宜鹅掌楸用地主要分布于三明、南平和龙岩市，合计面积为1 316 761.84hm^2，占全省高度适宜鹅掌楸用地总面积的93.48%，而后依次为宁德、泉州和福州市，分别占全省高度适宜鹅掌楸用地总面积的4.71%、1.62%和0.19%。全省中度适宜鹅掌楸用地面积大小顺序为：三明（30.59%）>南平（29.02%）>龙岩（25.90%）>宁德（6.92%）>泉州（4.59%）>福州（1.82%）>莆田（1.16%）。全省一般适宜鹅掌楸用地面积大小顺序为：南平（42.87%）>宁德（17.20%）>龙岩（14.82%）>三明（12.84%）>漳州（6.93%）>福州（1.84%）>莆田市（1.76%）>泉州（1.73%）。可见，龙岩、三明和南平3市的适宜鹅掌楸用地的质量总体较高。

从各县（市、区）适宜种植鹅掌楸用地资源质量分析（表6-2、图6-6），全省高度适宜鹅掌楸用地主要分布于建阳、武夷山、泰宁、梅列、大田、明溪、安溪、上杭、武平、三元、清流、长汀、将乐、新罗、古田、尤溪、沙县、顺昌、漳平、建瓯、连城、永安和延平等县（市、区），合计面积为1 383 615.96hm^2，占全省高度适宜鹅掌楸用地总面积的98.23%，上述区域适宜种植鹅掌楸用地资源质量较高的主要原因有：①水热资源较为适宜。≥10℃年活动积温和年降水量均值分别达5 803.71℃和1 723.88mm，比全省适宜种植鹅掌楸用地相应因子的均值分别高3.12%和0.88%，为鹅掌楸的正常生长发育提供了充沛的水热资源。②土壤条件优越，质地适中，酸碱性适宜，水肥气热较为协调。上述区域的土壤质地以砂壤土、轻壤土为主，土层厚度均值为101.97cm，土壤有机质含量均值大于标准值，高达30.75g/kg；全磷和全钾含量较丰富，均值分别达0.72g/kg和21.55g/kg，比全省适宜种植鹅掌楸用地相应因子的均值分别高20.75%和11.27%；土壤pH值均值为5.10，酸碱性适宜。③区位优越，交通方便。上述区域的区位和交通通达度均值分别为1.14km和180.04km，为全省适宜种植鹅掌楸用地相应因子均值的82.64%和92.00%，方便于鹅掌楸的管理、种植以及木材产品运输。全省中度适宜鹅掌楸用地主要分布于福鼎、寿宁、柘荣、安溪、霞浦、古田、仙游、延平、清流、沙县、松溪、蕉城、屏南、顺昌、政和、永泰、永定、连城、泰宁、大田、永安、将乐、光泽、武夷山、邵武、建宁、明溪、新罗、建瓯、德化、漳平、浦城、上杭、宁化、武平、长汀、尤溪和建阳等县（市、区），合计面积为3 617 749.29hm^2，占全省中度适宜鹅掌楸用地总面积的99.55%。全省一般适宜鹅掌楸用地主要分布于安溪、柘荣、建瓯、屏南、泰宁、仙游、永泰、平和、新罗、松溪、蕉城、将乐、长汀、上杭、清流、大田、政和、建阳、南靖、武夷山、寿宁、光泽、周宁、永定、邵武和浦城等县（市、区），合计面积为1 134 129.21hm²，占全省一般适宜宜鹅掌楸用地总面积的95.58%。这些区域适宜种植鹅掌楸用地资源质量较差的原因主要有：①热量资源条件较一般。≥10℃年活动积温和年无霜期均值分别为5 122.05℃和254.00d，是全省适宜种植鹅掌楸用地区相应因子均值的91.01%和92.82%。②土壤全钾含量均值为17.72g/kg，仅为全省适宜种植鹅掌楸用地区土壤全钾含量均值的91.52%。③区位和交通条件一般。其区位和交通通达度的均值分别为1.88km和223.24km，比全省适宜种植鹅掌楸用地相应因子均值高35.89%和14.07%。

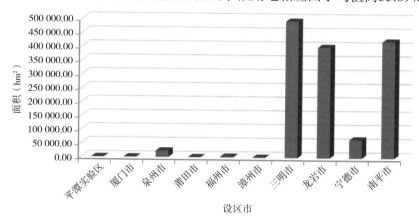

图6-8　福建省设区市鹅掌楸高度适宜用地面积

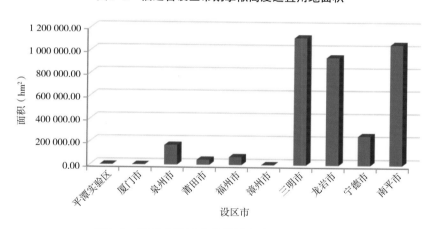

图6-9　福建省设区市鹅掌楸中度适宜用地面积

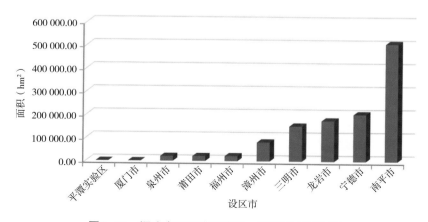

图6-10　福建省设区市鹅掌楸一般适宜用地面积

三、观光木用地适宜性分析

（一）观光木适宜用地数量及其分布

福建省观光木用地适宜性评价结果表明（表6-3、图6-11），全省适宜种植观光木用地总面积为6 933 773.87hm²，占全省林地资源总面积的83.30%，主要分布在福建省中部、北部和西北部。从各设区市适宜种植观光木用地面积分布来看（图6-12），各设区市适宜种植观光木用地面积大小顺序为南平>三明>龙岩>福州>漳州>泉州>宁德>莆田>厦门。从各县（市、区）适宜种植观光木用资源面积分布来看，适宜种植观光木的用地资源主要分布于明溪、清流、顺昌、安溪、永定、永泰、大田、将乐、延平、武平、新罗、连城、上杭、邵武、永安、漳平、长汀、建阳、尤溪、浦城和建瓯等县（市、区），合计面积为4 405 170.39hm²，占全省观光木适宜种植用地资源总面积的63.53%。这些区域适宜种植观光木的原因主要是：①限制观光木正常生长的极限因子均未超过极限值。②水热资源较为丰富。年均温、年降水量均值分别为17.83℃、1 702mm，分别比观光木用地适宜性相应评价指标标准值高4.90%、6.35%，气候条件均适宜观光木正常生长发育。③立地条件较优越，土壤较肥沃，有机质含量均值为36.03g/kg，比观光木用地适宜性相应评价指标标准值高20.08%。④区位平均值为1.37km，仅为观光木用地适宜性相应评价指标标准值的27.48%，区位条件优越。

福建省不适宜种植观光木用地总面积为1 390 206.79hm²，占全省林地资源总面积的16.70%，不适宜种植观光木用地主要分布在福建省北部、东北部一带，包括南平市的光泽、邵武、顺昌、松溪、武夷山、延平和政和，宁德市的福安、福鼎、古田、蕉城、屏南、寿宁、柘荣和周宁等县（市、区），合计面积为862 869.07hm²，占省不适宜种植观光木用地总面积的62.07%。这些区域主要位于福建省海拔较高的山地区，极端低温可达-16℃以下，超过观光木生长的极限值，对观光木产生冻害，导致观光木死亡，无法正常生长与发育。

表6-3　福建省县（市、区）观光木用地适宜性评价面积

行政区	不适宜用地面积（hm²）	适宜用地面积（hm²）			
		高度适宜	中度适宜	一般适宜	合计
仓山区	-	-	816.82	-	816.82
福清市	11 653.47	909.97	20 793.16	24 031.35	45 734.48
鼓楼区	-	-	354.69	-	354.69
晋安区	-	13 904.49	11 805.84	14 172.40	39 882.73
连江县	3 815.56	3 979.92	39 605.81	19 234.27	62 820.00
罗源县	656.27	11 459.34	33 718.68	28 598.78	73 776.80
马尾区	-	6 304.04	1 557.24	5 592.30	13 453.58
闽侯县	11.14	10 059.16	109 973.93	13 246.02	133 279.11
闽清县	82.56	12 420.42	83 017.94	13 126.20	108 564.56
永泰县	8 308.69	2 919.34	129 183.94	28 525.89	160 629.17
长乐区	681.92	-	11 570.22	10 356.65	21 926.87
连城县	9.41	133 731.89	82 351.35	97.38	216 180.62
上杭县	18.78	36 903.19	156 710.91	25 847.26	219 461.36
武平县	41.79	36 145.04	173 881.87	1 926.13	211 953.04
新罗区	51.14	70 446.15	139 580.56	5 616.57	215 643.28

（续表）

行政区	不适宜用地面积（hm²）	适宜用地面积（hm²）			
		高度适宜	中度适宜	一般适宜	合计
永定区	–	949.30	105 348.43	53 844.03	160 141.76
漳平市	11.22	106 196.78	137 622.70	3 036.35	246 855.83
长汀县	1 596.06	44 419.13	178 007.36	25 407.36	247 833.85
光泽县	188 373.40	–	–	–	–
建瓯市	277.35	116 030.63	137 947.56	28 246.77	282 224.96
建阳区	14 965.25	11 979.85	194 391.22	50 175.86	256 546.93
浦城县	502.27	451.45	160 098.65	108 119.45	268 669.55
邵武市	212.57	6 150.41	126 466.53	99 489.60	232 106.54
顺昌县	560.58	91 956.20	62 813.14	943.41	155 712.75
松溪县	719.85	2 455.41	52 599.64	23 289.13	78 344.18
武夷山市	174 812.27	12 494.83	36 307.48	30.80	48 833.11
延平区	591.83	154 128.79	53 898.55	1 085.71	209 113.05
政和县	53 250.98	5 551.90	50 236.65	15 328.43	71 116.98
福安市	53 886.44	3 002.93	35 992.79	8 114.63	47 110.35
福鼎市	723.45	2 164.49	78 568.96	3 364.96	84 098.41
古田县	164 354.87	–	–	–	–
蕉城区	527.79	1 464.08	59 919.14	31 661.33	93 044.55
屏南县	108 252.69				
寿宁县	27 120.24	–	19 716.21	50 009.60	69 725.81
霞浦县	30 559.45	3 824.74	51 870.84	4 033.95	59 729.53
柘荣县	38 516.15	–	–	–	–
周宁县	51 739.11	5.12	14 464.42	10 673.14	25 142.68
城厢区	–	–	3 914.39	15 909.68	19 824.07
涵江区	–	821.42	20 227.21	18 164.57	39 213.20
荔城区	109.12	–	46.45	3 793.42	3 839.87
仙游县	2.10	–	93 402.88	24 690.09	118 092.97
秀屿区	4 530.32	–	–	169.22	169.22
安溪县	–	20 144.59	109 005.77	29 282.47	158 432.83
德化县	162 946.20	–	2 735.55	10 368.27	13 103.82
丰泽区	368.66	–	5.24	1 817.67	1 822.91
惠安县	3 938.66	–	866.36	8 103.79	8 970.15
晋江市	2 828.38	–	–	1 327.51	1 327.51
鲤城区	–	–	–	609.61	609.61
洛江区	–	–	4 892.05	15 598.89	20 490.94
南安市	20.49	352.57	62 062.48	30 904.66	93 319.71

（续表）

行政区	不适宜用地面积（hm²）	适宜用地面积（hm²）			
		高度适宜	中度适宜	一般适宜	合计
泉港区	198.32	-	1 028.00	7 847.30	8 875.30
石狮市	1 391.57	-	5.63	21.97	27.60
永春县	2 166.01	5 826.43	45 903.32	28 441.06	80 170.81
大田县	4 154.82	22 160.48	92 269.15	48 461.23	162 890.86
建宁县	112 849.49	-	-	15 494.00	15 494.00
将乐县	225.21	66 834.78	108 462.61	18 429.93	193 727.32
梅列区	53.56	22 990.49	3 500.69	-	26 491.18
明溪县	90.83	26 596.82	119 077.69	1 782.96	147 457.47
宁化县	41 646.38	3 436.48	126 791.19	8 838.20	139 065.87
清流县	2 673.05	64 304.59	77 731.47	6 280.43	148 316.49
三元区	29.74	44 017.76	19 341.69	377.23	63 736.68
沙县	42.53	86 048.83	49 410.51	3 437.26	138 896.60
泰宁县	91 003.39	-	1 613.67	26 965.55	28 579.22
永安市	12.08	137 993.52	101 682.07	3 608.33	243 283.92
尤溪县	48.02	62 806.46	180 687.17	24 495.18	267 988.81
海沧区	11.92	-	2 452.52	2 133.77	4 586.29
湖里区	22.29	-	-	267.00	267.00
集美区	-	-	6 402.82	706.59	7 109.41
思明区	-	-	14.60	1 985.57	2 000.17
同安区	-	-	24 037.34	3 202.78	27 240.12
翔安区	51.79	-	2 357.91	5 565.77	7 923.68
东山县	4 097.38	-	-	187.32	187.32
华安县	2.47	20 908.16	49 404.89	15 791.37	86 104.42
龙海市	2 767.44	-	2 684.78	25 738.04	28 422.82
龙文区	253.47		310.35	939.62	1 249.97
南靖县	5.16	22 893.07	79 923.13	32 936.92	135 753.12
平和县	1.22	0.26	39 410.92	88 618.71	128 029.89
芗城区	-	-	2 158.91	1 114.12	3 273.03
云霄县	194.19	-	936.62	39 705.74	40 642.36
漳浦县	5 770.76	-	3 034.64	53 390.74	56 425.38
长泰县	-	-	28 856.20	18 952.17	47 808.37
诏安县	135.28	-	5 349.89	46 353.73	51 703.62
平潭实验区	8 679.97	-	-	-	-
总计	1 390 206.79	1 510 545.72	4 023 192.00	1 400 036.15	6 933 773.87

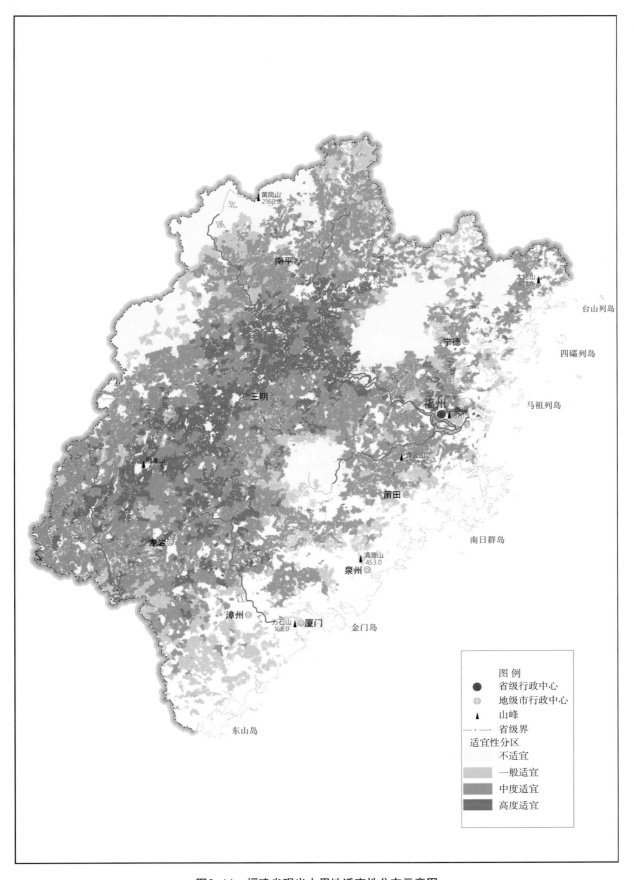

图6-11 福建省观光木用地适宜性分布示意图

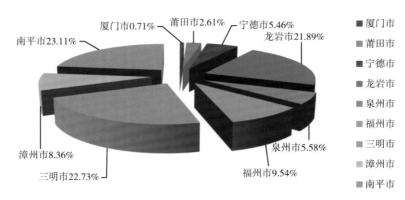

图6-12　福建省设区市观光木适宜用地面积比例

（二）观光木适宜用地质量及其分布

福建省观光木用地适宜性评价结果表明（表6-3、图6-11），全省高度、中度和一般适宜种植观光木用地面积分别为1 510 545.72hm²、4 023 192.00hm²和1 400 036.15hm²，分别占全省适宜种植观光木用地总面积的21.79%、58.02%和20.19%，表明福建省适宜种植观光木的用地质量以中度适宜用地为主。

从各设区市适宜观光木种植用地资源质量分布情况来看（图6-13至图6-15），全省高度适宜种植观光木用地主要分布于三明、龙岩和南平市，合计面积达1 367 181.16hm²，占全省高度适宜种植观光木用地总面积的90.51%，而后依次为福州（4.10%）、漳州（2.90%）、泉州（1.74%）、宁德（0.69%）和莆田市（0.05%）。全省中度适宜种植观光木用地主要分布于三明、龙岩和南平市，合计面积达2 728 830.51hm²，占全省中度适宜种植观光木用地总面积的67.83%，而后依次为福州（11.00%）、宁德（6.48%）、泉州（5.63%）、漳州（5.27%）、莆田（2.92%）和厦门市（0.88%）。全省一般适宜种植观光木用地主要分布在福州、三明、漳州和南平市，合计面积为965 491.80hm²，占全省一般适宜种植观光木用地总面积的68.96%，其他各设区市一般适宜种植观光木用地面积大小的顺序为泉州>龙岩>宁德>莆田>厦门，分别占全省一般适宜种植观光木用地面积的9.59%、8.27%、7.70%、4.48%和0.99%。

从各县（市、区）适宜种植观光木用地质量状况分布来看（表6-3、图6-11），全省高度适宜种植观光木用地资源主要分布于尤溪、清流、将乐、新罗、沙县、顺昌、漳平、建瓯、连城、永安和延平等县（市、区），合计面积达1 090 478.62hm²，占全省高度适宜种植观光木用地面积的72.19%。上述区域种植观光木用地资源适宜程度较高的主要原因包括：①水热资源较为适宜。≥10℃年活动积温和年降水量均值分别达5 824.00℃和1 710.66mm，比全省适宜种植观光木用地相应因子的均值分别高1.50%和1.36%，为保障观光木的正常生长发育提供了丰富的水热资源。②土壤条件优越，质地适中，酸碱性适宜，水肥气热较为协调。上述区域的土壤质地以轻壤土、中壤土为主，土层厚度均值为101.63cm，土壤有机质含量均值大于标准值，达31.27g/kg；全磷和全钾含量较丰富，均值分别达0.73g/kg和21.52g/kg，比全省适宜种植观光木用地相应因子的均值分别高18.01%和10.60%；土壤pH值均值为5.10，酸碱性适宜。③区位优越，交通方便。上述区域的区位和交通通达度均值分别为1.13km和179.58km，为全省适宜种植观光木用地相应因子均值的86.12%和93.65%，方便于观光木的管理、种植以及木材产品运输。全省中度适宜种植观光木用地资源主要分布于清流、福鼎、南靖、连城、闽清、大田、仙游、永安、永定、将乐、安溪、闽侯、明溪、邵武、宁化、永泰、漳平、建瓯、新罗、上杭、浦城、武平、长汀、尤溪和建阳等县（市、区），合计面积达3 082 185.02hm²，占全省中度适宜种植观光木用地面积的76.61%，其中以建阳区的中度适宜用地面积比例最高，占全省中度适宜观光木种植用地面积的4.83%，其次是尤溪县，占全省中度适宜观光木种植用地面积的4.49%。全省一般适宜种植观光木的用地资源主要分布于松溪、福清、尤溪、仙游、长汀、龙海、上杭、泰宁、建瓯、永春、永泰、罗源、安溪、南安、蕉城、南靖、云霄、诏安、大田、寿宁、建阳、漳浦、永定、平和、邵武和浦城等县（市、区），合计面积为1 077 230.52hm²，占福建省一般适宜观光木种植用地面积的76.94%。上述区域观光木用地适宜性较差的原因主要是：①水资源条件较一般。年降水量均值为1 668.79mm，是全省适宜种植观光木用地地区相应因子均值的98.88%。②土壤全磷和全钾含量均值分别为0.53g/kg和17.97g/kg，仅为全省适宜种植观光木用地地区相应因子均值的85.59%和92.38%。③区位和交通条件一般。其区位和交通通达度均值分别为1.47km和201.18km，比全省适宜种植观光木用地相应因子均值高11.95%和4.91%。

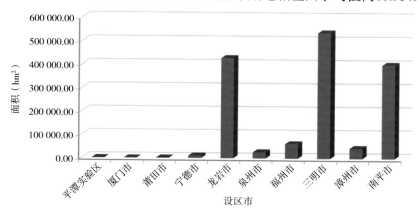

图6-13 福建省设区市观光木高度适宜用地面积

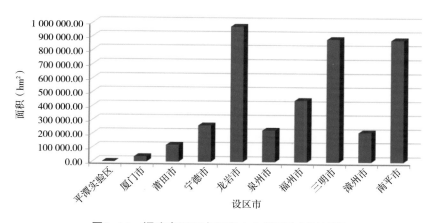

图6-14 福建省设区市观光木中度适宜用地面积

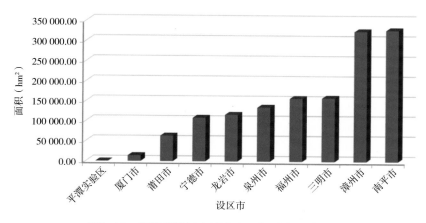

图6-15 福建省设区市观光木一般适宜用地面积

四、深山含笑用地适宜性分析

（一）深山含笑适宜用地数量及其分布

从福建省深山含笑用地适宜性评价结果可知（表6-4、图6-16），全省适宜种植深山含笑用地总面积为5 461 648.38hm²，占全省林地资源总面积65.61%，适宜种植深山含笑用地资源主要分布在福建省中部、北部和西北部，即龙岩、南平和三明市等市。从各设区市适宜种植深山含笑用地面积分布来看（图6-17），各设区市适宜种植深山含笑用地面积大小为：南平>三明>龙岩>宁德>泉州>福州>漳州。从各县（市、区）适宜种植深山含笑用地面积来看，适宜深山含笑种植的用地资源主要分布于建宁、古田、屏南、政和、光泽、泰宁、沙县、清流、明溪、顺昌、永定、宁化、大田、德化、将乐、武夷山、漳平、邵武、尤溪、新罗、延平、永安、武平、建阳、连城、上杭、建瓯、长汀和浦城等县（市、区），合计面积为5 015 892.39hm²，占全省深山含笑适宜种植用地资源总面积的91.84%。这些区域适宜种植深山含笑的原因主要是：①限制深山含笑正常生长的极限因子均未超过极限值。②水热资源较为丰富。年均温、年降水量、年无霜期均值分别为17.34℃、1 770mm、263d，分别比深山含笑用地适宜性相应评价指标标准值高5.10%、14.20%、1.33%，气候条件均适宜深山含笑的正常生长发育。③立地条件较优越，土壤较肥沃，有机质含量均值为39.32g/kg，比深山含笑用地适宜性相应评价指标标准值高31.06%。④区位平均值为1.45km，仅为深山含笑用地适宜性相应评价指标标准值的29.06%，区位条件优越。

福建省不适宜种植深山含笑用地总面积为2 862 332.28hm²，占全省林地资源总面积的34.39%，不适宜种植深山含笑用地主要分布在福建省中部及南部沿海一带，包括三明市的梅列、三元、尤溪、永安、清流、将乐、建宁等县（市、区），漳州市的南靖、平和、芗城、云霄、漳浦、长泰、诏安、龙海等县（市、区），泉州市的安溪、南安和永春等县（市、区），福州市的永泰、闽侯、闽清、罗源、连江、福清、晋安和长乐等县（市、区）以及宁德市的福安、霞浦、福鼎、蕉城、古田、柘荣等县（市、区），合计面积为2 076 220.96hm²，占全省不适宜种植深山含笑用地总面积的72.54%。这些地区处于福建省海拔较低的中部夏季高温区以及南部沿海平原地区，极端高温均大于39.8℃，而且夏季出现高温的持续时间长，导致深山含笑在高温的环境下无法正常生长。而沿海一些地区土壤类型（如滨海潮滩盐土、滨海盐土等）pH值大于7.5，超过深山含笑生长所需要的极限值，也是导致深山含笑无法正常生长与发育的重要因素。

表6-4 福建省县（市、区）深山含笑用地适宜性评价面积

行政区	不适宜用地面积（hm²）	适宜用地面积（hm²）			
		高度适宜	中度适宜	一般适宜	合计
仓山区	816.82	–	–	–	–
福清市	57 387.95	–	–	–	–
鼓楼区	354.69	–	–	–	–
晋安区	39 882.73	–	–	–	–
连江县	66 635.56	–	–	–	–
罗源县	74 433.08	–	–	–	–
马尾区	13 453.58	–	–	–	–
闽侯县	133 290.24	–	–	–	–
闽清县	108 647.12	–	–	–	–
永泰县	142 679.70	–	–	26 258.16	26 258.16
长乐区	22 608.79	–	–	–	–

（续表）

行政区	不适宜用地面积（hm²）	适宜用地面积（hm²）			
		高度适宜	中度适宜	一般适宜	合计
连城县	9.41	139 934.36	76 172.38	73.89	216 180.63
上杭县	18.78	60 645.36	132 984.21	25 831.78	219 461.35
武平县	41.79	58 342.49	151 685.95	1 924.59	211 953.03
新罗区	19 117.50	54 374.30	125 224.27	16 978.35	196 576.92
永定区	–	949.30	107 811.96	51 380.50	160 141.76
漳平市	60 538.16	74 480.83	104 766.99	7 081.07	186 328.89
长汀县	1 581.10	48 328.30	174 411.73	25 108.79	247 848.82
光泽县	71 385.23	2.81	22 778.72	94 206.65	116 988.18
建瓯市	34 995.06	–	161 147.96	86 359.29	247 507.25
建阳区	59 437.78	–	193 631.51	18 442.89	212 074.40
浦城县	1 644.69	566.19	163 523.97	103 436.97	267 527.13
邵武市	44 902.74	7.49	156 096.64	31 312.25	187 416.38
顺昌县	3 914.14	–	100 419.12	51 940.07	152 359.19
松溪县	735.73	4 008.93	51 653.48	22 665.89	78 328.30
武夷山市	49 268.96	11 051.55	94 244.46	69 080.42	174 376.43
延平区	5 179.28	148 988.90	54 128.98	1 407.72	204 525.60
政和县	11 599.60	7 635.74	96 503.10	8 629.53	112 768.37
福安市	100 996.79	–	–	–	0
福鼎市	84 821.87	–	–	–	0
古田县	61 261.17	11 971.26	81 527.40	9 595.04	103 093.70
蕉城区	63 069.25	288.67	15 104.24	15 110.18	30 503.09
屏南县	4.89	13.16	69 900.17	38 334.47	108 247.80
寿宁县	9 162.26	–	37 544.18	50 139.60	87 683.78
霞浦县	90 288.98	–	–	–	–
柘荣县	38 516.15	–	–	–	–
周宁县	10.69	4.40	59 837.53	17 029.16	76 871.09
城厢区	19 824.07	–	–	–	–
涵江区	39 213.20	–	–	–	–
荔城区	3 948.99	–	–	–	–
仙游县	90 716.63	–	–	27 378.43	27 378.43
秀屿区	4 699.54	–	–	–	–
安溪县	117 721.50	–	6.21	40 705.12	40 711.33
德化县	5 948.37	25 241.47	111 450.33	33 409.85	170 101.65
丰泽区	2 191.57	–	–	–	–
惠安县	12 908.81	–	–	–	–
晋江市	4 155.89	–	–	–	–
鲤城区	609.61				

（续表）

行政区	不适宜用地面积（hm²）	适宜用地面积（hm²）			
		高度适宜	中度适宜	一般适宜	合计
洛江区	20 490.94	–	–	–	–
南安市	93 340.20	–	–	–	–
泉港区	9 073.62	–	–	–	–
石狮市	1 419.17	–	–	–	–
永春县	78 267.69	–	–	4 069.14	4 069.14
大田县	65.34	25 337.10	101 765.21	39 878.03	166 980.34
建宁县	26 367.80	1 102.81	98 644.30	2 228.58	101 975.69
将乐县	20 834.00	–	163 003.32	10 115.22	173 118.54
梅列区	6 316.80	9 201.17	11 026.78	–	20 227.95
明溪县	5 589.00	10 096.85	129 334.86	2 527.59	141 959.30
宁化县	15 462.79	1 679.98	140 993.42	22 576.05	165 249.45
清流县	22 598.77	39 273.01	52 647.22	36 470.55	128 390.78
三元区	29 675.49	5 856.64	28 234.28	–	34 090.92
沙县	13 268.57	5 095.67	114 528.48	6 046.41	125 670.56
泰宁县	434.72	15 830.56	84 095.13	19 222.20	119 147.89
永安市	34 243.16	–	203 960.46	5 092.38	209 052.84
尤溪县	79 167.26	–	127 535.24	61 334.32	188 869.56
海沧区	4 598.21	–	–	–	–
湖里区	289.29	–	–	–	–
集美区	7 109.41	–	–	–	–
思明区	2 000.17	–	–	–	–
同安区	27 240.12	–	–	–	–
翔安区	7 975.48	–	–	–	–
东山县	4 284.70	–	–	–	–
华安县	84 236.80	–	–	1 870.09	1 870.09
龙海市	31 190.26	–	–	–	–
龙文区	1 503.44	–	–	–	–
南靖县	118 074.26	–	–	17 684.02	17 684.02
平和县	127 951.43	–	–	79.69	79.69
芗城区	3 273.03	–	–	–	–
云霄县	40 836.55	–	–	–	–
漳浦县	62 196.14	–	–	–	–
长泰县	47 808.37	–	–	–	–
诏安县	51 838.89	–	–	–	–
平潭实验区	8 679.97	–	–	–	–
总计	2 862 332.28	760 309.30	3 598 324.15	1 103 014.92	5 461 648.37

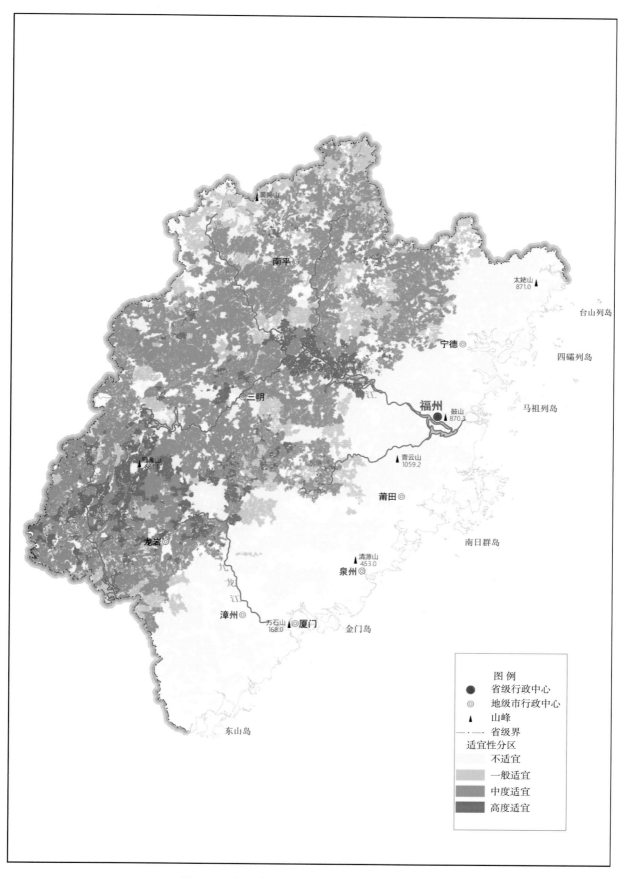

图6-16　福建省深山含笑用地适宜性分布示意图

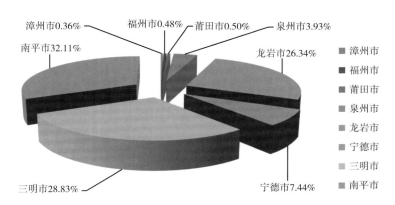

图6-17　福建省设区市深山含笑适宜用地面积比例

（二）深山含笑适宜用地质量及其分布

福建省深山含笑用地适宜性评价结果表明（表6-4、图6-16），全省高度、中度、一般适宜种植深山含笑用地面积分别为760 309.30hm²、3 598 324.15hm²和1 103 014.92hm²，分别占全省适宜种植深山含笑用地面积的13.92%、65.88%和20.20%，表明全省适宜深山含笑种植用地以中度适宜为主。

从各设区市适宜深山含笑种植用地资源质量状况分布来看（图6-18至图6-20），全省高度适宜种植深山含笑用地主要分布于龙岩和南平市，合计面积达609 316.55hm²，占全省高度适宜种植深山含笑用地总面积的80.14%，而后依次为三明（14.92%）、泉州（3.32%）和宁德市（1.61%）。全省中度适宜种植深山含笑用地主要分布于三明、龙岩和南平市，合计面积达3 222 954.10hm²，占全省中度适宜种植深山含笑用地总面积的89.57%，其他各设区市中度适宜种植深山含笑用地面积大小依次为宁德>泉州，分别占全省中度适宜种植深山含笑用地总面积的7.33%和3.10%。全省一般适宜种植深山含笑用地主要分布在三明和南平市，分别占全省一般适宜种植深山含笑用地总面积的18.63%和44.20%，合计面积达692 973.00hm²，占全省一般适宜种植深山含笑用地总面积的62.83%，其他各设区市一般适宜种植深山含笑用地面积大小顺序为宁德>龙岩>泉州>莆田>福州>漳州，分别占全省一般适宜种植深山含笑用地面积的11.80%、11.64%、7.09%、2.48%、2.38%和1.78%。

从各县（市、区）适宜种植深山含笑用地质量状况分布来看（表6-4、图6-16），全省高度适宜种植深山含笑用地资源主要分布于梅列、明溪、武夷山、古田、泰宁、德化、大田、清流、长汀、新罗、武平、上杭、漳平、连城和延平等县（市、区），合计面积达733 097.51hm²，占全省高度适宜种植深山含笑用地面积的96.42%。上述区域种植深山含笑用地资源适宜程度较高的主要原因包括：①具有良好的光热资源条件。上述区域≥10℃年活动积温、年日照时数和年无霜期均值分别达5 756.26℃、1 815.76h和272.70d，比全省适宜种植深山含笑用地相应因子的均值分别高5.56%、1.11%和3.49%，为保障深山含笑的正常生长发育提供了丰富的水热资源。②土壤条件优越，质地适中，酸碱性适宜，水肥气热较为协调。上述区域的土壤质地以砂壤土和轻壤土为主，土层厚度均值为100.08cm，土壤有机质含量大于标准值，达32.53g/kg；全磷和全钾含量较丰富，均值分别达0.83g/kg和21.04g/kg，比全省适宜种植深山含笑用地相应因子的均值分别高28.02%和6.26%；土壤pH值均值为5.10，酸碱性适宜。③区位优越，交通方便。上述区域的区位和交通通达度均值分别为1.23km和189.25km，为全省适宜种植深山含笑用地相应因子均值的86.37%和92.83%，方便于深山含笑的管理、种植以及木材产品运输。全省中度适宜种植深山含笑用地资源主要分布于顺昌、大田、漳平、永定、德化、沙县、新罗、尤溪、明溪、上杭、宁化、武平、邵武、建瓯、将乐、浦城、长汀、建阳和永安等县（市、区），合计面积达2 664 275.62hm²，占全省中度适宜种植深山含笑用地面积的74.04%，其中以永安市的中度适宜用地面积比例最高，占全省中度适宜种植深山含笑用地面积的5.67%；其次是建阳区，占全省中度适宜种植深山含笑用地面积的5.38%。全省一般适宜种植深山含笑的用地资源主要分布于宁化、松溪、长汀、上杭、永泰、仙游、邵武、德化、清流、屏南、大田、安溪、寿宁、永定、顺昌、尤溪、武夷山、建瓯、光泽和浦城等县（市、区），合计面积为937 807.19hm²，占福建省一般适宜种植深山含笑用地面积的85.02%，其中以浦城县一般适宜用地面积比例最高，占全省一般适宜种植深山含笑用地面积的9.38%。这些地区适宜深山含笑种植用地质量较差的主要原因是：①光热资源条件较一般。≥10℃年活动积温、年日照时数和年无霜期均值分别达5 131.39℃、1 780.52h和254.47d，分别为全省适宜种植深山含笑用地相应因子均值的94.10%、99.14%和96.57%。②土壤全磷和全钾含量均值分别为0.61g/kg和18.08g/kg，仅为全省适宜种植深山含笑用地相应因子均值的95.32%和91.29%。③区位和交通条件一般。其区位和交通通达度的均值分别为1.77km和219.91km，比全省适宜种植深山含笑用地相应因子均值高23.69%和7.88%。

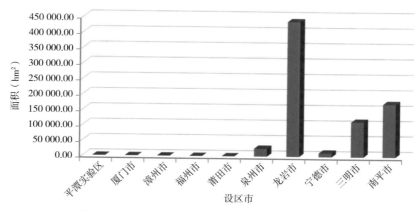

图6-18 福建省设区市深山含笑高度适宜用地面积

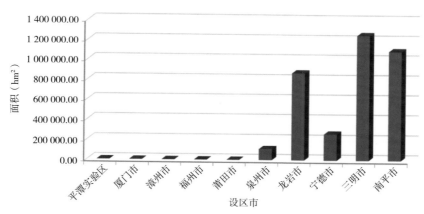

图6-19 福建省设区市深山含笑中度适宜用地面积

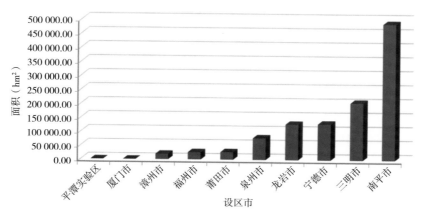

图6-20 福建省设区市深山含笑一般适宜用地面积

五、福建含笑用地适宜性分析

（一）福建含笑适宜用地数量及其分布

福建省福建含笑用地适宜性评价结果表明（表6-5、图6-21），全省适宜种植福建含笑用地总面积为4 402 683.49hm²，占福建省林地资源总面积的52.89%，全省适宜种植福建含笑用地资源主要分布在福建省中部、西部和西北部。从各设区市适宜种植福建含笑用地面积分布来看（图6-22），各设区市适宜种植福建含笑用地面积大小依次为：龙岩>三明>南平>宁德>泉州>福州>漳州>莆田。从各县（市、区）适宜种植福建含笑用地资源的面积分布来看，全省适宜种植福建含笑的用地资源主要分布于清流、永泰、松溪、明溪、蕉城、宁化、尤溪、浦城、邵武、顺昌、沙县、永定、建阳、大田、将乐、新罗、延平、武平、连城、长汀、漳平、上杭、永安和建瓯等县（市、区），合计面积为3 830 547.69hm²，占全省福建含笑适宜种植用地资源总面积的87.00%。上述区域适宜种植福建含笑的原因主要是：①限制福建含笑正常生长的极限因子均未超过极限值。②水热资源较为丰富。年均温、年降水量、年无霜期均值分别为17.79℃、1 732mm、268d，均与福建含笑用地适宜性相应评价指标的标准值接近，气候条件均适宜福建含笑正常生长发育。③立地条件较优越，土壤较肥沃，有机质含量均值为38.39g/kg，比福建含笑用地适宜性相应评价指标标准值高27.97%。④区位平均值为1.44km，仅为福建含笑用地适宜性相应评价指标标准值的28.80%，区位条件优越。

福建省不适宜种植福建含笑用地总面积为3 921 297.17hm²，占全省林地资源总面积的47.11%，不适宜种植福建含笑用地主要分布在闽西北与沿海一带，包括南平市的光泽、建阳、浦城、邵武、武夷山、政和等县（市、区），漳州市的东山、华安、龙海、龙文、南靖、平和、芗城、云霄、漳浦、长泰和诏安等县（市、区），宁德市的福安、古田、屏南、寿宁、霞浦、柘荣和周宁等县（市），福州市的福清、晋安、连江、罗源、马尾、闽侯、闽清、永泰和长乐等县（市、区），合计面积为2 433 576.49hm²，占全省不适宜种植福建含笑用地总面积的62.06%。其主要原因一方面是由于福建含笑对生长环境的极高温要求较严格，福建省南部沿海地区由于长时间持续高温，极端高温大于41℃，超过福建含笑生长的极限值，无法正常生长与发育。另一方面是福建含笑对低温也很敏感，当极端低温低于-7.8℃会出现冻害，上述闽西北、闽东北高海拔山区，冬季易出现低于-7.8℃的极端低温，会对其产生冻害，不利于生长。

表6-5 福建省县（市、区）福建含笑用地适宜性评价面积

行政区	不适宜用地面积（hm²）	适宜用地面积（hm²）			
		高度适宜	中度适宜	一般适宜	合计
仓山区	816.82	-	-	-	-
福清市	57 372.03	-	-	15.92	15.92
鼓楼区	354.69	-	-	-	-
晋安区	39 882.73	-	-	-	-
连江县	66 635.56	-	-	-	-
罗源县	74 433.08	-	-	-	-
马尾区	13 453.58	-	-	-	-
闽侯县	133 283.06	-	-	7.18	7.18
闽清县	108 612.63	-	-	34.49	34.49
永泰县	91 918.55	1 559.37	48 741.82	26 718.12	77 019.31
长乐区	22 608.79	-	-	-	-
连城县	9.41	109 968.30	105 865.42	346.90	216 180.62

（续表）

行政区	不适宜用地面积（hm²）	适宜用地面积（hm²）			
		高度适宜	中度适宜	一般适宜	合计
上杭县	18.78	19 930.13	168 158.98	31 372.24	219 461.35
武平县	41.79	18 671.24	181 063.06	12 218.74	211 953.04
新罗区	12 598.66	39 075.01	119 165.19	44 855.56	203 095.76
永定区	-	335.21	45 464.54	114 342.01	160 141.76
漳平市	28 943.66	67 708.00	137 051.98	13 163.41	217 923.39
长汀县	32 445.90	22 570.81	178 302.26	16 110.95	216 984.02
光泽县	159 981.93	-	-	28 391.47	28 391.47
建瓯市	967.78	179 367.63	99 986.26	2 180.64	281 534.53
建阳区	108 584.05	-	-	162 928.12	162 928.12
浦城县	140 446.66	-	20 526.10	108 199.06	128 725.16
邵武市	103 539.94	392.59	2 901.71	125 484.86	128 779.16
顺昌县	27 008.29	74 095.45	53 381.78	1 787.81	129 265.04
松溪县	724.54	1 304.92	36 147.18	40 887.39	78 339.49
武夷山市	173 122.36	-	-	50 523.02	50 523.02
延平区	591.83	143 496.78	63 493.83	2 122.44	209 113.05
政和县	109 461.00	-	6.50	14 900.47	14 906.97
福安市	100 996.79	-	-	-	-
福鼎市	84 821.87	-	-	-	-
古田县	115 859.85	-	-	48 495.02	48 495.02
蕉城区	8 495.79	654.78	56 219.46	28 202.31	85 076.55
屏南县	86 419.34	-	-	21 833.35	21 833.35
寿宁县	74 831.89	-	-	22 014.15	22 014.15
霞浦县	90 124.42	-	164.56	-	164.56
柘荣县	38 516.15	-	-	-	-
周宁县	68 635.27	-	4 535.88	3 710.64	8 246.52
城厢区	19 824.07	-	-	-	-
涵江区	39 213.20	-	-	-	-
荔城区	3 948.99	-	-	-	-
仙游县	112 062.57	-	-	6 032.49	6 032.49
秀屿区	4 699.54	-	-	-	-
安溪县	109 314.67	136.02	35 957.72	13 024.42	49 118.16
德化县	126 058.70	-	-	49 991.32	49 991.32
丰泽区	2 191.57	-	-	-	-
惠安县	12 908.81	-	-	-	-
晋江市	4 155.89	-	-	-	-
鲤城区	609.61	-	-	-	-
洛江区	19 018.85	-	-	1 472.09	1 472.09

（续表）

行政区	不适宜用地面积（hm²）	适宜用地面积（hm²）			
		高度适宜	中度适宜	一般适宜	合计
南安市	92 625.31	-	714.89	-	714.89
泉港区	9 073.62	-	-	-	-
石狮市	1 419.17	-	-	-	-
永春县	48 478.17	-	-	33 858.66	33 858.66
大田县	65.34	13 604.29	93 308.48	60 067.56	166 980.33
建宁县	78 303.77	-	-	50 039.72	50 039.72
将乐县	225.21	35 036.83	105 925.76	52 764.74	193 727.33
梅列区	6 832.47	14 971.90	4 740.37		19 712.27
明溪县	67 786.58	9 963.74	6 727.88	63 070.10	79 761.72
宁化县	78 483.95	712.30	21 726.39	79 789.61	102 228.30
清流县	88 582.93	261.32	3 912.79	58 232.50	62 406.61
三元区	17 920.85	37 272.08	8 116.85	456.63	45 845.56
沙县	-	99 334.68	39 604.45	-	138 939.13
泰宁县	69 833.83	-	-	49 748.78	49 748.78
永安市	-	154 077.52	89 218.48	-	243 296.00
尤溪县	151 348.92	31 656.25	81 520.44	3 511.20	116 687.89
海沧区	4 598.21	-	-	-	-
湖里区	289.29	-	-	-	-
集美区	7 109.41	-	-	-	-
思明区	2 000.17	-	-	-	-
同安区	27 240.12	-	-	-	-
翔安区	7 975.48	-	-	-	-
东山县	4 284.70	-	-	-	-
华安县	77 219.28	-	-	8 887.61	8 887.61
龙海市	31 190.26	-	-	-	-
龙文区	1 503.44	-	-	-	-
南靖县	106 249.20	-	-	29 509.08	29 509.08
平和县	95 565.83	-	-	32 465.29	32 465.29
芗城区	3 273.03	-	-	-	-
云霄县	40 836.55	-	-	-	-
漳浦县	62 196.14	-	-	-	-
长泰县	47 808.37	-	-	-	-
诏安县	51 731.66	-	-	107.23	107.23
平潭实验区	8 679.97	-	-	-	-
总计	3 921 297.17	1 076 157.16	1 812 651.02	1 513 875.31	4 402 683.49

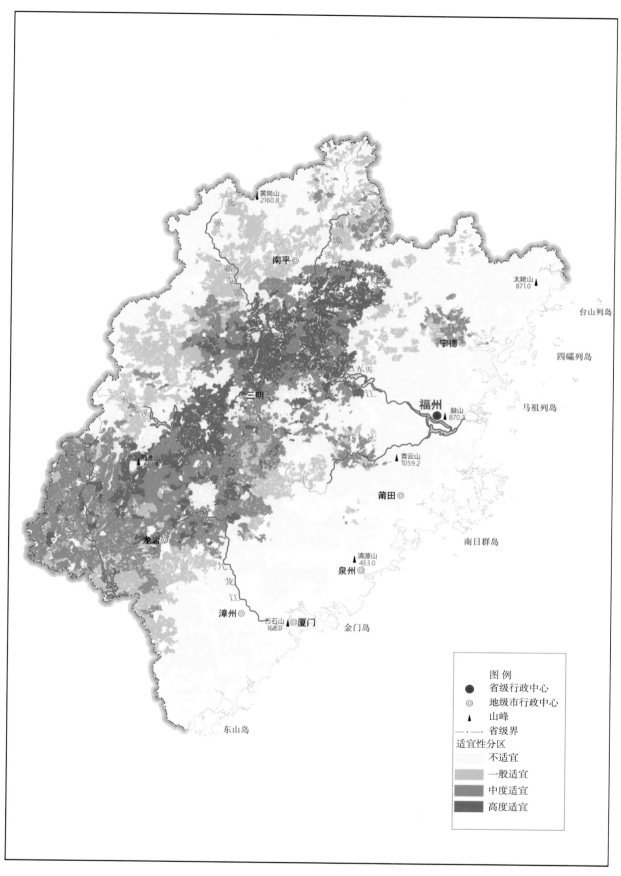

图6-21　福建省福建含笑用地适宜性分布示意图

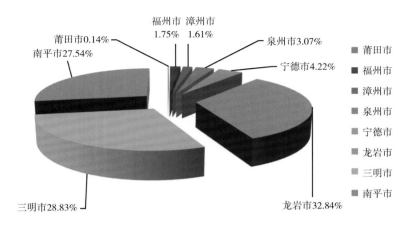

图6-22 福建省设区市福建含笑适宜用地面积比例

（二）福建含笑适宜用地质量及其分布

福建省福建含笑用地适宜性评价结果表明（表6-5、图6-21），全省高度、中度和一般适宜种植福建含笑用地面积分别为1 076 157.16hm²、1 812 651.02hm²和1 513 875.31hm²，分别占全省适宜种植福建含笑用地总面积的24.44%、41.17%和34.39%，可见，福建省以高度与中度适宜种植福建含笑的用地为主，合计面积占全省适宜种植福建含笑用地面积的65.61%。

从各设区市适宜福建含笑种植用地质量状况分布情况来看（图6-23至图6-25），全省高度适宜种植福建含笑用地主要分布于三明、龙岩和南平市，合计面积达1 073 806.99hm²，占全省高度适宜种植福建含笑用地总面积的99.78%，而后依次为福州（0.14%）、宁德（0.06%）和泉州市（0.01%）。全省中度适宜种植福建含笑用地主要分布于三明、龙岩和南平市，合计面积达1 666 316.69hm²，占全省中度适宜种植福建含笑用地总面积的91.93%，其他各设区市中度适宜种植福建含笑面积大小顺序为宁德>福州>泉州，分别占全省中度适宜种植福建含笑用地总面积的3.36%、2.69%和2.02%。全省一般适宜种植福建含笑用地面积主要分布在南平、龙岩和三明市，分别占全省一般适宜种植福建含笑用地总面积的35.50%、15.35%和27.59%，合计面积达1 187 495.95hm²，占全省一般适宜种植福建含笑用地总面积的78.44%，其他各设区市一般适宜种植福建含笑用地面积大小顺序为宁德>泉州>漳州>福州>南平>莆田，分别占全省一般适宜种植福建含笑用地面积的8.21%、6.50%、4.69%、1.77%和0.40%。可见，全省适宜种植福建含笑的用地资源主要集中于三明、龙岩和南平市。

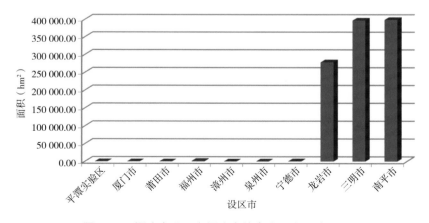

图6-23 福建省设区市福建含笑高度适宜用地面积

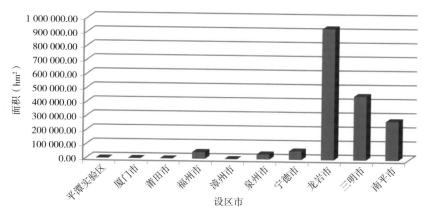

图6-24　福建省设区市福建含笑中度适宜用地面积

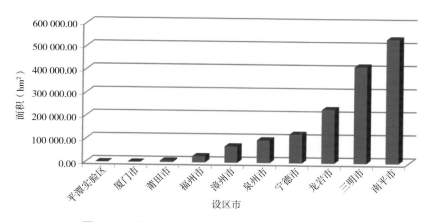

图6-25　福建省设区市福建含笑一般适宜用地面积

从各县（市、区）适宜种植福建含笑用地质量状况分布来看（表6-5、图6-21），全省高度适宜种植福建含笑用地资源主要分布于明溪、大田、梅列、武平、上杭、长汀、尤溪、将乐、三元、新罗、漳平、顺昌、沙县、连城、延平、永安和建瓯等县（市、区），合计面积达1 070 800.64hm²，占全省高度适宜种植福建含笑用地面积的99.50%，其中以建瓯市的高度适宜福建含笑种植用地面积比例最高，占全省高度适宜种植福建含笑用地总面积的16.67%。上述区域种植福建含笑用地资源适宜程度较高的主要原因是：①水热资源较为丰富。≥10℃年活动积温、年降水量和年无霜期均值分别达5 789.00℃、1 735.22mm和271.23d，与全省适宜种植福建含笑用地相应因子的均值相比，分别高3.09%、0.25%和0.91%，为保障福建含笑的正常生长发育提供了充沛的水热资源。②土壤质地适中，酸碱性适宜，水肥气热较为协调。上述区域的土壤质地以轻壤土、中壤土为主，土层厚度均值为101.99cm；土壤有机质含量均值大于标准值，达32.13g/kg；全磷和全钾含量较丰富，均值分别达0.68g/kg和21.26g/kg，比全省适宜种植福建含笑用地相应因子的均值分别高4.73%和9.28%；土壤pH值均值为5.11，酸碱性适宜。③区位优越，交通方便。上述区域的区位和交通通达度均值分别为1.26km和176.38km，为全省适宜种植福建含笑用地相应因子均值的89.70%和90.53%，方便于福建含笑的种植以及产品运输。全省中度适宜种植福建含笑用地资源主要分布于浦城、宁化、安溪、松溪、沙县、永定、永泰、顺昌、蕉城、延平、尤溪、永安、大田、建瓯、连城、将乐、新罗、漳平、上杭、长汀和武平等县（市、区），合计面积达1 780 829.60hm²，占全省中度适宜种植福建含笑用地面积的98.24%，其中以武平市的中度适宜用地面积比例最高，占全省中度适宜种植福建含笑用地面积的9.99%。全省一般适宜福建含笑种植的用地资源主要分布于武平、安溪、漳平、政和、长汀、屏南、寿宁、永泰、蕉城、光泽、南靖、上杭、平和、永春、松溪、新罗、古田、泰宁、德化、建宁、武夷山、将乐、清流、大田、明溪、宁化、浦城、永定、邵武和建阳等县（市、区），合计面积为1 483 202.04hm²，占福建省一般适宜福建含笑种植用地面积的97.97%。这些地区适宜福建含笑种植用地质量较差主要原因如下：①光热资源条件较一般。≥10℃年活动积温、年日照时数和年无霜期均值分别为5 426.15℃、1 808.90h和263.66d，是全省适宜种植福建含笑用地相应因子均值的96.63%、99.96%和98.10%。②土壤全磷和全钾含量较低。全磷和全钾含量均值分别为0.63g/kg和18.69g/kg，仅为全省适宜种植福建含笑用地相应因子均值的97.41%和96.07%。③区位和交通条件一般。其区位和交通通达度均值分别为1.60km和211.01km，比全省适宜种植福建含笑用地相应因子均值高13.26%和8.30%。

六、乳源木莲用地适宜性分析

（一）乳源木莲适宜用地数量及其分布

福建省乳源木莲用地适宜性评价结果表明（表6-6、图6-26），全省适宜种植乳源木莲用地总面积为8 098 117.89hm²，占福建省林地资源总面积97.29%，全省适宜乳源木莲种植用地资源主要分布在福建省中部、北部和西北部。从各设区市适宜种植乳源木莲用地面积分布来看（图6-27），各设区市适宜种植乳源木莲用地面积大小顺序为：南平>三明>龙岩>宁德>福州>泉州>漳州>莆田>厦门>平潭实验区。可见，南平、三明和龙岩是全省较适宜乳源木莲种植的地区。从各县（市、区）适宜种植乳源木莲用地资源面积分布来看，全省适宜乳源木莲种植的用地资源主要分布于顺昌、安溪、永定、古田、大田、永泰、德化、宁化、光泽、将乐、延平、武平、新罗、连城、上杭、武夷山、邵武、永安、漳平、长汀、尤溪、浦城、建阳和建瓯等县（市、区），合计面积为5 058 680.52hm²，占全省乳源木莲适宜种植用地资源总面积的62.47%。上述区域适宜种植乳源木莲的原因主要是：①限制乳源木莲正常生长的极限因子均未超过极限值。②水资源较为丰富。年降水量均值为1 727mm，比乳源木莲用地适宜性相应评价指标标准值高1.59%，气候条件均适宜乳源木莲正常生长发育。③立地条件较优越，土壤较肥沃，有机质含量均值为36.95g/kg，比乳源木莲用地适宜性相应评价指标标准值高23.15%。④区位平均值为1.43km，仅为乳源木莲用地适宜性相应评价指标标准值的28.59%，区位条件较优越。

表6-6　福建省县（市、区）乳源木莲用地适宜性评价面积

行政区	不适宜用地面积（hm²）	适宜用地面积（hm²）			
		高度适宜	中度适宜	一般适宜	合计
仓山区	-	-	816.82	-	816.82
福清市	11 105.93	-	3 804.30	42 477.72	46 282.02
鼓楼区	-	-	354.69	-	354.69
晋安区	-	345.02	32 615.42	6 922.29	39 882.73
连江县	10 844.33	796.32	27 858.50	27 136.41	55 791.23
罗源县	5 911.31	3 831.11	47 188.86	17 501.80	68 521.77
马尾区	-	-	1 111.78	12 341.80	13 453.58
闽侯县	11.14	7 108.63	106 351.22	19 819.25	133 279.10
闽清县	82.56	9 826.98	87 961.34	10 776.24	108 564.56
永泰县	5.36	3 934.44	137 449.95	27 548.11	168 932.5
长乐区	596.29	-	1 910.21	20 102.29	22 012.5
连城县	9.41	140 312.20	75 774.18	94.25	216 180.63

（续表）

行政区	不适宜用地面积（hm²）	适宜用地面积（hm²）			
		高度适宜	中度适宜	一般适宜	合计
上杭县	18.78	58 713.17	135 463.58	25 284.61	219 461.36
武平县	41.79	57 671.46	152 624.48	1 657.09	211 953.03
新罗区	51.14	71 741.33	139 835.50	4 066.45	215 643.28
永定区	–	949.30	111 779.24	47 413.21	160 141.75
漳平市	11.22	113 240.08	130 690.74	2 925.01	246 855.83
长汀县	1 569.74	48 295.05	175 419.20	24 145.91	247 860.16
光泽县	6 537.43	525.52	123 619.29	57 691.16	181 835.97
建瓯市	277.35	128 113.99	125 794.52	28 316.45	282 224.96
建阳区	1 489.55	15 599.53	202 850.94	51 572.15	270 022.62
浦城县	502.27	598.53	172 885.39	95 185.63	268 669.55
邵武市	212.57	9 169.11	129 097.59	93 839.84	232 106.54
顺昌县	560.58	95 318.58	59 514.47	879.70	155 712.75
松溪县	719.85	3 636.03	53 404.96	21 303.19	78 344.18
武夷山市	3 211.38	17 509.30	117 258.60	85 666.09	220 433.99
延平区	591.83	159 367.18	48 660.16	1 085.71	209 113.05
政和县	237.73	7 883.23	101 042.54	15 204.48	124 130.25
福安市	100 996.79	–	–	–	–
福鼎市	723.45	3 760.01	78 403.52	1 934.89	84 098.42
古田县	3.34	25 501.94	137 355.16	1 494.43	164 351.53
蕉城区	2 168.74	1 486.28	58 536.05	31 381.27	91 403.60
屏南县	22.41	13.16	36 710.34	71 506.78	108 230.28
寿宁县	1 416.85	852.89	21 218.39	73 357.92	95 429.20
霞浦县	15 534.79	2 440.34	56 636.64	15 677.22	74 754.20
柘荣县	–	–	19 758.90	18 757.25	38 516.15
周宁县	8.13	9.52	12 682.72	64 181.42	76 873.66
城厢区	–	–	9 352.94	10 471.13	19 824.07
涵江区	–	821.42	20 275.66	18 116.12	39 213.20
荔城区	45.46	–	46.45	3 857.08	3 903.53
仙游县	2.10	7 157.69	87 323.99	23 611.28	118 092.96
秀屿区	2 234.79	–	–	2 464.75	2 464.75
安溪县	–	26 411.43	107 853.41	24 167.99	158 432.83
德化县	–	23 724.35	125 511.23	26 814.45	176 050.03
丰泽区	–	–	16.00	2 175.57	2 191.57
惠安县	554.18	–	866.36	11 488.27	12 354.63
晋江市	2 828.38	–	10.15	1 317.36	1 327.51
鲤城区	–	–	–	609.61	609.61

（续表）

行政区	不适宜用地面积（hm²）	适宜用地面积（hm²）			
		高度适宜	中度适宜	一般适宜	合计
洛江区	–	–	15 077.72	5 413.22	20 490.94
南安市	20.49	1 485.08	68 825.54	23 009.09	93 319.71
泉港区	119.63	–	4 035.23	4 918.77	8 954.00
石狮市	1 419.17	–	–	–	–
永春县	–	17 027.62	63 452.18	1 857.03	82 336.83
大田县	65.34	25 411.91	108 643.57	32 924.86	166 980.34
建宁县	219.12	1 819.83	124 090.71	2 213.83	128 124.37
将乐县	225.21	70 730.72	105 091.55	17 905.06	193 727.33
梅列区	53.56	23 058.37	3 432.81	–	26 491.18
明溪县	90.83	32 307.27	114 381.18	769.02	147 457.47
宁化县	7.33	4 201.81	172 180.98	4 322.13	180 704.92
清流县	2 673.05	66 401.35	75 649.73	6 265.40	148 316.48
三元区	29.74	44 043.26	19 609.82	83.59	63 736.67
沙县	42.53	96 748.03	39 302.12	2 846.46	138 896.61
泰宁县	923.27	17 604.00	81 975.68	19 079.66	118 659.34
永安市	12.08	139 373.62	101 845.48	2 064.82	243 283.92
尤溪县	35.19	73 437.95	191 171.05	3 392.63	268 001.63
海沧区	11.92	–	2 452.52	2 133.77	4 586.29
湖里区	22.29	–	–	267.00	267.00
集美区	–	–	6 480.39	629.02	7 109.41
思明区	1 439.27	–	14.60	546.29	560.89
同安区	–	–	24 946.32	2 293.80	27 240.12
翔安区	1.68	–	5 209.76	2 764.05	7 973.81
东山县	4 272.75	–	–	11.95	11.95
华安县	2.47	22 618.08	48 450.23	15 036.11	86 104.42
龙海市	8 169.34	–	1 363.77	21 657.15	23 020.92
龙文区	253.47	–	310.35	939.62	1 249.97
南靖县	5.16	23 000.21	79 857.99	32 894.92	135 753.12
平和县	5 672.24	0.26	42 964.83	79 393.78	122 358.87
芗城区	–	–	2 158.91	1 114.12	3 273.03
云霄县	657.80	–	170.04	40 008.71	40 178.75
漳浦县	13 083.60	–	1 329.35	47 783.19	49 112.54
长泰县	–	–	29 815.67	17 992.70	47 808.37
诏安县	7 509.41	–	5 325.15	39 004.34	44 329.49
平潭实验区	7 685.90	–	–	994.07	994.07
总计	225 862.77	1 705 934.53	4 815 311.61	1 576 871.76	8 098 117.89

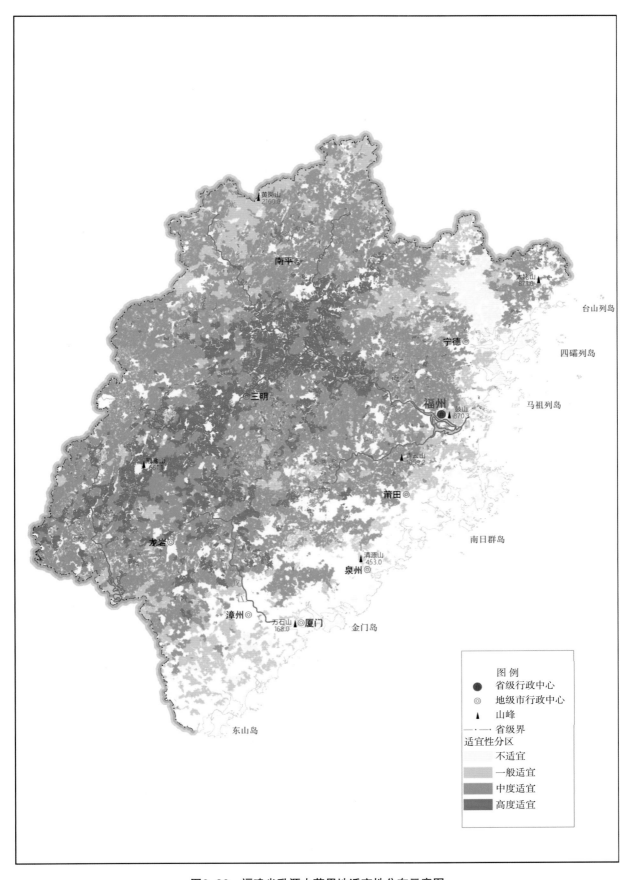

图6-26　福建省乳源木莲用地适宜性分布示意图

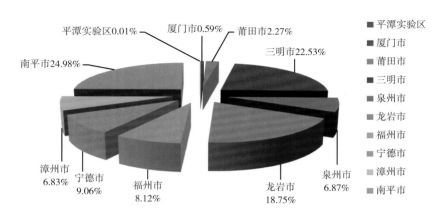

图6-27　福建省设区市乳源木莲适宜用地面积比例

福建省不适宜种植乳源木莲用地总面积为225 862.77hm²，占全省林地资源总面积的2.71%，不适宜种植乳源木莲用地主要分布在福建省东部和南部高温区一带，包括宁德市的福安、霞浦、福鼎等县（市、区），漳州市的漳浦、龙海、诏安、平和、东山等县（市、区），以及福州市的福清、连江、晋安、罗源等县（市、区），合计面积为183 100.48hm²，占全省不适宜种植乳源木莲用地总面积的81.07%。这些地区夏季受副热带高压控制，极端高温均大于42.2℃，而且高温持续时间长，导致乳源木莲长期处于不利的生长环境中，无法正常生长发育。

（二）乳源木莲适宜用地质量及其分布

福建省乳源木莲用地适宜性评价结果表明（表6-6、图6-26），全省高度、中度和一般适宜种植乳源木莲用地面积分别为1 705 934.53hm²、4 815 311.61hm²和1 576 871.76hm²，分别占全省适宜种植乳源木莲用地总面积的21.07%、59.46%和19.47%，可见，福建省以中度和高度适宜种植乳源木莲的用地为主，合计占全省适宜种植乳源木莲用地面积的80.53%。

从各设区市适宜乳源木莲种植用地资源质量状况分布来看（图6-28至图6-30），全省高度适宜种植乳源木莲用地主要分布于三明、龙岩和南平市，合计面积达1 523 781.74hm²，占全省高度适宜种植乳源木莲用地总面积的89.32%，其余的福州、泉州、漳州、宁德、莆田等市的高度适宜种植乳源木莲用地面积均不到5%，其中以莆田市的高度适宜用地面积比例最小，仅占全省高度适宜乳源木莲用地面积的0.47%。全省中度适宜种植乳源木莲用地主要分布于三明、龙岩和南平市，合计面积达3 193 090.08hm²，占全省中度适宜种植乳源木莲用地总面积的66.31%，其他各设区市中度适宜种植乳源木莲面积大小顺序依次为福州>宁德>泉州>漳州>莆田>厦门，分别占全省中度适宜种植乳源木莲用地总面积的9.29%、8.75%、8.01%、4.40%、2.43%和0.81%。全省一般适宜种植乳源木莲用地主要分布在漳州、南平和宁德市，分别占全省一般适宜种植乳源木莲用地总面积的28.58%、18.76%和17.65%，合计面积达1 024 872.18hm²，占全省一般适宜种植乳源木莲用地总面积的64.99%，其他各设区市一般适宜种植乳源木莲用地面积大小顺序为福州>龙岩>泉州>三明>莆田>厦门>平潭实验区，分别占全省一般适宜种植乳源木莲用地面积的11.71%、6.70%、6.45%、5.83%、3.71%、0.55%和0.06%。可见，全省适宜种植乳源木莲的用地资源主要集中于三明、龙岩和南平市。

从各县（市、区）适宜种植乳源木莲用地质量状况分布来看（表6-6、图6-26），全省高度适宜种植乳源木莲用地资源主要分布于明溪、三元、长汀、武平、上杭、清流、将乐、新罗、尤溪、顺昌、沙县、漳平、建瓯、永安、连城和延平等县（市、区），合计面积达1 395 815.25hm²，占全省高度适宜种植乳源木莲用地面积的81.82%，其中以延平区的高度适宜乳源木莲种植用地面积比例最高，占全省高度适宜种植乳源木莲用地总面积的9.34%；其次是连城县，占全省高度适宜种植乳源木莲用地总面积的8.22%。上述区域适宜种植乳源木莲用地质量较高的原因主要包括：①水热资源较为丰富。年降水量、≥10℃年活动积温和年无霜期均值分别达1 714.58mm、5 803.80℃和273.09d，与全省适宜种植乳源木莲用地相应因子的均值相比，分别高0.05%、3.25%和0.11%，为保障乳源木莲的正常生长发育，提供了较丰富的水热资源。②土壤属性较为适宜。土壤酸碱性适宜，质地以砂壤土和轻壤土为主，土壤有机质含量均值达31.46g/kg；全磷和全钾含量较丰富，均值分别达0.71g/kg和21.50g/kg，分别比全省适宜种植乳源木莲用地相应因子均值高17.35%和11.13%。③区位优越，交通方便。上述区域的区位和交通通达度均值分别为1.13km和179.75km，为全省适宜种植乳源木莲用地相应因子均值的82.30%和92.12%，方便于乳源木莲种植和运输。全省中度适宜乳源木莲种植用地资源主要分布于政和、永安、将乐、闽侯、安溪、大田、永定、明溪、武夷山、光泽、建宁、德化、建瓯、邵武、漳平、上杭、古田、永泰、新罗、武平、宁化、浦城、长汀、尤溪和建阳等县（市、区），合计面积达3 350 287.10hm²，占全省中度适宜乳源木莲种植用地面积的69.58%。全省一般适宜种植乳源木莲用地资源主要分布于长乐、松溪、龙海、南安、仙游、长汀、安溪、上杭、德化、连江、永泰、建瓯、蕉城、南靖、大田、诏安、云霄、福清、永定、漳浦、建阳、光泽、周宁、屏南、寿宁、平和、武夷山、邵武和浦城等县（市、区），合计面积为1 279 379.92hm²，占全省一般适宜乳源木莲种植用地面积的81.13%。这些区域适宜乳源木莲种植用地质量较差主要有以下几方面原因：①土层厚度较薄，均值为90.90cm，与全省适宜种植乳源木莲用地区相应因子的均值相比低8.72%。②土壤全磷与全钾含量较低。全磷和全钾含量均值分别为0.54g/kg和17.42g/kg，仅为全省适宜种植乳源木莲用地相应因子均值的88.77%和90.02%。③区位和交通条件一般。其区位和交通通达度均值分别为1.67km和207.56km，比全省适宜种植乳源木莲用地相应因子均值高21.83%和6.37%。

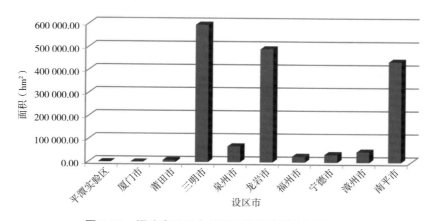

图6-28　福建省设区市乳源木莲高度适宜用地面积

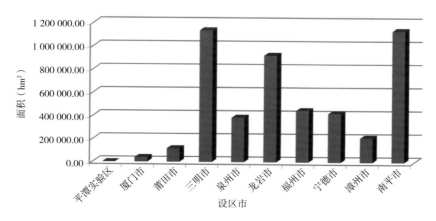

图6-29　福建省设区市乳源木莲中度适宜用地面积

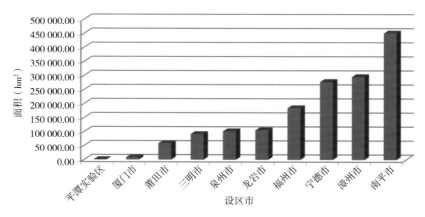

图6-30　福建省设区市乳源木莲一般适宜用地面积

第二节　木兰科主要树种用地优化布局分析

一、厚朴用地优化布局分析

福建省厚朴种植用地优化布局结果表明（表6-7、图6-31），全省厚朴种植用地优化布局总面积为3 893 767.25hm²，占全省厚朴适宜种植用地总面积的73.36%。从各设区市厚朴用地优化布局面积分布来看（图6-32至图6-35），全省厚朴优化布局用地主要分布于三明、龙岩和南平市，合计面积达3 683 510.91hm²，占全省厚朴种植用地优化布局总面积的94.60%，而后依次为宁德（174 612.56hm²）、泉州（29 013.87hm²）、福州（6 626.59hm²）和厦门市（3.33hm²），分别占全省厚朴种植用地优化布局总面积的4.48%、0.75%、0.17%和0.00%。全省厚朴优先种植区主要分布于三明、龙岩和南平市，合计面积为918 271.95hm²，占全省厚朴优先种植用地区总面积的99.99%；全省厚朴次优先种植区主要分布于龙岩、南平和三明市，合计面积为2 906 603.96hm²，占全省厚朴次优先种植用地区总面积的88.83%，其中龙岩、南平、三明市的厚朴次优先种植区面积分别占全省厚朴次优先种植用地区总面积的33.77%、33.26%和25.82%；全省厚朴一般种植区仅分布于龙岩和南平市，合计面积为35 455.04hm²。可见，龙岩、南平和三明等市可作为福建省厚朴种植用地的重点发展区。

表6-7　福建省厚朴用地优化布局面积

行政区	用地优化布局面积（hm²）			
	优先种植区	次优先种植区	一般种植区	合计
仓山区	–	–	–	–
福清市	–	–	–	–
鼓楼区	–	–	–	–
晋安区	–	–	–	–
连江县	–	–	–	–
罗源县	–	–	–	–
马尾区	–	–	–	–

（续表）

行政区	用地优化布局面积（hm²）			
	优先种植区	次优先种植区	一般种植区	合计
闽侯县	–	3 254.10	–	3 254.10
闽清县	–	3 372.48	–	3 372.48
永泰县	–	–	–	–
长乐区	–	–	–	–
连城县	109 913.63	105 913.83	6.27	215 833.73
上杭县	15 349.69	172 561.76	–	187 911.45
武平县	18 550.70	181 154.25	–	199 704.95
新罗区	45 466.20	133 805.28	9 765.03	189 036.51
永定区	335.21	74 865.63	–	75 200.84
漳平市	64 854.49	142 926.52	19.34	207 800.35
长汀县	21 767.23	181 539.31	787.06	204 093.60
光泽县	–	166 938.30	18 582.47	185 520.77
建瓯市	94 385.55	142 078.76	–	236 464.32
建阳区	–	263 410.98	6 136.75	269 547.73
浦城县	–	104 774.79	–	104 774.79
邵武市	1 053.30	58 672.40	120.16	59 845.87
顺昌县	76 572.61	77 349.74	–	153 922.35
松溪县	–	79 064.03	–	79 064.03
武夷山市	–	18 694.65	–	18 694.65
延平区	141 415.63	65 537.02	37.96	206 990.61
政和县	–	1 268.90	–	1 268.90
福安市	–	36 592.16	–	36 592.16
福鼎市	–	–	–	–
古田县	–	95 178.92	–	95 178.92
蕉城区	–	–	–	–
屏南县	–	37 342.03	–	37 342.03
寿宁县	–	2 297.52	–	2 297.52
霞浦县	–	–	–	–
柘荣县	–	–	–	–
周宁县	–	3 201.93	–	3 201.93
城厢区	–	–	–	–
涵江区	–	–	–	–
荔城区	–	–	–	–
仙游县	–	–	–	–
秀屿区	–	–	–	–
安溪县	136.02	28 877.85	–	29 013.87
德化县	–	–	–	–
丰泽区	–	–	–	–
惠安县	–	–	–	–

（续表）

行政区	用地优化布局面积（hm²）			
	优先种植区	次优先种植区	一般种植区	合计
晋江市	—	—	—	—
鲤城区	—	—	—	—
洛江区	—	—	—	—
南安市	—	—	—	—
泉港区	—	—	—	—
石狮市	—	—	—	—
永春县	—	—	—	—
大田县	13 601.23	89 447.90	—	103 049.13
建宁县	—	12 964.02	—	12 964.02
将乐县	33 531.31	124 343.93	—	157 875.24
梅列区	3 752.45	2 861.77	—	6 614.22
明溪县	11 053.02	47 430.43	—	58 483.45
宁化县	835.26	63 648.66	—	64 483.93
清流县	11 466.54	26 420.85	—	37 887.40
三元区	12 640.94	4 681.88	—	17 322.82
沙县	66 121.78	68 714.74	—	134 836.52
泰宁县	—	—	—	—
永安市	122 438.99	115 762.39	—	238 201.38
尤溪县	53 166.19	202 951.20	—	256 117.39
海沧区	—	—	—	—
湖里区	—	—	—	—
集美区	—	—	—	—
思明区	—	—	—	—
同安区	—	3.33	—	3.33
翔安区	—	—	—	—
东山县	—	—	—	—
华安县	—	—	—	—
龙海市	—	—	—	—
龙文区	—	—	—	—
南靖县	—	—	—	—
平和县	—	—	—	—
芗城区	—	—	—	—
云霄县	—	—	—	—
漳浦县	—	—	—	—
长泰县	—	—	—	—
诏安县	—	—	—	—
平潭实验区	—	—	—	—
总计	918 407.97	2 939 904.24	35 455.04	3 893 767.25

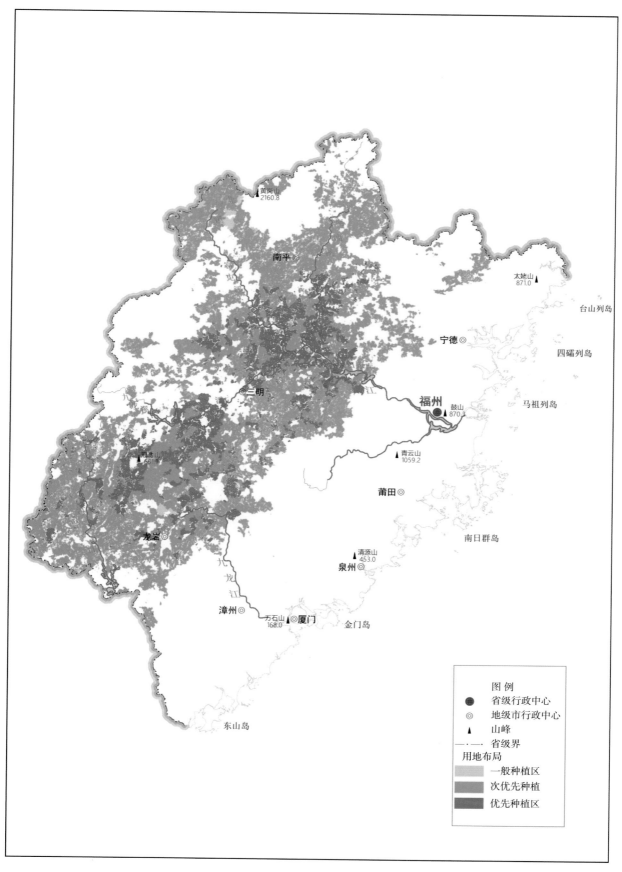

图6-31　福建省厚朴优化布局用地分布示意图

从各县（市、区）厚朴用地优化布局面积分布来看（表6-7、图6-31），全省厚朴优先种植区面积为918 407.97hm²，占全省厚朴优化布局用地总面积23.59%，主要分布于将乐、新罗、尤溪、漳平、沙县、顺昌、建瓯、连城、永安和延平等县（市、区），合计面积为807 866.37hm²，分别占全省厚朴优化布局用地总面积和优先种植区用地总面积的20.75%和87.96%。上述区域具有以下优势：①水热资源较为丰富，其年降水量、≥10℃年活动积温和年无霜期均值分别达1 715.18mm、5 872.58℃和274.33d，分别比全省适宜厚朴用地种植相应因子均值高0.37%、4.34%和0.24%，为保障厚朴的正常生长发育提供了充沛的水热资源。②土层较厚，土壤较为肥沃。土层厚度均值为101.68cm，土壤有机质含量均值达30.60g/kg，土壤pH值均值为5.12，酸碱性适宜；土壤全磷和全钾含量较丰富，均值分别达0.71g/kg和21.31g/kg，分别比全省适宜种植厚朴用地相应因子均值高18.61%和10.01%；质地多为轻壤土与中壤土，水气热协调，适合厚朴对土壤条件的需求。③具有优越的地理区位，便利的交通。区位和交通通达度均值分别为1.09km和176.86km，为全省适宜种植厚朴用地相应因子均值的78.78%和90.37%，可为厚朴种植、管理、运输以及药材加工提供优越的交通条件。全省厚朴次优先种植区面积为2 939 904.24hm²，占全省厚朴优化布局用地总面积的75.50%，主要分布于宁化、延平、沙县、永定、顺昌、松溪、大田、古田、浦城、连城、永安、将乐、新罗、建瓯、漳平、光泽、上杭、武平、长汀、尤溪和建阳等县（市、区），合计面积为2 651 967.94hm²，分别占全省厚朴优化布局用地总面积和次优先种植区用地总面积的68.11%和90.21%。全省厚朴一般种植区面积为35 455.04hm²，占全省厚朴优化布局用地总面积0.91%，主要分布于建阳、新罗和光泽等县（区），合计面积为34 484.25hm²，分别占全省厚朴优化布局用地总面积和一般种植区用地总面积的0.89%和97.26%。

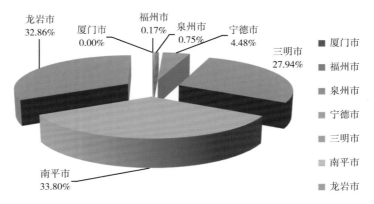

图6-32　福建省设区市厚朴优化布局用地面积比例

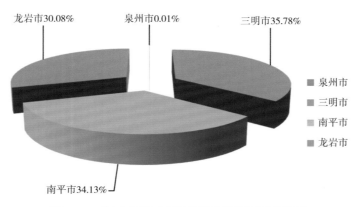

图6-33　福建省设区市厚朴优先种植区面积比例

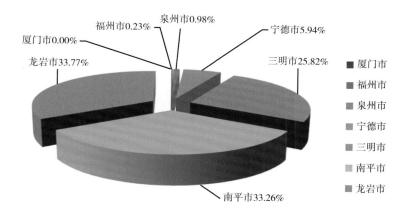

图6-34　福建省设区市厚朴次优先种植区面积比例

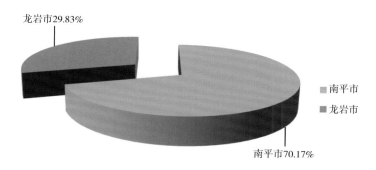

图6-35　福建省设区市厚朴一般种植区面积比例

二、鹅掌楸用地优化布局分析

　　福建省鹅掌楸用地优化布局结果表明（表6-8、图6-36），全省鹅掌楸优化布局用地总面积5 037 832.72hm²，占全省鹅掌楸适宜种植用地总面积的80.87%。从设区市鹅掌楸用地优化布局面积分布来看（图6-37至图6-40），全省鹅掌楸优化布局用地主要分布于三明、龙岩和南平市，合计面积为4 424 410.82hm²，占全省鹅掌楸优化布局用地总面积的87.82%，而后依次为宁德（317 765.73hm²）、泉州（184 754.77hm²）、福州（68 883.38hm²）和莆田市（42 018.02hm²），分别占全省鹅掌楸用地优化布局总面积的6.31%、3.67%、1.37%和0.83%。全省鹅掌楸优先种植区主要分布于三明、龙岩和南平市，合计面积为1 314 502.14hm²，占全省鹅掌楸优先种植区用地总面积的93.80%；全省鹅掌楸次优先种植区主要分布于三明、南平和龙岩市，合计面积为3 096 541.80hm²，占全省鹅掌楸次优先种植区用地总面积的85.47%；全省鹅掌楸一般种植区仅分布于龙岩和南平市，合计面积为13 366.89hm²，其中龙岩市鹅掌楸一般种植区用地面积占全省鹅掌楸一般种植区总面积的84.95%。可见，龙岩、南平和三明等市可作为福建省鹅掌楸种植用地重点发展区。

　　从各县（市、区）鹅掌楸用地优化布局面积分布来看（表6-8、图6-36），全省鹅掌楸优先种植区面积为1 401 412.70hm²，占全省鹅掌楸优化布局用地总面积27.82%，主要分布于长汀、将乐、新罗、古田、尤溪、沙县、顺昌、漳平、建瓯、连城、永安和延平等县（市、区），合计面积1 124 928.99hm²，分别占全省鹅掌楸优化布局用地总面积和优先种植区用地总面积的22.33%和80.27%。上述区域在发展鹅掌楸种植方面具有以下优势：①该区域水热资源较为丰富。其年降水量和≥10℃年活动积温均值分别达1 723.58mm和5 803.24℃，分别比全省适宜鹅掌楸用地种植相应因子均值高0.86%和3.11%，为保障鹅掌楸的正常生长发育提供了丰富的水热资源。②土壤较肥沃。这些区域土层厚度均值为102.08cm，有机质含量均值达31.23g/kg，土壤pH值均值为5.10，酸碱性适宜；土壤全磷和全钾含量较丰富，均值分别达0.72g/kg和21.50g/kg，比全省适宜种植鹅掌楸用地相应因子均值分别高20.60%和11.02%；质地多为砂壤土和轻壤土，水气热协调，适合鹅掌楸对土壤条件的要求。③具有优越的地理区位，便利的交通。区位和交通通达度均值分别为1.08km和180.11km，为全省适宜种植鹅掌楸用地相应因子均值的78.59%和92.03%。全省鹅掌楸次优先种植区面积为3 623 053.13hm^2，占全省鹅掌楸优化布局用地总面积71.92%，主要分布于大田、永安、将乐、光泽、武夷山、邵武、建宁、新罗、明溪、建瓯、德化、漳平、浦城、上杭、宁化、武平、长汀、尤溪和建阳等县（市、区），合计面积为2 662 949.77hm^2，分别占全省鹅掌楸优化布局用地总面积和次优先种植区用地面积的52.86%和73.50%。全省鹅掌楸一般种植区面积为13 366.89hm^2，占全省鹅掌楸优化布局用地总面积0.27%，主要分布于新罗区，面积为10 527.15hm^2，分别占全省鹅掌楸优化布局用地总面积和一般种植区用地面积的0.21%和78.76%。

表6-8　福建省鹅掌楸用地优化布局面积

行政区	用地优化布局面积（hm^2）			
	优先种植区	次优先种植区	一般种植区	合计
仓山区	–	–	–	–
福清市	–	–	–	–
鼓楼区	–	–	–	–
晋安区	–	–	–	–
连江县	–	–	–	–
罗源县	–	–	–	–
马尾区	–	–	–	–
闽侯县	–	–	–	–
闽清县	–	–	–	–
永泰县	2 745.40	66 137.98	–	68 883.38
长乐区	–	–	–	–
连城县	132 992.93	83 063.65	6.27	216 062.86
上杭县	31 034.45	160 523.76	–	191 558.21
武平县	34 448.17	175 346.84	–	209 795.01
新罗区	58 768.54	122 328.55	10 527.15	191 624.24
永定区	945.74	68 136.11	–	69 081.85
漳平市	99 304.86	143 971.41	19.34	243 295.60
长汀县	43 267.36	176 730.37	802.73	220 800.46
光泽县	405.15	111 379.54	1 025.97	112 810.66
建瓯市	127 466.65	135 359.37	77.68	262 903.69
建阳区	11 960.87	202 707.19	–	214 668.06
浦城县	56.26	148 023.39	42.98	148 122.63
邵武市	6 147.46	117 803.52	144.64	124 095.63
顺昌县	90 894.94	63 872.88	–	154 767.82
松溪县	2 181.38	50 784.63		52 966.01

（续表）

行政区	用地优化布局面积（hm²）			
	优先种植区	次优先种植区	一般种植区	合计
武夷山市	12 877.16	115 001.37	690.49	128 569.03
延平区	163 545.54	44 506.30	28.31	208 080.14
政和县	4 522.42	65 283.64	1.33	69 807.39
福安市	–	–	–	–
福鼎市	107.33	14 002.88	–	14 110.20
古田县	61 749.35	39 371.50	–	101 120.84
蕉城区	1 464.08	57 206.45	–	58 670.53
屏南县	1 291.68	61 575.03	–	62 866.71
寿宁县	–	14 482.45	–	14 482.45
霞浦县	1 709.79	35 870.48	–	37 580.28
柘荣县	–	23 876.94	–	23 876.94
周宁县	–	5 057.77	–	5 057.77
城厢区	–	–	–	–
涵江区	–	–	–	–
荔城区	–	–	–	–
仙游县	–	42 018.02	–	42 018.02
秀屿区	–	–	–	–
安溪县	17 579.16	29 257.28	–	46 836.44
德化县	263.77	137 200.61	–	137 464.39
丰泽区	–	–	–	–
惠安县	–	–	–	–
晋江市	–	–	–	–
鲤城区	–	–	–	–
洛江区	–	–	–	–
南安市	–	–	–	–
泉港区	–	–	–	–
石狮市	–	–	–	–
永春县	–	453.94	–	453.94
大田县	19 986.85	101 854.76	–	121 841.61
建宁县	1 594.15	121 024.02	–	122 618.17
将乐县	58 448.99	108 588.61	–	167 037.61
梅列区	16 290.16	3 422.11	–	19 712.27
明溪县	21 829.10	122 566.45	–	144 395.54
宁化县	1 541.44	163 798.49	–	165 339.93
清流县	37 014.35	47 713.23	–	84 727.57
三元区	35 500.11	7 478.45	–	42 978.56

（续表）

行政区	用地优化布局面积（hm²）			
	优先种植区	次优先种植区	一般种植区	合计
沙县	84 927.26	50 573.28	–	135 500.54
泰宁县	12 987.28	85 958.36	–	98 945.64
永安市	137 359.61	102 257.38	–	239 617.00
尤溪县	66 202.96	196 484.13	–	262 687.08
海沧区	–	–	–	–
湖里区	–	–	–	–
集美区	–	–	–	–
思明区	–	–	–	–
同安区	–	–	–	–
翔安区	–	–	–	–
东山县	–	–	–	–
华安县	–	–	–	–
龙海市	–	–	–	–
龙文区	–	–	–	–
南靖县	–	–	–	–
平和县	–	–	–	–
芗城区	–	–	–	–
云霄县	–	–	–	–
漳浦县	–	–	–	–
长泰县	–	–	–	–
诏安县	–	–	–	–
平潭实验区	–	–	–	–
总计	1 401 412.70	3 623 053.13	13 366.89	5 037 832.72

三、观光木用地优化布局

福建省观光木用地优化布局结果表明（表6-9、图6-41），全省观光木优化布局用地总面积为5 533 737.73hm²，占全省观光木适宜种植用地总面积的79.81%。从设区市的观光木用地优化布局分布情况来看（图6-42至图6-45），全省观光木优化布局用地主要分布于三明、南平和龙岩市，合计面积为4 096 011.68hm²，占全省观光木用地优化布局总面积的74.02%，而后依次为福州（504 354.95hm²）、宁德（270 993.72hm²）、漳州（255 871.83hm²）、泉州（252 828.00hm²）、莆田（118 412.34hm²）和厦门市（35 265.20hm²），分别占全省观光木用地优化布局总面积的9.11%、4.90%、4.62%、4.57%、2.14%和0.64%。全省观光木优先种植区主要分布于三明、龙岩和南平市，合计面积为1 364 919.89hm²，占全省观光木优先种植区总面积的90.49%。全省观光木次优先种植区主要分布于龙岩、南平、福州和三明市，合计面积为3 161 129.07hm²，占全省观光木次优先种植区总面积的78.78%，其中三明、龙岩和南平市的次优先种植区面积较大，分别占全省观光木次优先种植区总面积的21.94%、23.98%和21.84%。全省观光木一般种植区主要分布于龙岩市，面积为11 380.35hm²，占全省观光木一般种植区总面积的89.89%。可见，龙岩、南平和三明等市应作为福建省观光木种植用地的重点发展区。

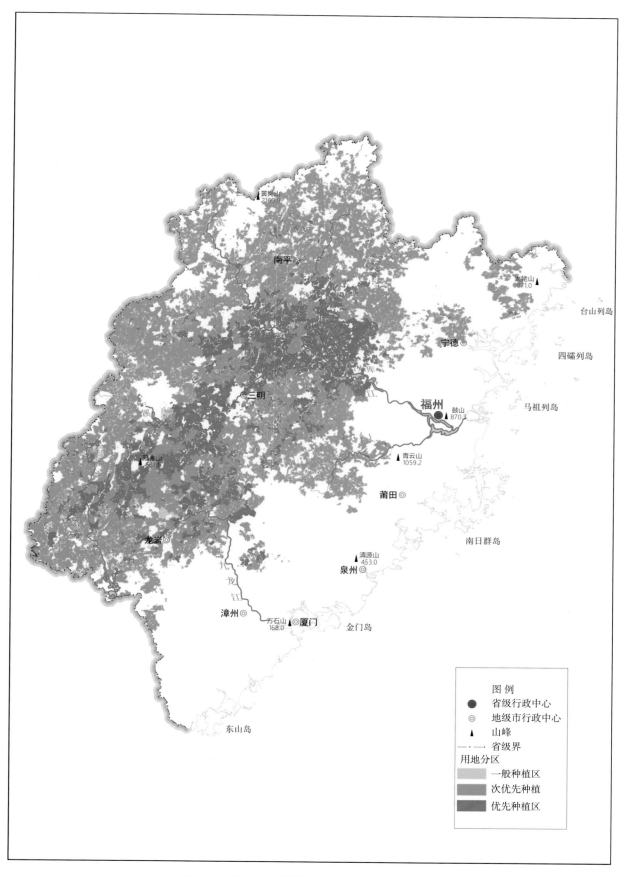

图6-36 福建省鹅掌楸优化布局用地分布示意图

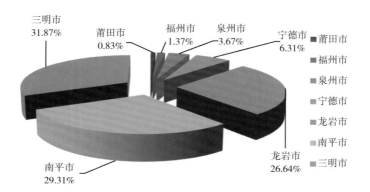

图6-37　福建省设区市鹅掌楸优化布局用地面积比例

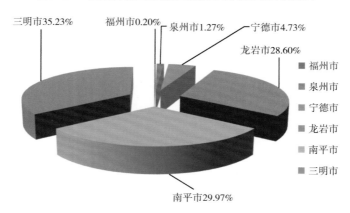

图6-38　福建省设区市鹅掌楸优先种植区面积比例

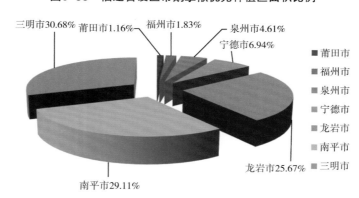

图6-39　福建省设区市鹅掌楸次优先种植区面积比例

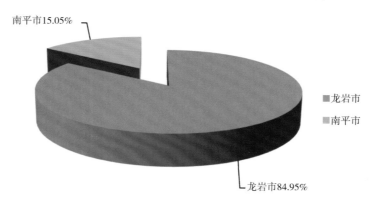

图6-40　福建省设区市鹅掌楸一般种植区面积比例

从观光木用地优化布局的县（市、区）分布来看（表6-9、图6-41），全省观光木优先种植区面积为1 508 284.45hm²，占全省观光木优化布局用地总面积的27.26%，主要分布于尤溪、清流、将乐、新罗、沙县、顺昌、漳平、建瓯、连城、永安和延平等县（市、区），合计面积为1 088 386.25hm²，分别占全省观光木优化布局用地总面积和优先种植区用地总面积的19.67%和72.16%。该区域具有以下立地条件优势：①水热资源较为丰富，其年降水量和≥10℃年活动积温均值分别达1 710.19mm和5 823.74℃，分别比全省适宜观光木用地种植相应因子均值高1.33%和1.50%，为保障观光木的正常生长发育提供了充沛的水热资源。②土壤肥力较高。其土层厚度均值达101.74cm，土壤较肥沃，有机质含量均值达31.17g/kg，土壤pH值均值为5.10，酸碱性适宜；土壤全磷和全钾含量较丰富，均值分别达0.73g/kg和21.47g/kg，比全省适宜种植观光木用地相应因子的均值分别高17.87%和10.36%；质地多为轻壤土与中壤土，水气热协调，满足观光木对土壤条件的需求。③具有优越的地理区位，便利的交通。区位和交通通达度均值分别为1.08km和179.63km，为全省适宜种植观光木用地相应因子均值的82.06%和93.67%。其中南平市的建瓯市观光木种植历史长，其地形、气候、土壤和社会经济条件尤其适宜发展观光木种植，应成为福建省观光木种植的优先发展区域。全省观光木次优先种植区面积为4 012 793.38hm²，占全省观光木优化布局用地总面积的72.52%，主要分布于清流、福鼎、南靖、连城、闽清、大田、仙游、永安、永定、将乐、安溪、闽侯、明溪、邵武、宁化、新罗、永泰、漳平、建瓯、上杭、浦城、武平、长汀、尤溪和建阳等县（市、区），合计面积为3 070 310.76hm²，分别占全省观光木优化布局用地总面积和次优先种植区用地总面积的55.48%和76.51%。全省观光木一般种植区面积为12 659.90hm²，仅占全省观光木优化布局用地总面积的0.23%，主要分布于新罗区，面积为10 528.66hm²，分别占全省观光木优化布局用地总面积和一般种植区用地总面积的0.19%和83.17%。

表6-9　福建省观光木用地优化布局面积

行政区	用地优化布局面积（hm²）			
	优先种植区	次优先种植区	一般种植区	合计
仓山区	—	816.82	—	816.82
福清市	909.97	20 793.16	—	21 703.13
鼓楼区	—	354.69	—	354.69
晋安区	13 904.49	11 805.84	—	25 710.33
连江县	3 979.92	39 605.81	—	43 585.73
罗源县	11 459.34	33 718.68	—	45 178.02
马尾区	6 304.04	1 557.24	—	7 861.28
闽侯县	10 059.16	109 498.74	475.18	120 033.08
闽清县	12 420.42	83 017.94	—	95 438.36
永泰县	2 919.34	129 183.94	—	132 103.28
长乐区	—	11 570.22	—	11 570.22
连城县	133 731.89	82 345.08	6.27	216 083.25
上杭县	36 903.19	156 710.91	—	193 614.10
武平县	36 141.98	173 884.94	—	210 026.91
新罗区	70 446.15	129 051.90	10 528.66	210 026.71
永定区	949.30	105 348.43	—	106 297.73

（续表）

行政区	用地优化布局面积（hm²）			
	优先种植区	次优先种植区	一般种植区	合计
漳平市	106 196.78	137 603.36	19.34	243 819.48
长汀县	44 256.24	177 344.17	826.08	222 426.49
光泽县	–	–	–	–
建瓯市	116 030.63	137 947.56	–	253 978.19
建阳区	11 979.85	194 391.22	–	206 371.07
浦城县	451.45	160 055.66	42.98	160 550.10
邵武市	6 147.46	126 324.84	144.64	132 616.94
顺昌县	91 956.20	62 813.14	–	154 769.34
松溪县	2 455.41	52 599.64	–	55 055.05
武夷山市	12 494.83	36 307.48	–	48 802.31
延平区	152 036.41	55 964.20	26.73	208 027.34
政和县	5 551.90	49 945.56	291.09	55 788.55
福安市	3 002.93	35 992.79	–	38 995.72
福鼎市	2 164.49	78 568.96	–	80 733.45
古田县	–	–	–	–
蕉城区	1 464.08	59 919.14	–	61 383.22
屏南县	–	–	–	–
寿宁县	–	19 716.21	–	19 716.21
霞浦县	3 824.74	51 870.84	–	55 695.58
柘荣县	–	–	–	–
周宁县	5.12	14 464.42	–	14 469.54
城厢区	–	3 914.39	–	3 914.39
涵江区	821.42	20 227.21	–	21 048.63
荔城区	–	46.45	–	46.45
仙游县	–	93 402.88	–	93 402.88
秀屿区	–	–	–	–
安溪县	20 144.59	109 005.77	–	129 150.36
德化县	–	2 735.55	–	2 735.55
丰泽区	–	5.24	–	5.24
惠安县	–	866.36	–	866.36
晋江市	–	–	–	–
鲤城区	–	–	–	–
洛江区	–	4 892.05	–	4 892.05
南安市	352.57	62 062.48	–	62 415.05

（续表）

（续表）

行政区	用地优化布局面积（hm²）			
	优先种植区	次优先种植区	一般种植区	合计
泉港区	–	1 028.00	–	1 028.00
石狮市	–	5.63	–	5.63
永春县	5 826.43	45 903.32	–	51 729.76
大田县	22 160.48	92 269.15	–	114 429.63
建宁县	–	–	–	–
将乐县	66 834.78	108 462.61	–	175 297.40
梅列区	22 990.49	3 500.69	–	26 491.18
明溪县	26 596.82	119 077.69	–	145 674.51
宁化县	3 436.48	126 791.19	–	130 227.67
清流县	64 304.59	77 731.47	–	142 036.06
三元区	44 017.76	19 341.69	–	63 359.44
沙县	86 048.83	49 410.51	–	135 459.34
泰宁县	–	1 613.67	–	1 613.67
永安市	137 993.52	101 682.07	–	239 675.59
尤溪县	62 806.46	180 687.17	–	243 493.62
海沧区	–	2 452.52	–	2 452.52
湖里区	–	–	–	–
集美区	–	6 402.82	–	6 402.82
思明区	–	14.60	–	14.60
同安区	–	24 037.34	–	24 037.34
翔安区	–	2 357.91	–	2 357.91
东山县	–	–	–	–
华安县	20 908.16	49 404.89	–	70 313.06
龙海市	–	2 684.78	–	2 684.78
龙文区	–	310.35	–	310.35
南靖县	22 893.07	79 923.13	–	102 816.20
平和县	0.26	39 410.92	–	39 411.18
芗城区	–	2 158.91	–	2 158.91
云霄县	–	936.62	–	936.62
漳浦县	–	2 735.73	298.90	3 034.64
长泰县	–	28 856.20	–	28 856.20
诏安县	–	5 349.89	–	5 349.89
平潭实验区	–	–	–	–
总计	1 508 284.45	4 012 793.38	12 659.90	5 533 737.73

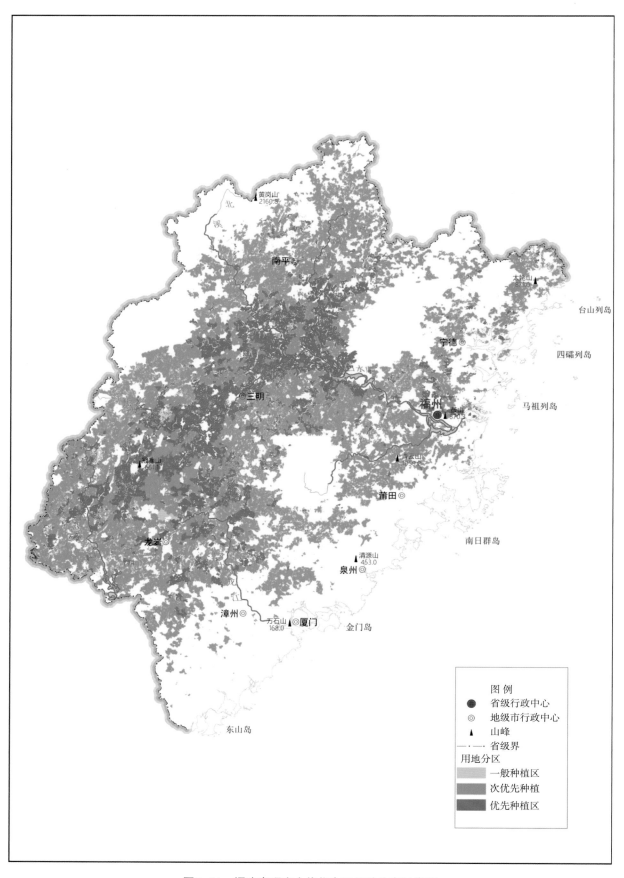

图6-41　福建省观光木优化布局用地分布示意图

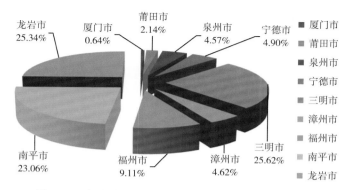

图6-42 福建省设区市观光木优化布局用地面积比例

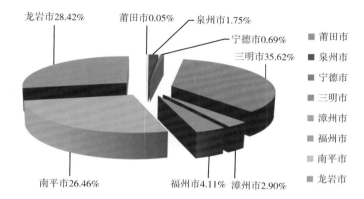

图6-43 福建省设区市观光木优先种植区面积比例

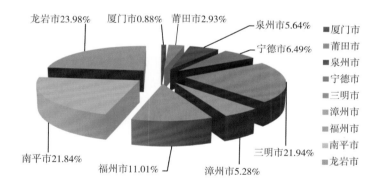

图6-44 福建省设区市观光木次优先种植区面积比例

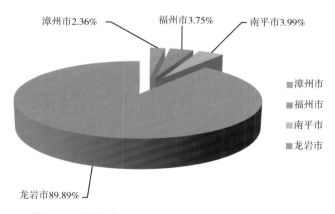

图6-45 福建省设区市观光木一般种植区面积比例

四、深山含笑用地优化布局

福建省深山含笑用地优化布局结果表明（表6-10、图6-46），全省深山含笑优化布局用地总面积为4 358 633.46hm²，占全省深山含笑适宜种植用地总面积的79.80%。从设区市的深山含笑用地优化布局分布情况来看（图6-47至图6-50），深山含笑优化布局用地主要分布于三明、龙岩和南平市，合计面积为3 945 744.44hm²，占全省深山含笑用地优化布局总面积的90.53%，而后依次为宁德（276 191.01hm²）和泉州市（136 698.01hm²），分别占全省深山含笑用地优化布局总面积的19.40%、6.34%和3.14%。全省深山含笑优先种植区主要分布于龙岩、三明和南平，合计面积为720 530.43hm²，占全省深山含笑优先种植区总面积的95.05%；全省深山含笑次优先种植区主要分布于龙岩、三明和南平，合计面积为3 207 917.73hm²，占全省深山含笑次优先种植区总面积的89.52%；全省深山含笑一般种植区主要分布于龙岩市，面积为11 577.42hm²，占全省深山含笑一般种植区总面积的66.94%。可见，龙岩、南平和三明等市应作为福建省深山含笑种植用地的重点发展区。

从深山含笑用地优化布局的县（市、区）分布来看（表6-10、图6-46），全省深山含笑优先种植区面积为758 049.40hm²，占全省深山含笑优化布局用地总面积17.39%，主要分布于梅列、明溪、武夷山、古田、泰宁、德化、大田、清流、长汀、新罗、武平、上杭、漳平、连城和延平等县（市、区），合计面积为730 837.61hm²，分别占全省深山含笑优化布局用地总面积和优先种植区用地总面积的16.77%和96.41%。该区域具备发展深山含笑种植的以下优势：①光热资源较为丰富。其≥10℃年活动积温和年日照时数均值分别达5 754.18℃和1 817.25h，分别比全省适宜深山含笑种植用地相应因子均值高5.52%和1.19%，保障了深山含笑正常生长发育所需的水热条件。②土壤较肥沃。土壤有机质含量均值达32.34g/kg，土壤pH值均值为5.10，酸碱性适宜；土壤全磷和全钾含量较丰富，均值分别达0.83g/kg和20.94g/kg，与全省适宜种植深山含笑用地相应因子的均值相比分别高28.08%和5.75%；土壤质地多为砂壤土和轻壤土，水气热协调，适合深山含笑对土壤条件的要求。③具有优越的地理区位、便利的交通。其区位和交通通达度均值分别为1.13km和189.57km，分别为全省适宜种植深山含笑用地相应因子均值的79.10%和92.99%，可作为福建省深山含笑种植的优先发展区域。全省深山含笑次优先种植区面积为3 583 287.78hm²，占全省深山含笑优化布局用地总面积82.21%，主要分布于武夷山、政和、建宁、顺昌、大田、漳平、永定、德化、沙县、新罗、尤溪、明溪、上杭、宁化、武平、邵武、建瓯、将乐、浦城、长汀、建阳和永安等县（市、区），合计面积为2 938 414.65hm²，分别占全省深山含笑优化布局用地总面积和次优先种植区用地总面积的67.42%和82.00%。全省深山含笑一般种植区面积为17 296.28hm²，占全省深山含笑优化布局用地总面积的0.40%，主要分布于龙岩的新罗区，面积为10 539.92hm²，分别占全省深山含笑优化布局用地总面积和一般种植区用地总面积的0.24%和60.94%。

表6-10　福建省深山含笑用地优化布局面积

行政区	用地优化布局面积（hm²）			
	优先种植区	次优先种植区	一般种植区	合计
仓山区	-	-	-	-
福清市	-	-	-	-
鼓楼区	-	-	-	-
晋安区	-	-	-	-
连江县	-	-	-	-
罗源县	-	-	-	-
马尾区	-	-	-	-

（续表）

行政区	用地优化布局面积（hm²）			
	优先种植区	次优先种植区	一般种植区	合计
闽侯县	—	—	—	—
闽清县	—	—	—	—
永泰县	—	—	—	—
长乐区	—	—	—	—
连城县	139 934.36	76 166.10	6.27	216 106.74
上杭县	60 645.36	132 984.21	—	193 629.57
武平县	58 339.43	151 689.02	—	210 028.45
新罗区	54 374.30	114 684.36	10 539.92	179 598.57
永定区	949.30	107 811.96	—	108 761.26
漳平市	74 480.83	104 747.65	19.34	179 247.82
长汀县	48 165.41	173 562.73	1 011.89	222 740.02
光泽县	2.81	20 932.65	1 846.06	22 781.53
建瓯市	—	161 120.32	27.64	161 147.96
建阳区	—	192 917.65	713.85	193 631.51
浦城县	566.19	163 480.99	42.98	164 090.16
邵武市	7.49	156 090.51	6.12	156 104.12
顺昌县	—	99 546.50	872.61	100 419.12
松溪县	4 008.93	51 653.48	—	55 662.41
武夷山市	11 051.55	93 924.21	320.24	105 296.01
延平区	146 894.95	56 197.76	25.16	203 117.88
政和县	7 635.74	96 121.46	381.65	104 138.84
福安市	—	—	—	—
福鼎市	—	—	—	—
古田县	11 971.26	81 527.40	—	93 498.66
蕉城区	288.67	15 104.24	—	15 392.91
屏南县	13.16	69 900.17	—	69 913.33
寿宁县	—	37 544.18	—	37 544.18
霞浦县	—	—	—	—
柘荣县	—	—	—	—
周宁县	4.40	59 837.53	—	59 841.93
城厢区	—	—	—	—
涵江区	—	—	—	—
荔城区	—	—	—	—
仙游县	—	—	—	—
秀屿区	—	—	—	—
安溪县	—	6.21	—	6.21
德化县	25 241.47	111 450.33	—	136 691.80
丰泽区	—	—	—	—

（续表）

行政区	用地优化布局面积（hm²）			
	优先种植区	次优先种植区	一般种植区	合计
惠安县	–	–	–	–
晋江市	–	–	–	–
鲤城区	–	–	–	–
洛江区	–	–	–	–
南安市	–	–	–	–
泉港区	–	–	–	–
石狮市	–	–	–	–
永春县	–	–	–	–
大田县	25 337.10	101 765.21	–	127 102.32
建宁县	1 102.81	98 644.30	–	99 747.11
将乐县	–	161 520.79	1 482.54	163 003.32
梅列区	9 201.17	11 026.78	–	20 227.94
明溪县	10 096.85	129 334.86	–	139 431.71
宁化县	1 679.98	140 993.42	–	142 673.40
清流县	39 273.01	52 647.22	–	91 920.23
三元区	5 856.64	28 234.28	–	34 090.92
沙县	5 095.67	114 528.48	–	119 624.15
泰宁县	15 830.56	84 095.13	–	99 925.69
永安市	–	203 960.46	–	203 960.46
尤溪县	–	127 535.24	–	127 535.24
海沧区	–	–	–	–
湖里区	–	–	–	–
集美区	–	–	–	–
思明区	–	–	–	–
同安区	–	–	–	–
翔安区	–	–	–	–
东山县	–	–	–	–
华安县	–	–	–	–
龙海市	–	–	–	–
龙文区	–	–	–	–
南靖县	–	–	–	–
平和县	–	–	–	–
芗城区	–	–	–	–
云霄县	–	–	–	–
漳浦县	–	–	–	–
长泰县	–	–	–	–
诏安县	–	–	–	–
平潭实验区	–	–	–	–
总计	758 049.40	3 583 287.78	17 296.28	4 358 633.46

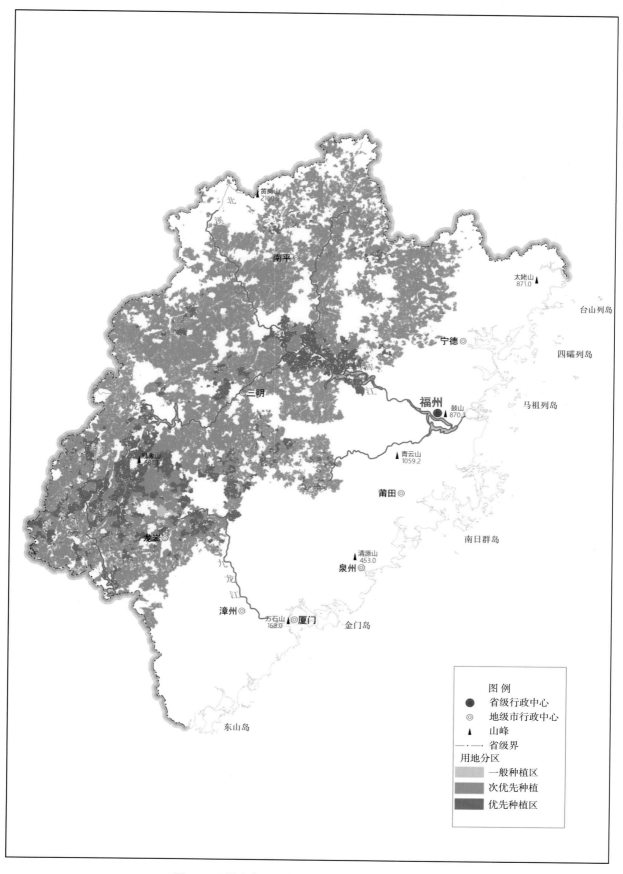

图6-46　福建省深山含笑优化布局用地分布示意图

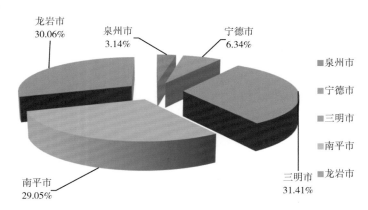

图6-47 福建省设区市深山含笑优化布局用地面积比例

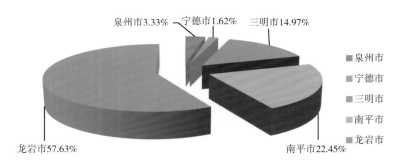

图6-48 福建省设区市深山含笑优先种植区面积比例

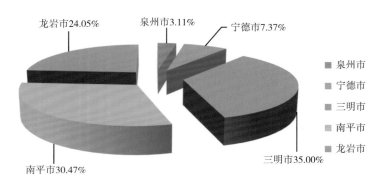

图6-49 福建省设区市深山含笑次优先种植区面积比例

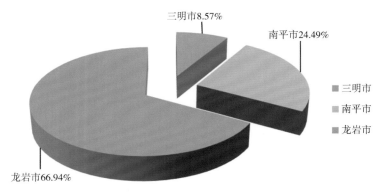

图6-50 福建省设区市深山含笑一般种植区面积比例

五、福建含笑用地优化布局

福建省福建含笑用地优化布局结果表明（表6-11、图6-51），全省福建含笑优化布局用地总面积为2 888 808.19hm²，占全省福建含笑适宜种植用地总面积的65.61%。从设区市的福建含笑用地优化布局分布情况来看（图6-52至图6-55），全省福建含笑优化布局用地主要分布于龙岩、南平和三明市，合计面积为2 740 123.67hm²，占全省福建含笑用地优化布局总面积的94.85%，而后依次为宁德（61 574.68hm²）、福州（50 301.20hm²）和泉州市（36 808.63hm²），分别占全省福建含笑用地优化布局总面积的2.13%、1.74%和1.27%。全省福建含笑优先种植区主要分布于三明、龙岩和南平市，合计面积1 071 536.08hm²，占全省福建含笑优先种植区面积的99.78%；福建含笑次优先种植区主要分布于龙岩、南平和三明市，合计面积为1 657 971.93hm²，占全省福建含笑次优先种植区面积的91.89%，其中龙岩市的次优先种植区面积占全省福建含笑次优先种植区总面积的51.24%；福建含笑一般种植区也主要分布于龙岩市，面积为10 577.70hm²，占全省福建含笑一般种植区面积的99.64%。可见，龙岩、南平和三明等市应作为福建省福建含笑种植的重点发展区。

从福建含笑用地优化布局的县（市、区）分布来看（表6-11、图6-51），全省福建含笑优先种植区面积为1 073 886.26hm²，占全省福建含笑优化布局用地总面积37.17%，主要分布于漳平、顺昌、沙县、连城、延平、永安和建瓯等县（市、区），合计面积为825 886.64hm²，分别占全省福建含笑优化布局用地总面积和优先种植区用地总面积的28.59%和76.91%。该区域具有以下发展福建含笑种植的资源条件优势：①水热资源较为丰富。其年降水量、≥10℃年活动积温和年无霜期均值分别达1 734.19mm、5 790.86℃和271.32d，分别比全省适宜福建含笑种植用地相应因子均值高0.19%、3.12%和0.95%，为保障福建含笑的正常生长发育提供了丰富的水热资源。②土壤较为肥沃。土层厚度均值为102.04cm，土壤肥力较高，有机质含量均值达31.98g/kg，土壤pH值均值为5.11，酸碱性适宜；土壤全磷和全钾含量较丰富，均值分别达0.68g/kg和21.21g/kg，与全省适宜种植福建含笑用地相应因子的均值相比分别高4.56%和9.00%；土壤质地多为轻壤土与中壤土，水气热较协调，适合福建含笑生长发育对土壤条件的要求。③具有优越的地理区位，便利的交通。区位和交通通达度均值分别为1.19km和176.40km，为全省适宜种植福建含笑用地相应因子均值的84.53%和90.54%。全省福建含笑次优先种植区面积为1 804 306.27hm²，占全省福建含笑优化布局用地总面积的62.46%，主要分布于延平、尤溪、永安、大田、建瓯、连城、将乐、新罗、漳平、上杭、长汀和武平等县（市、区），合计面积为1 414 715.39hm²，分别占全省福建含笑优化布局用地总面积和次优先种植区用地总面积的48.97%和78.41%。全省福建含笑一般种植面积为9 765.03hm²，占全省福建含笑优化布局用地总面积的0.37%，主要分布于龙岩市的新罗区，面积为15 759.08hm²，分别占全省福建含笑优化布局用地总面积和一般种植区用地总面积的0.34%和91.99%。

表6-11　福建省福建含笑用地优化布局面积

行政区	用地优化布局面积（hm²）			
	优先种植区	次优先种植区	一般种植区	合计
仓山区	—	—	—	—
福清市	—	—	—	—
鼓楼区	—	—	—	—
晋安区	—	—	—	—
连江县	—	—	—	—
罗源县	—	—	—	—
马尾区	—	—	—	—

行政区	用地优化布局面积（hm²）			
	优先种植区	次优先种植区	一般种植区	合计
闽侯县	–	–	–	–
闽清县	–	–	–	–
永泰县	1 559.37	48 741.82	–	50 301.20
长乐区	–	–	–	–
连城县	109 968.30	105 859.15	6.27	215 833.73
上杭县	19 930.13	168 158.98	–	188 089.11
武平县	18 668.17	181 066.13	–	199 734.30
新罗区	39 075.01	109 400.16	9 765.03	158 240.20
永定区	335.21	45 464.54	–	45 799.75
漳平市	67 708.00	137 032.64	19.34	204 759.98
长汀县	22 464.69	177 621.31	787.06	200 873.06
光泽县	–	–	–	–
建瓯市	179 287.05	100 066.83	–	279 353.88
建阳区	–	–	–	–
浦城县	–	20 526.10	–	20 526.10
邵武市	392.59	2 901.71	–	3 294.31
顺昌县	74 095.45	53 381.78	–	127 477.23
松溪县	1 304.92	36 147.18	–	37 452.10
武夷山市				
延平区	141 415.63	65 537.02	37.96	206 990.61
政和县	–	6.50	–	6.50
福安市	–	–	–	–
福鼎市	–	–	–	–
古田县	–	–	–	–
蕉城区	654.78	56 219.46	–	56 874.25
屏南县	–	–	–	–
寿宁县	–	–	–	–
霞浦县	–	164.56	–	164.56
柘荣县	–	–	–	–
周宁县	–	4 535.88	–	4 535.88
城厢区	–	–	–	–
涵江区	–	–	–	–
荔城区	–	–	–	–
仙游县	–	–	–	–
秀屿区	–	–	–	–
安溪县	136.02	35 957.72	–	36 093.74
德化县	–	–	–	–
丰泽区	–	–	–	–

（续表）

行政区	用地优化布局面积（hm²）			
	优先种植区	次优先种植区	一般种植区	合计
惠安县	–	–	–	–
晋江市	–	–	–	–
鲤城区	–	–	–	–
洛江区	–	–	–	–
南安市	–	714.89	–	714.89
泉港区	–	–	–	–
石狮市	–	–	–	–
永春县	–	–	–	–
大田县	13 604.29	93 308.48	–	106 912.78
建宁县	–	–	–	–
将乐县	35 036.83	105 925.76	–	140 962.59
梅列区	14 971.90	4 740.37	–	19 712.27
明溪县	9 963.74	6 727.88	–	16 691.62
宁化县	712.30	21 726.39	–	22 438.69
清流县	261.32	3 912.79	–	4 174.11
三元区	37 272.08	8 116.85	–	45 388.93
沙县	99 334.68	39 604.45	–	138 939.13
泰宁县	–	–	–	–
永安市	154 077.52	89 218.48	–	243 296.00
尤溪县	31 656.25	81 520.44	–	113 176.69
海沧区	–	–	–	–
湖里区	–	–	–	–
集美区	–	–	–	–
思明区	–	–	–	–
同安区	–	–	–	–
翔安区	–	–	–	–
东山县	–	–	–	–
华安县	–	–	–	–
龙海市	–	–	–	–
龙文区	–	–	–	–
南靖县	–	–	–	–
平和县	–	–	–	–
芗城区	–	–	–	–
云霄县	–	–	–	–
漳浦县	–	–	–	–
长泰县	–	–	–	–
诏安县	–	–	–	–
平潭实验区	–	–	–	–
总计	1 073 886.26	1 804 306.27	10 615.66	2 888 808.19

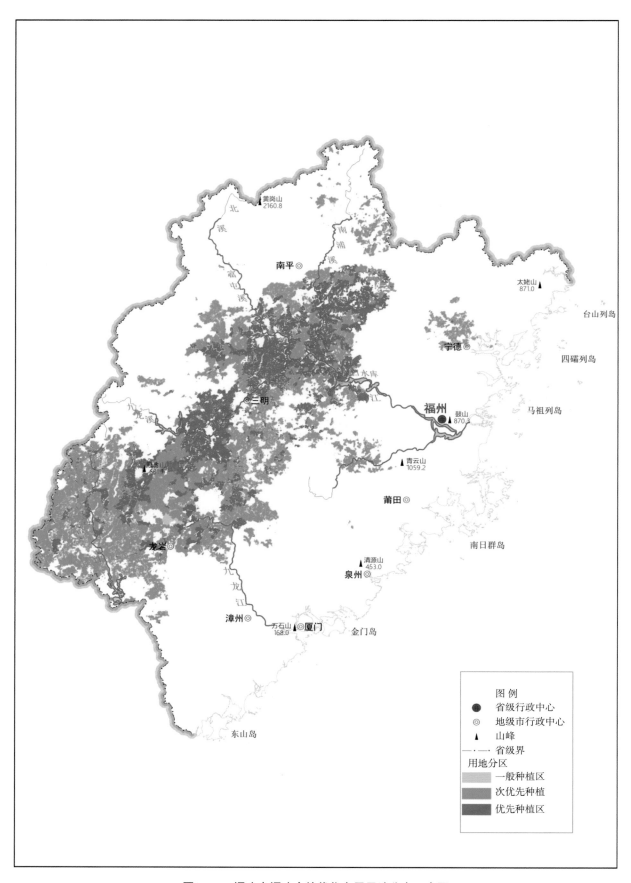

图6-51　福建省福建含笑优化布局用地分布示意图

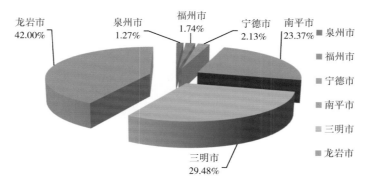

图6-52　福建省设区市福建含笑优化布局用地面积比例

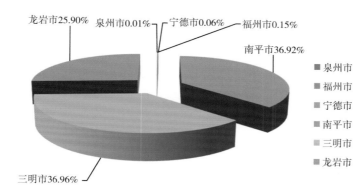

图6-53　福建省设区市福建含笑优先种植区面积比例

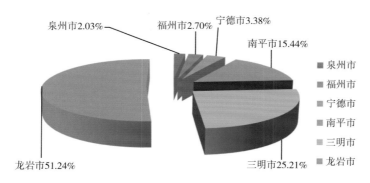

图6-54　福建省设区市福建含笑次优先种植区面积比例

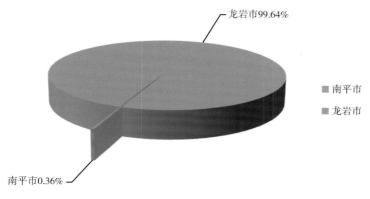

图6-55　福建省设区市福建含笑一般种植区面积比例

189

六、乳源木莲用地优化布局

福建省乳源木莲用地优化布局结果表明（表6-12、图6-56），全省乳源木莲优化布局用地总面积为6 521 246.13hm²，占全省乳源木莲适宜种植用地总面积的80.53%。从设区市乳源木莲用地优化布局分布情况来看（图6-57至图6-60），乳源木莲优化布局用地主要分布于三明、南平和龙岩市，合计面积达4 716 871.81hm²，占全省乳源木莲种植用地优化布局总面积的72.33%，而后依次为福州（473 265.61hm²）、宁德（455 365.84hm²）、泉州（454 296.29hm²）、漳州（257 364.83hm²）、莆田（124 978.16hm²）和厦门市（39 103.59hm²），分别占全省乳源木莲用地优化布局总面积的7.26%、6.98%、6.97%、3.95%、1.92%和0.60%。全省乳源木莲优先种植区主要分布于三明、龙岩和南平市，合计面积为1 521 518.89hm²，占全省乳源木莲优先种植区用地总面积的89.31%；全省乳源木莲次优先种植区主要分布于南平、三明、龙岩、泉州、福州和宁德市，合计面积为4 431 822.83hm²，占全省乳源木莲次优先种植区用地总面积的92.34%，其中南平、三明和龙岩市的次优先种植区用地面积分别占全省乳源木莲次优先种植区用地总面积的23.55%、23.70%和18.96%；全省乳源木莲一般种植区主要分布于龙岩和南平市，合计面积为17 427.54hm²，占全省乳源木莲一般种植区用地总面积的95.73%。因此，应将龙岩、南平和三明等市作为福建省乳源木莲种植用地的重点发展区。

表6-12　福建省乳源木莲用地优化布局面积

行政区	用地优化布局面积（hm²）			
	优先种植区	次优先种植区	一般种植区	合计
仓山区	－	816.82	－	816.82
福清市	－	3 804.30	－	3 804.30
鼓楼区	－	354.69	－	354.69
晋安区	345.02	32 615.42	－	32 960.44
连江县	796.32	27 858.50	－	28 654.82
罗源县	3 831.11	47 188.86	－	51 019.97
马尾区	－	1 111.78	－	1 111.78
闽侯县	7 108.63	105 876.04	475.18	113 459.85
闽清县	9 826.98	87 961.34	－	97 788.32
永泰县	3 934.44	137 449.95	－	141 384.39
长乐区	－	1 910.21	－	1 910.21
连城县	140 312.20	75 767.91	6.27	216 086.38
上杭县	58 713.17	135 463.58	－	194 176.74
武平县	57 668.39	152 627.55	－	210 295.95
新罗区	71 741.33	129 295.58	10 539.92	211 576.83
永定区	949.30	111 779.24	－	112 728.55
漳平市	113 240.08	130 671.40	19.34	243 930.82
长汀县	48 132.16	174 570.20	1 011.89	223 714.26
光泽县	525.52	120 311.80	3 307.48	124 144.81

（续表）

行政区	用地优化布局面积（hm²）			
	优先种植区	次优先种植区	一般种植区	合计
建瓯市	128 113.99	125 794.52	–	253 908.51
建阳区	15 599.53	202 850.94	–	218 450.47
浦城县	598.53	172 842.41	42.98	173 483.92
邵武市	9 166.17	128 954.30	146.23	138 266.70
顺昌县	95 318.58	59 491.68	22.80	154 833.06
松溪县	3 636.03	53 404.96	–	57 040.99
武夷山市	17 509.30	115 384.08	1 874.52	134 767.91
延平区	157 273.23	50 728.95	25.16	208 027.34
政和县	7 883.23	100 611.60	430.94	108 925.77
福安市	–	–	–	–
福鼎市	3 760.01	78 403.52	–	82 163.52
古田县	25 501.94	137 355.16	–	162 857.10
蕉城区	1 486.28	58 536.05	–	60 022.33
屏南县	13.16	36 710.34	–	36 723.50
寿宁县	852.89	21 218.39	–	22 071.27
霞浦县	2 440.34	56 636.64	–	59 076.98
柘荣县	–	19 758.90	–	19 758.90
周宁县	9.52	12 682.72	–	12 692.24
城厢区	–	9 352.94	–	9 352.94
涵江区	821.42	20 275.66	–	21 097.08
荔城区	–	46.45	–	46.45
仙游县	7 157.69	87 323.99	–	94 481.69
秀屿区	–	–	–	–
安溪县	26 411.43	107 853.41	–	134 264.84
德化县	23 724.35	125 511.23	–	149 235.57
丰泽区	–	16.00	–	16.00
惠安县	–	866.36	–	866.36
晋江市	–	10.15	–	10.15
鲤城区	–	–	–	–
洛江区	–	15 077.72	–	15 077.72
南安市	1 485.08	68 825.54	–	70 310.62
泉港区	–	4 035.23	–	4 035.23
石狮市	–	–	–	–

（续表）

（续表）

行政区	用地优化布局面积（hm²）			
	优先种植区	次优先种植区	一般种植区	合计
永春县	17 027.62	63 452.18	–	80 479.80
大田县	25 411.91	108 643.57	–	134 055.48
建宁县	1 819.83	124 090.71	–	125 910.54
将乐县	70 730.72	105 091.55	–	175 822.27
梅列区	23 058.37	3 432.81	–	26 491.18
明溪县	32 307.27	114 381.18	–	146 688.45
宁化县	4 201.81	172 180.98	–	176 382.79
清流县	66 401.35	75 649.73	–	142 051.09
三元区	44 043.26	19 609.82	–	63 653.08
沙县	96 748.03	39 302.12	–	136 050.14
泰宁县	17 604.00	81 975.68	–	99 579.68
永安市	139 373.62	101 845.48	–	241 219.10
尤溪县	73 437.95	191 171.05	–	264 609.01
海沧区	–	2 452.52	–	2 452.52
湖里区	–	–	–	–
集美区	–	6 480.39	–	6 480.39
思明区	–	14.60	–	14.60
同安区	–	24 946.32	–	24 946.32
翔安区	–	5 209.76	–	5 209.76
东山县	–	–	–	–
华安县	22 618.08	48 450.23	–	71 068.31
龙海市	–	1 363.77	–	1 363.77
龙文区	–	310.35	–	310.35
南靖县	23 000.21	79 857.99	–	102 858.20
平和县	0.26	42 964.83	–	42 965.09
芗城区	–	2 158.91	–	2 158.91
云霄县	–	170.04	–	170.04
漳浦县	–	1 027.29	302.06	1 329.35
长泰县	–	29 815.67	–	29 815.67
诏安县	–	5 325.15	–	5 325.15
平潭实验区	–	–	–	–
总计	1 703 671.68	4 799 369.68	18 204.78	6 521 246.13

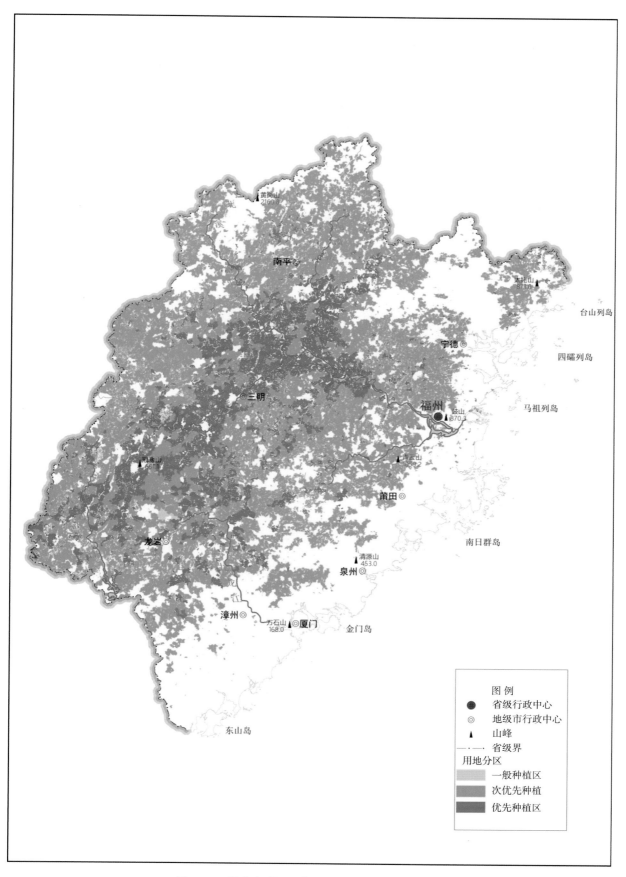

图6-56　福建省乳源木莲优化布局用地分布示意图

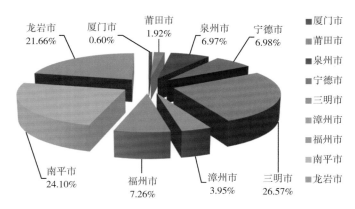

图6-57　福建省设区市乳源木莲优化布局用地面积比例

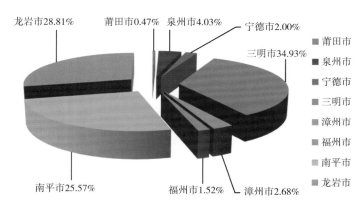

图6-58　福建省设区市乳源木莲优先种植区面积比例

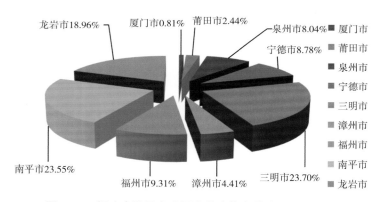

图6-59　福建省设区市乳源木莲次优先种植区面积比例

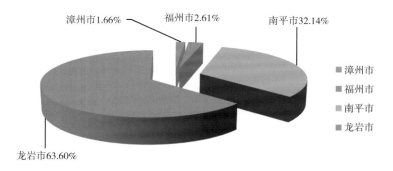

图6-60　福建省设区市乳源木莲一般种植区面积比例

从乳源木莲用地优化布局的县（市、区）分布来看（表6-12、图6-56），全省乳源木莲优先种植区面积为1 703 671.68hm²，占全省乳源木莲优化布局用地总面积的26.12%，主要分布于武平、上杭、清流、将乐、新罗、尤溪、顺昌、沙县、漳平、建瓯、永安、连城和延平等县（市、区），合计面积为1 269 072.65hm²，分别占全省乳源木莲优化布局用地总面积和优先种植区用地总面积的19.46%和74.49%。这些区域具备以下资源优势：①水热资源较为丰富，其年降水量、≥10℃年活动积温和年无霜期均值分别达1 714.19mm、5 803.40℃和273.13d，分别比全省适宜乳源木莲种植用地相应因子均值高0.03%、3.24%和0.12%，为保障乳源木莲正常生长发育提供了丰富的水热条件。②土壤肥力较高。土层厚度均值为102.23cm，有机质含量均值达31.37g/kg，土壤pH值均值为5.10，酸碱性适宜；土壤全磷和全钾含量较丰富，均值分别达0.71g/kg和21.46g/kg，比全省适宜种植乳源木莲用地相应因子均值分别高17.20%和10.91%；土壤质地类型多为砂壤土与轻壤土，水气热较为协调，较好地满足乳源木莲生长对土壤条件的要求。③地理区位较为优越，交通便利。区位和交通通达度均值分别为1.08km和179.79km，为全省适宜种植乳源木莲用地相应因子均值的78.80%和92.14%，为乳源木莲种植、管理和运输提供优越的交通条件。全省乳源木莲次优先种植区面积为4 799 369.68hm²，占全省乳源木莲优化布局用地总面积73.60%，主要分布于政和、永安、将乐、闽侯、安溪、大田、永定、明溪、武夷山、光泽、建宁、德化、建瓯、邵武、新罗、漳平、上杭、古田、永泰、武平、宁化、浦城、长汀、尤溪和建阳等县（市、区），合计面积达3 332 607.51hm²，分别占全省乳源木莲优化布局用地总面积和次优先种植区用地总面积的51.10%和69.44%。全省乳源木莲一般种植面积为18 204.78hm²，占全省乳源木莲优化布局用地总面积的0.28%，主要分布于龙岩市的新罗区、南平市的光泽县，合计面积为13 847.40hm²，分别占全省乳源木莲优化布局用地总面积和一般种植区用地总面积的0.21%和76.06%。

第七章 壳斗科主要树种用地适宜性与优化布局

壳斗科（Fagaceae）属被子植物门（Angiospermae）、双子叶植物纲（Dicotyledoneae）、金缕梅亚纲（Hamamelidae）、壳斗目（Fagales）。壳斗科依不同观点共有6~11属，约900种。中国有栗属（Castanea）、锥属（Castanopsis）、水青冈属（Fagus）、柯属（Lithocarpus）、栎属（Quercus）、青冈属（Cyclobalanopsis）和三棱栎属（Trigonobalanus）等7属，约300种，常为山地常绿阔叶或针叶阔叶混交林的主要上层树种，又是山地水源林的重要成分，也是秦岭南坡以南各地的主要用材树种。根据福建省主要栽培的珍贵树种名录，全省主要栽培的壳斗科珍贵树种分栗属、锥属、青冈属、栎属、栲属等，主要树种有锥栗、红锥、吊皮锥、石栎、丝栗栲、米槠、青冈、赤皮青冈、福建青冈、水青冈、卷斗青冈、钩栲等。本章根据福建省壳斗科主要珍贵树种用地适宜性评价和优化布局结果，深入分析福建省锥栗、红锥、吊皮锥三种主要壳斗科珍贵树种适宜用地的数量、质量以及用地优化的空间分布，为福建省发展壳斗科珍贵树种生产提供科学依据。

第一节 壳斗科主要树种用地适宜性分析

一、锥栗用地适宜性分析

（一）锥栗适宜用地数量及其分布

福建省锥栗用地适宜性评价结果表明（表7-1、图7-1），全省锥栗适宜用地总面积为4 736 885.65hm²，占全省林地资源总面积的56.91%，表明福建省锥栗适宜种植用地资源较为丰富。从锥栗适宜用地设区市分布来看（图7-2），全省锥栗适宜用地主要分布在三明、南平、龙岩、宁德和福州等市，合计面积达4 280 646.91hm²，占全省锥栗适宜用地总面积的90.37%。从各县（市、区）适宜种植锥栗用地资源分布来看，全省锥栗适宜用地主要分布在仙游、闽清、福鼎、霞浦、福安、武夷山、闽侯、安溪、沙县、古田、上杭、永泰、清流、明溪、邵武、新罗、德化、顺昌、将乐、延平、大田、漳平、武平、浦城、宁化、尤溪、永安、连城、建阳、建瓯和长汀等县（市、区），合计面积为3 979 930.15hm²，占全省锥栗适宜用地总面积的84.02%。上述区域适宜种植锥栗的原因主要是：①限制锥栗正常生长的极限因子均未超过极限值。②水热光资源较为丰富。≥10℃年活动积温、年降水量、年日照时数均值分别为5 486.01℃、1 713mm、1 800.43h，分别比锥栗用地适宜性相应评价因子标准值高21.91%、14.18%、9.12%，气候条件均适宜锥栗正常生长发育。③立地条件较优越，土壤较肥沃，有机质含量均值为35.67g/kg，比锥栗用地适宜性相应评价因子标准值高18.89%。

全省锥栗不适宜用地总面积为3 587 095.01hm²，占全省林地资源总面积的43.09%。从设市区分布来看，全省锥栗不适宜用地主要分布在南平、三明、龙岩等市，合计面积为2 039 603.57hm²，占全省锥栗不适宜用地总面积的56.86%。从各县（市、区）分布来看，全省锥栗不适宜用地主要分布在寿宁、仙游、蕉城、华安、将乐、古田、永泰、漳浦、武平、永安、延平、建瓯、屏南、建阳、泰宁、新罗、政和、尤溪、漳平、邵武、建宁、平和、上杭、浦城、永定、武夷山和光泽等县（市、区），合计面积为2 293 328.66hm²，占全省锥栗不适宜用地总面积的63.93%。这些区域不适宜锥栗正常生长的主要原因是：①极端低温较低。上述区域冬季极端低温都在4℃以下，容易对锥栗造成冻害，甚至导致其死亡。②土壤过酸或过碱。锥栗适宜生长在pH值4.5～7.6，超出这个范围，则不利于锥栗的正常生长。③土壤环境条件恶劣。上述大部分区域土层较瘠薄、坡度过陡、土壤侵蚀较严重、质地过砂或过黏等也影响锥栗的正常生长。

表7-1　福建省各县（市、区）锥栗适宜用地面积

行政区	不适宜用地面积（hm²）	适宜用地面积（hm²）			
		高度适宜	中度适宜	一般适宜	合计
仓山区	816.82	–	–	–	–
福清市	36 948.66	0.50	4 473.04	15 965.76	20 439.3
鼓楼区	354.69	–	–	–	–
晋安区	6 115.16	1 530.17	29 640.53	2 596.87	33 767.57
连江县	27 540.23	107.62	32 071.87	6 915.85	39 095.34
罗源县	19 227.41	7 712.51	44 130.95	3 362.21	55 205.67
马尾区	5 774.82	193.25	7 280.85	204.66	7 678.76
闽侯县	44 746.82	11 295.47	69 860.42	7 387.53	88 543.42
闽清县	41 028.20	7 888.55	57 766.66	1 963.72	67 618.93
永泰县	60 576.08	4 060.32	95 988.23	8 313.23	108 361.8
长乐区	14 787.26	–	563.73	7 257.80	7 821.53
连城县	32 622.26	55 303.74	120 699.50	7 564.54	183 567.8
上杭县	114 080.81	3 527.33	90 338.10	11 533.90	105 399.3
武平县	68 831.30	3 497.01	135 549.32	4 117.19	143 163.5
新罗区	82 889.14	11 082.65	113 688.97	8 033.67	132 805.3
永定区	120 889.75	778.62	34 092.09	4 381.30	39 252.01
漳平市	106 215.06	20 156.35	115 242.25	5 253.38	140 652
长汀县	14 160.14	297.70	177 229.37	57 742.70	235 269.8
光泽县	172 460.27	5 583.15	10 321.38	8.61	15 913.14
建瓯市	73 935.54	5 870.70	194 326.71	8 369.35	208 566.8
建阳区	78 786.24	22 316.27	167 451.20	2 958.46	192 725.9
浦城县	120 786.91	2 488.80	86 037.94	59 858.17	148 384.9
邵武市	107 093.89	43 857.30	80 483.83	884.09	125 225.2
顺昌县	21 990.87	29 562.98	104 038.59	680.89	134 282.5

（续表）

行政区	不适宜用地面积（hm²）	适宜用地面积（hm²）			
		高度适宜	中度适宜	一般适宜	合计
松溪县	25 463.78	1 347.26	31 095.74	21 157.25	53 600.25
武夷山市	136 702.86	2 242.15	68 331.47	16 368.90	86 942.52
延平区	72 268.25	6 544.31	124 329.74	6 562.58	137 436.6
政和县	84 162.37	4 285.33	33 376.38	2 543.89	40 205.6
福安市	16 670.78	787.72	60 315.02	23 223.27	84 326.01
福鼎市	10 266.86	9 643.28	62 062.69	2 849.04	74 555.01
古田县	59 848.83	12 696.23	89 585.43	2 224.39	104 506.1
蕉城区	54 952.51	939.16	19 284.07	18 396.59	38 619.82
屏南县	75 139.95	2 525.18	29 069.65	1 517.91	33 112.74
寿宁县	50 852.61	–	21 743.71	24 249.73	45 993.44
霞浦县	8 267.26	6 139.77	62 868.91	13 013.04	82 021.72
柘荣县	24 408.84	2 132.16	11 483.76	491.40	14 107.32
周宁县	47 895.73	79.95	25 639.20	3 266.91	28 986.06
城厢区	17 130.05	–	175.30	2 518.72	2 694.02
涵江区	16 650.61	15.90	9 329.48	13 217.21	22 562.59
荔城区	1 084.35	–	315.78	2 548.86	2 864.64
仙游县	51 838.91	2 697.20	27 766.32	35 792.62	66 256.14
秀屿区	4 225.78	–	34.15	439.60	473.75
安溪县	68 124.80	1 146.67	70 259.09	18 902.26	90 308.02
德化县	42 564.98	4 792.31	112 282.22	16 410.51	133 485.04
丰泽区	2 191.57	–	–	–	–
惠安县	12 693.44	–	121.98	93.39	215.37
晋江市	4 155.89	–	–	–	–
鲤城区	609.61	–	–	–	–
洛江区	17 366.19	–	1 541.98	1 582.77	3 124.75
南安市	83 686.73	–	8 161.10	1 492.37	9 653.47
泉港区	8 410.03	–	137.33	526.26	663.59
石狮市	1 419.17	–	–	–	–
永春县	32 795.94	1 482.75	35 295.05	12 763.08	49 540.88
大田县	28 964.04	7 184.92	128 810.62	2 086.09	138 081.63

（续表）

行政区	不适宜用地面积（hm²）	适宜用地面积（hm²）			
		高度适宜	中度适宜	一般适宜	合计
建宁县	112 703.44	3 257.08	12 301.88	81.09	15 640.05
将乐县	59 118.96	5 010.31	126 844.85	2 978.43	134 833.59
梅列区	5 833.59	1 409.64	18 789.20	512.30	20 711.14
明溪县	27 362.58	9 249.41	110 581.29	355.02	120 185.72
宁化县	22 845.14	11 853.27	143 175.74	2 838.10	157 867.11
清流县	31 783.66	6 762.61	111 577.50	865.77	119 205.88
三元区	21 450.17	2 113.34	37 650.98	2 551.91	42 316.23
沙县	40 004.69	2 853.12	77 707.69	18 373.62	98 934.43
泰宁县	81 282.59	21 957.22	16 289.68	53.12	38 300.02
永安市	68 909.60	36 021.15	136 705.32	1 659.93	174 386.4
尤溪县	106 005.66	22 372.39	134 814.72	4 844.05	162 031.16
海沧区	4 567.27	–	4.38	26.56	30.94
湖里区	289.29	–	–	–	–
集美区	6 834.22	–	119.20	156.00	275.2
思明区	2 000.17	–	–	–	–
同安区	23 925.26	–	1 067.89	2 246.97	3 314.86
翔安区	7 834.70	–	69.43	71.35	140.78
东山县	4 284.70	–	–	–	–
华安县	58 975.11	35.76	19 588.78	7 507.24	27 131.78
龙海市	31 132.09	–	58.17	–	58.17
龙文区	1 503.44	–	–	–	–
南靖县	111 346.05	8.35	16 445.60	7 958.28	24 412.23
平和县	114 022.01	–	736.17	13 272.93	14 009.1
芗城区	3 251.39	–	–	21.64	21.64
云霄县	40 726.89	–	–	109.66	109.66
漳浦县	62 075.51	–	69.37	51.26	120.63
长泰县	43 678.27	–	295.37	3 834.73	4 130.1
诏安县	51 494.74	–	–	344.15	344.15
平潭实验区	8 382.77	–	–	297.20	297.2
总计	3 587 095.01	426 696.89	3 769 584.94	540 603.82	4 736 885.65

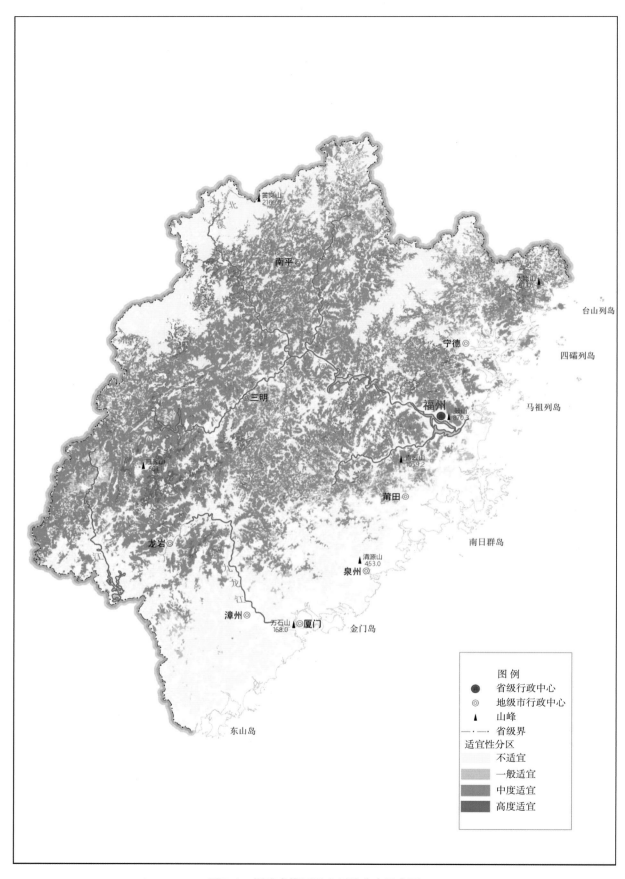

图7-1 福建省锥栗适宜用地分布示意图

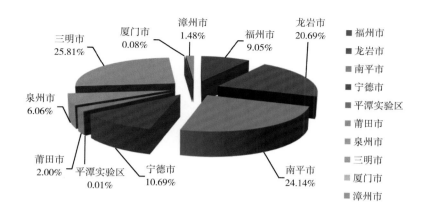

图7-2　福建省设区市锥栗适宜用地面积比例

（二）锥栗适宜用地质量及其分布

福建省锥栗用地适宜性评价结果表明（表7-1、图7-1），全省高度、中度和一般适宜种植锥栗用地面积分别为426 696.89hm²、3 769 584.94hm²和540 603.82hm²，分别占全省适宜种植锥栗用地总面积的9.01%、79.58%和11.41%，可见，福建省以中度适宜种植锥栗用地占优势。

从各设区市适宜锥栗种植用地资源质量状况来看（图7-3至图7-5），全省高度适宜种植锥栗用地主要分布于三明、南平和龙岩市，合计面积达348 786.11hm²，占全省高度适宜种植锥栗用地总面积的81.74%，而后依次为宁德（8.19%）、福州（7.68%）、泉州（1.74%）、莆田（0.64%）和漳州市（0.01%）；全省中度适宜种植锥栗用地主要分布于三明、南平和龙岩市，合计面积达2 741 882.08hm²，占全省中度适宜种植锥栗用地总面积的72.74%，其他设区市中度适宜种植锥栗面积大小顺序为宁德>福州>泉州>莆田>漳州>厦门，分别占全省中度适宜种植锥栗用地总面积的10.14%、9.07%、6.04%、1.00%、0.99%和0.03%；全省一般适宜种植锥栗用地面积主要分布在南平、宁德和龙岩市，合计面积达307 251.13hm²，占全省一般适宜种植锥栗用地总面积的56.83%，其他设区市一般适宜种植锥栗用地面积大小顺序为莆田>福州>泉州>三明>漳州>厦门>平潭实验区，分别占全省一般适宜种植锥栗用地面积的10.08%、9.98%、9.58%、6.88%、6.12%、0.46%和0.05%。可见，福建省比较适宜种植锥栗的用地资源主要集中于龙岩、南平和三明三市。

从全省各县（市、区）适宜种植锥栗用地质量状况分布来看（表7-1、图7-1），全省高度适宜种植锥栗用地资源主要分布于将乐、光泽、建瓯、霞浦、延平、清流、大田、罗源、闽清、明溪、福鼎、新罗、闽侯、宁化、古田、漳平、泰宁、建阳、尤溪、顺昌、永安、邵武和连城等县（市、区），合计面积达376 064.54hm²，占全省高度适宜种植锥栗用地面积的88.13%，其中以连城、邵武的高度适宜锥栗种植用地面积比例最高，分别占全省高度适宜种植锥栗用地总面积12.96%和10.28%。上述区域适宜种植锥栗用地资源质量较高的原因是：①水光热资源较为适宜。年降水量、≥10℃年活动积温和年日照时数均值分别达1 735mm、5 330.13℃和1 768h，稍高于全省适宜种植锥栗用地相应因子的均值，为锥栗的正常生长发育提供优越的水、光和热条件。②土壤质地适中，水、肥、气和热较为协调。上述区域土壤质地类型多为中壤土和轻壤土，土壤有机质、全磷和全钾含量较丰富，均值分别达39.93g/kg、3.46g/kg和4.10g/kg，高于全省适宜种植锥栗用地相应因子的均值；酸碱性适中，pH均值为5.09，为锥栗的正常生长发育提供优越的土壤条件。③交通比较方便。区位、交通通达性均值低于全省适宜种植锥栗用地相应因子的均值，为锥栗种植、管理和产品运输提供了优越的交通条件。全省中度适宜种植锥栗用地资源主要分布于闽清、福安、福鼎、霞浦、武夷山、闽侯、安溪、沙县、邵武、浦城、古田、上杭、永泰、顺昌、明溪、清流、德化、新罗、漳平、连城、延平、将乐、大田、尤溪、武平、永安、宁化、建阳、长汀和建瓯等县（市、区），合计面积达3 228 953.40hm²，占全省中度适宜种植锥栗用地面积的85.66%，其中以建瓯市的中度适宜用地面积比例最高，占全省中度适宜种植锥栗用地面积的5.16%；其次是长汀县和建阳区，分别占全省中度适宜种植锥栗用地面积的4.70%和4.44%。全省一般适宜种植锥栗的用地资源主要分布于上杭、永春、霞浦、涵江、平和、福清、武夷山、德化、沙县、蕉城、安溪、松溪、福安、寿宁、仙游、长汀和浦城等县（市、区），合计面积为390 241.55hm²，占全省一般适宜种植锥栗用地面积的72.19%，其中以浦城和长汀县的锥栗一般适宜用地面积比例最高，分别占全省一般适宜种植锥栗用地面积的11.07%和10.68%。上述区域锥栗用地适宜性较差的原因主要是：①光热资源不利锥栗生长。年降水量、≥10℃年活动积温和年日照时数均值分别为1 684.21mm、5 647.88℃和1 833.01h，低于全省适宜种植锥栗用地相应因子的均值。②交通条件较差。区位、交通通达性均值高于全省适宜种植锥栗用地相应因子的均值，不利于锥栗的种植、管理和产品的运输。

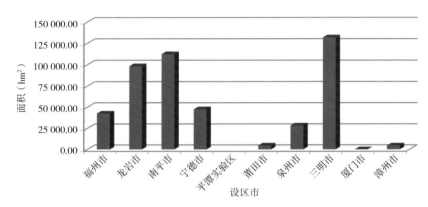

图7-3　福建省设区市锥栗高度适宜用地面积

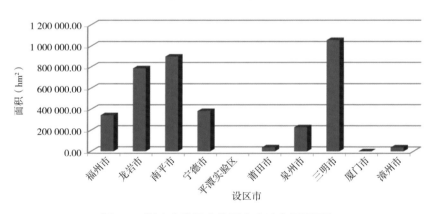

图7-4　福建省设区市锥栗中度适宜用地面积

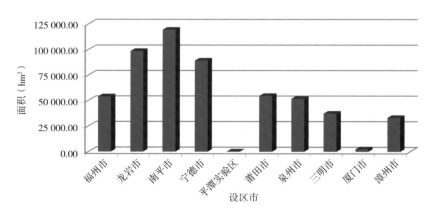

图7-5　福建省设区市锥栗一般适宜用地面积

二、红锥用地适宜性分析

（一）红锥适宜用地数量及其分布

从福建省红锥用地适宜性评价结果来看（表7-2、图7-6），全省适宜种植红锥用地总面积为 1 318 690.85hm²，占全省林地资源总面积的15.84%，主要分布在闽东和闽东南地区。从红锥适宜用地设区市分布来看（图7-7），全省红锥适宜用地主要分布在漳州（39.44%）、泉州（17.41%）、龙岩（23.21%）、福州（9.06%）等市，合计面积达1 175 388.05hm²，占全省红锥适宜用地总面积的89.13%。从各县（市、区）适宜种植红锥用地资源分布来看，红锥适宜用地主要分布在惠安、涵江、城厢、蕉城、连江、永春、洛江、福清、同安、闽侯、龙海、永泰、云霄、长泰、诏安、仙游、漳浦、华安、新罗、南安、安溪、平和、上杭、南靖和永定等县（市、区），合计面积为1 262 441.72hm²，占全省红锥适宜用地总面积的95.73%。这些区域林地资源适宜种植红锥的原因主要是：①限制红锥正常生长的极限因子均未超过极限值。②年降水量、年无霜期均值分别为1 505mm、310d，分别比红锥用地适宜性相应评价因子标准值高15.76%、1.52%，水热条件较优越。③地理位置优越，区位平均值为1.22km，仅为红锥用地适宜性相应评价因子标准值的24.31%。

全省红锥不适宜用地总面积为7 005 289.82hm²，占全省林地资源总面积的84.16%，主要分布在闽北、闽中和闽西部地区。从设市区分布来看，全省红锥不适宜用地主要分布在南平、三明、龙岩、宁德等市，合计面积为5 918 647.30hm²，占全省红锥不适宜用地总面积的84.49%。从各县（市、区）分布来看，红锥不适宜用地资源主要分布在福安、闽侯、上杭、屏南、闽清、泰宁、政和、建宁、永泰、沙县、新罗、明溪、清流、顺昌、古田、大田、德化、宁化、光泽、将乐、延平、武平、连城、武夷山、邵武、永安、漳平、长汀、尤溪、浦城、建阳和建瓯等县（市、区），合计面积为5 771 814.17hm²，占全省红锥不适宜用地总面积的82.39%。这些区域不适宜红锥正常生长的主要原因是：①极端低温过低。红锥对低温极为敏感，上述区域冬季极端低温都在-4℃以下，超出了红锥正常生长可忍耐的极端低温的下限值，容易对其造成冻害，甚至导致其死亡。②热量条件不适。当≥10℃年活动积温低于6 000℃时，红锥主干矮而弯曲，出材率低；海拔1 000m以上的区域，气温低，积温小，红锥很少有分布或生长不良。③土壤过酸或过碱。红锥适宜生长在pH值4~6，超出这个范围，则不利于红锥的正常生长。④土壤环境条件恶劣。上述大部分区域土层瘠薄、坡度过陡、土壤侵蚀严重、质地过砂或过黏等，影响红锥的正常生长。

表7-2　福建省各县（市、区）红锥适宜用地面积

行政区	不适宜用地面积（hm²）	适宜用地面积（hm²）			
		高度适宜	中度适宜	一般适宜	合计
仓山区	750.65	66.17	–	–	66.17
福清市	30 326.31	8 041.65	19 020.00	–	27 061.65
鼓楼区	–	354.69	–	–	354.69
晋安区	33 535.33	4 609.09	1 738.31	–	6 347.4
连江县	50 461.16	1 643.85	13 325.49	1 205.07	16 174.41
罗源县	67 623.10	5 551.83	358.02	900.14	6 809.99
马尾区	10 201.89	2 617.62	634.07	–	3 251.69
闽侯县	104 938.67	18 229.96	10 121.61	–	28 351.57
闽清县	108 647.12	–	–	–	–
永泰县	138 314.68	16 589.73	14 033.45	–	30 623.18
长乐区	22 112.14	–	496.65	–	496.65

（续表）

行政区	不适宜用地面积（hm²）	适宜用地面积（hm²）			
		高度适宜	中度适宜	一般适宜	合计
连城县	216 190.04	–	–	–	–
上杭县	105 190.26	63 998.28	46 466.80	3 824.79	114 289.87
武平县	211 994.83	–	–	–	–
新罗区	144 270.51	65 769.17	5 649.48	5.26	71 423.91
永定区	39 726.64	59 165.69	59 862.39	1 387.04	120 415.12
漳平市	246 867.05	–	–	–	–
长汀县	249 429.91	–	–	–	–
光泽县	188 373.40	–	–	–	–
建瓯市	282 502.31	–	–	–	–
建阳区	271 512.17	–	–	–	–
浦城县	269 171.82	–	–	–	–
邵武市	232 319.11	–	–	–	–
顺昌县	156 273.33	–	–	–	–
松溪县	79 064.03	–	–	–	–
武夷山市	223 645.38	–	–	–	–
延平区	209 704.88	–	–	–	–
政和县	124 367.97	–	–	–	–
福安市	100 996.79	–	–	–	–
福鼎市	84 821.87	–	–	–	–
古田县	164 354.87	–	–	–	–
蕉城区	78 326.97	1 031.17	8 943.26	5 270.94	15 245.37
屏南县	108 252.69	–	–	–	–
寿宁县	96 846.04	–	–	–	–
霞浦县	90 288.98	–	–	–	–
柘荣县	38 516.15	–	–	–	–
周宁县	76 881.79	–	–	–	–
城厢区	5 989.06	8 847.91	4 987.09	–	13 835
涵江区	25 915.40	1 069.41	12 228.39	–	13 297.8
荔城区	3 917.21	31.78	–	–	31.78
仙游县	65 798.34	22 091.22	30 205.50	–	52 296.72
秀屿区	4 699.54	–	–	–	–
安溪县	64 590.84	34 275.60	59 559.23	7.16	93 841.99
德化县	176 050.02	–	–	–	–
丰泽区	487.09	1 704.48	–	–	1 704.48
惠安县	2 774.30	4 130.65	6 003.87	–	10 134.52
晋江市	4 155.89	–	–	–	–
鲤城区	101.60	–	508.01	–	508.01

（续表）

行政区	不适宜用地面积（hm²）	适宜用地面积（hm²）			
		高度适宜	中度适宜	一般适宜	合计
洛江区	1 110.06	18 625.53	755.36	–	19 380.89
南安市	15 843.21	77 203.95	291.08	1.96	77 496.99
泉港区	789.86	8 248.11	35.65	–	8 283.76
石狮市	1 419.17	–	–	–	–
永春县	64 059.48	13 751.50	4 525.84	–	18 277.34
大田县	167 045.68	–	–	–	–
建宁县	128 343.49	–	–	–	–
将乐县	193 952.54	–	–	–	–
梅列区	26 544.74	–	–	–	–
明溪县	147 548.30	–	–	–	–
宁化县	180 712.25	–	–	–	–
清流县	150 989.54	–	–	–	–
三元区	63 766.41	–	–	–	–
沙县	138 939.13	–	–	–	–
泰宁县	119 582.61	–	–	–	–
永安市	243 296.00	–	–	–	–
尤溪县	268 036.82	–	–	–	–
海沧区	11.92	2 965.96	1 620.32	–	4 586.28
湖里区	22.29	267.00	–	–	267
集美区	428.32	2 686.87	3 994.22	–	6 681.09
思明区	15.53	609.11	1 375.52	–	1 984.63
同安区	86.06	26 603.41	548.27	2.38	27 154.06
翔安区	52.44	7 613.73	309.31	–	7 923.04
东山县	1 738.76	–	137.98	2 407.96	2 545.94
华安县	22 368.44	31 860.61	31 703.45	174.39	63 738.45
龙海市	1 197.12	21 634.40	8 358.74	–	29 993.14
龙文区	356.21	310.35	836.88	–	1 147.23
南靖县	21 410.22	44 795.96	67 394.53	2 157.57	114 348.06
平和县	16 453.01	28 433.23	65 430.82	17 714.06	111 578.11
芗城区	13.75	–	3 259.28	–	3 259.28
云霄县	619.20	2 998.60	36 640.02	578.73	40 217.35
漳浦县	5 293.78	23 241.79	29 404.79	4 255.77	56 902.35
长泰县	2 948.63	15 366.86	23 547.89	5 944.99	44 859.74
诏安县	334.74	4 068.09	36 887.52	10 548.54	51 504.15
平潭实验区	8 679.97	–	–	–	–
总计	7 005 289.81	651 105.01	611 199.09	56 386.75	1 318 690.85

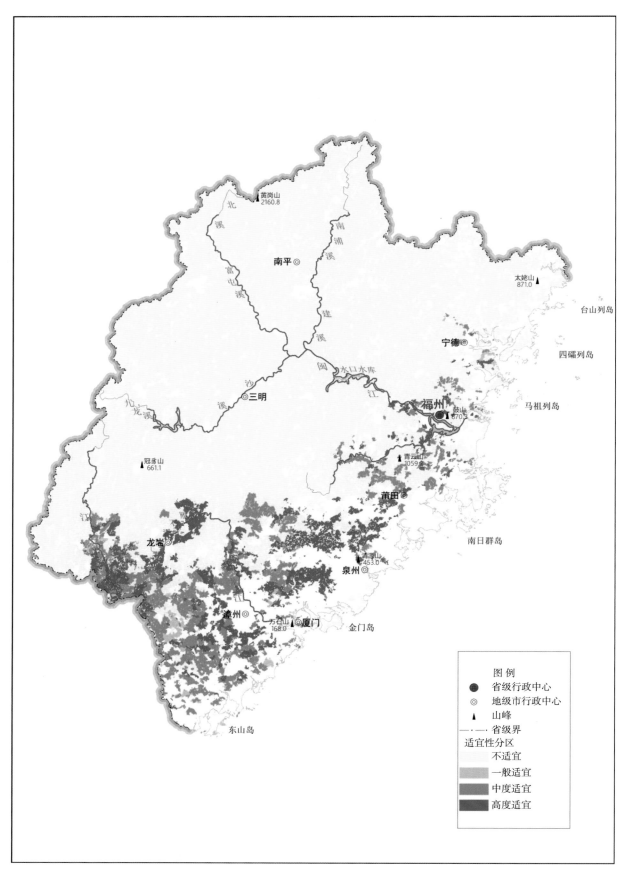

图7-6 福建省红锥适宜用地分布示意图

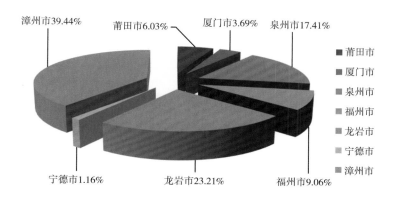

图7-7　福建省设区市红锥适宜用地面积比例

（二）红锥适宜用地质量及其分布

表7-2、图7-6评价结果表明，福建省高度、中度适宜种植红锥的用地面积分别为651 105.03hm²和611 199.07hm²，分别占全省红锥适宜用地总面积的49.39%和46.35%，红锥一般适宜种植用地面积较小，仅占全省红锥适宜用地总面积的4.28%。可见，福建省红锥适宜用地资源质量较高，以高度适宜和中度适宜占优势。

从各设区市适宜种植红锥用地资源质量分布情况来看（图7-8至图7-10），全省红锥高度适宜用地资源主要分布在龙岩、漳州、泉州和福州等市，合计面积达577 287.44hm²，占全省高度适宜种植红锥用地总面积的88.66%，而后依次为厦门、莆田和宁德市；全省红锥中度适宜用地面积大小依次为漳州>龙岩>泉州>福州>莆田>宁德>厦门，分别占全省中度适宜种植红锥用地总面积的49.67%、18.32%、11.73%、9.77%、7.76%、1.446%和1.28%；全省红锥一般适宜用地资源主要分布在漳州市，面积为43 782.01hm²，占全省一般适宜种植红锥用地总面积的77.65%。

从各县（市、区）适宜种植红锥用地质量状况分布来看，全省高度适宜种植红锥的用地资源主要分布在永春、长泰、永泰、闽侯、洛江、龙海、仙游、漳浦、同安、平和、华安、安溪、南靖、永定、上杭、新罗和南安等县（市、区），合计面积达581 636.90hm²，占全省高度适宜种植红锥用地面积的89.33%。上述区域种植红锥用地资源适宜程度高的主要原因是：①光热资源充足，水分条件适中。年日照时数、年均温、年无霜期和年降水量均值分别为1 953.14h、19.94℃、316.26d和1 495.90mm，均高于全省红锥适宜用地相应指标均值，能充分满足红锥正常生长对光、热和水分条件的需求。②土壤环境条件较好，土层深厚、质地适中，水、肥、气、热协调。该区域土层厚度均值为97.63cm，比全省红锥适宜用地的土层厚度均值高11.34%，质地多为砂壤土、轻壤土和中壤土，土壤较肥沃，有机质、全磷、全钾含量均值分别为26.12g/kg、0.56g/kg、20.36g/kg，分别超出全省红锥适宜用地相应指标均值的5.24%、14.29%和9.82%。pH值均值为5.19，土壤酸性度适宜。③地理位置优越，交通通达性好。区位和交通通达度均值分别为0.98km和177.94km，低于全省红锥适宜区相应指标均值。全省中度适宜种植红锥的用地资源主要分布在闽侯、涵江、连江、永泰、福清、长泰、漳浦、仙游、华安、云霄、诏安、上杭、安溪、永定、平和和南靖等县（市、区），合计面积达555 831.87hm²，占全省中度适宜种植红锥用地资源面积的90.94%。该区域光、热、水资源与高度适宜区相差不大，土壤环境条件稍差，交通和区位也不如高度适宜区。全省一般适宜种植红锥的用地资源主要分布在平和、诏安、长泰、蕉城、云霄和漳浦等县（市、区），合计面积达43 734.30hm²，占全省一般适宜种植红锥用地资源的77.56%。该区域种植红锥用地适宜程度不高的原因主要是：①土壤环境条件较差，土层浅薄、有机质、全磷、全钾含量较低。该区域土层厚度、有机质、全磷、全钾含量均值分别为52.84cm、19.40g/kg、0.32g/kg和13.06g/kg，分别比全省红锥适宜种植区相应指标均值低39.74%、21.84%、34.69%和29.56%。土壤质地过于黏重，多为轻黏土和重壤土，不利于红锥的生长发育。②区位和交通条件较差。区位和交通通达性均值分别为1.5km、219.53km，比全省适宜种植红锥用地相应因子均值高36.36%和16.62%，交通运输不便。

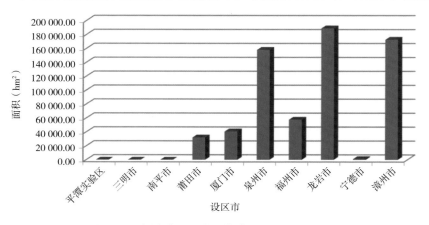

图7-8　福建省设区市红锥高度适宜用地面积

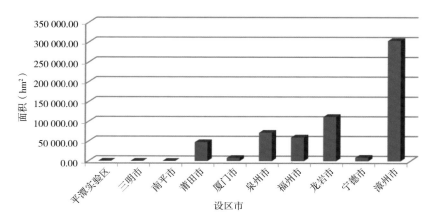

图7-9　福建省设区市红锥中度适宜用地面积

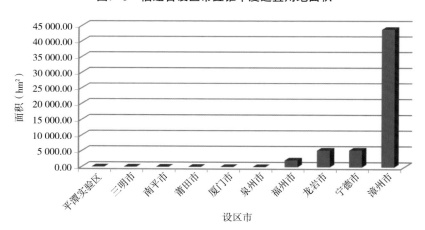

图7-10　福建省设区市红锥一般适宜用地面积

三、吊皮锥用地适宜性分析

（一）吊皮锥适宜用地数量及其分布

表7-3、图7-11评价结果表明，福建省适宜种植吊皮锥用地总面积达3 700 179.31hm²，占全

省林地资源总面积的44.45%，主要分布在闽东和闽西南地区。从吊皮锥适宜用地的设区市分布来看（图7-12），福建省适宜种植吊皮锥用地主要分布在龙岩（32.58%）、福州（15.93%）、三明（13.65%）、泉州（9.01%）和漳州市（9.40%），合计面积达2 981 171.76hm²，占全省吊皮锥适宜用地资源的80.57%。从各县（市、区）适宜种植吊皮锥的用地资源分布来看，全省适宜种植吊皮锥用地主要分布在古田、福清、连江、三元、华安、罗源、平和、永春、蕉城、福安、南靖、仙游、连城、闽侯、安溪、永定、大田、永泰、延平、武平、新罗、上杭、永安和漳平等县（市、区），合计面积达3 172 676.07hm²，占全省吊皮锥适宜用地面积的85.74%。这些区域林地资源适宜种植吊皮锥的原因主要是：①限制吊皮锥正常生长的极限因子均未超过极限值。②年无霜期、年日照时数、年均温均值分别为281.66d、1 830.0h、18.27℃，分别比吊皮锥用地适宜性相应评价因子标准值高4.32%、4.62%和1.50%，光热条件较优越。③土壤肥沃，有机质含量均值为34.95g/kg，比吊皮锥用地适宜性相应评价因子标准值高16.48%。④地理位置优越，区位平均值为1.29km，仅为吊皮锥用地适宜性相应评价因子标准值的25.80%。

福建省不适宜种植吊皮锥的用地总面积为4 623 801.41hm²，占全省林地资源总面积的55.55%，主要分布在闽西北和闽东南沿海地区。从吊皮锥不适宜用地资源设区市分布来看，主要分布在南平、三明、宁德和龙岩市，合计面积达4 025 313.30hm²，占全省吊皮锥不适宜用地资源面积的87.06%。从县域分布情况来看，全省不适宜种植吊皮锥的用地主要分布在屏南、古田、泰宁、沙县、政和、建宁、顺昌、明溪、清流、德化、宁化、光泽、将乐、长汀、武夷山、邵武、尤溪、浦城、建阳和建瓯等县（市、区），合计面积为3 623 775.21hm²，占全省不适宜种植吊皮锥用地面积的78.37%。闽西北上述区域不适宜种植吊皮锥主要是由于该区域海拔较高，极端低温都在-6.5℃以下，超出了吊皮锥正常生长可忍耐的下限值，避冻条件较差，易产生低温冻害，限制了吊皮锥的正常生长，甚至导致其死亡；部分区域由于坡度较大，水土流失严重，对吊皮锥生长不利，而一些低谷地段因水湿条件较大亦不适宜于吊皮锥的生长。闽东南沿海地区因降水量较少，气候较干燥，限制了吊皮锥的正常生长。此外，土壤酸碱性超出吊皮锥适宜生长的范围、土层瘠薄、质地偏砂或偏黏等也是导致上述区域不适宜种植吊皮锥的原因。

表7-3　福建省各县（市、区）吊皮锥适宜用地面积

行政区	不适宜用地面积（hm²）	适宜用地面积（hm²）			
		高度适宜	中度适宜	一般适宜	合计
仓山区	-		816.82	-	816.82
福清市	4 042.90	-	25 613.12	27 731.93	53 345.05
鼓楼区	-		354.69	-	354.69
晋安区	1.36	14 284.72	25 588.56	8.09	39 881.37
连江县	4 447.82	-	49 781.89	12 405.85	62 187.74
罗源县	1 145.44	27 765.05	42 250.13	3 272.45	73 287.63
马尾区	1.52	-	13 425.10	26.96	13 452.06
闽侯县	83.97	39 783.89	92 574.83	847.55	133 206.27
闽清县	72 126.69	14 250.36	22 260.48	9.59	36 520.43
永泰县	1 445.99	40 801.66	126 690.21	-	167 491.87
长乐区	13 831.75		269.85	8 507.19	8 777.04
连城县	89 793.50	111 080.78	15 315.77	-	126 396.55
上杭县	991.93	28 988.13	181 530.45	7 969.62	218 488.2

（续表）

行政区	不适宜用地面积（hm²）	适宜用地面积（hm²）			
		高度适宜	中度适宜	一般适宜	合计
武平县	43.33	5 856.88	205 858.23	236.39	211 951.5
新罗区	1 326.16	131 885.71	82 477.29	5.26	214 368.26
永定区	2 097.57	24.50	152 991.10	5 028.59	158 044.19
漳平市	5 213.91	190 741.20	50 905.96	5.98	241 653.14
长汀县	214 769.97	2 886.14	31 647.44	126.37	34 659.95
光泽县	188 373.40	–	–	–	–
建瓯市	281 381.36	1 120.95	–	–	1 120.95
建阳区	271 512.17	–	–	–	–
浦城县	269 171.82	–	–	–	–
邵武市	232 319.11	–	–	–	–
顺昌县	140 709.22	12 662.70	2 901.41	–	15 564.11
松溪县	79 064.03	–	–	–	–
武夷山市	223 645.38	–	–	–	–
延平区	656.29	202 523.59	6 525.00	–	209 048.59
政和县	124 367.97	–	–	–	–
福安市	768.24	7 842.75	91 962.86	422.94	100 228.55
福鼎市	61 959.86	–	20 031.56	2 830.45	22 862.01
古田县	112 165.06	26 833.90	25 355.91	–	52 189.81
蕉城区	641.18	619.13	62 791.77	29 520.27	92 931.17
屏南县	101 210.24	–	4 742.71	2 299.74	7 042.45
寿宁县	96 846.04	–	–	–	–
霞浦县	87 316.05	677.01	1 469.12	826.80	2 972.93
柘荣县	38 516.15	–	–	–	–
周宁县	76 881.79	–	–	–	–
城厢区	7.96	–	9 351.79	10 464.32	19 816.11
涵江区	–	–	16 738.31	22 474.89	39 213.2
荔城区	3 897.65	–	51.34	–	51.34
仙游县	1 274.21	24 286.92	88 711.97	3 821.95	116 820.84
秀屿区	3 183.02	–	–	1 516.52	1 516.52
安溪县	11 621.90	20 510.81	119 521.58	6 778.54	146 810.93
德化县	154 459.60	12 638.03	8 946.71	5.68	21 590.42
丰泽区	487.09	–	–	1 704.48	1 704.48
惠安县	1 751.08	–	866.36	10 291.37	11 157.73
晋江市	4 155.89	–	–	–	–
鲤城区	609.61	–	–	–	–
洛江区	4 616.25	–	14 639.11	1 235.58	15 874.69

（续表）

行政区	不适宜用地面积（hm²）	适宜用地面积（hm²）			
		高度适宜	中度适宜	一般适宜	合计
南安市	47 550.08	224.25	45 545.05	20.81	45 790.11
泉港区	843.90	–	7 411.06	818.66	8 229.72
石狮市	1 419.17	–	–	–	–
永春县	293.20	46 852.43	33 521.52	1 669.69	82 043.64
大田县	4.48	112 613.60	54 427.61	–	167 041.21
建宁县	128 343.49	–	–	–	–
将乐县	193 952.54	–	–	–	–
梅列区	53.56	26 438.91	52.28	–	26 491.19
明溪县	147 548.30	–	–	–	–
宁化县	180 712.25	–	–	–	–
清流县	150 989.54	–	–	–	–
三元区	38.36	56 337.07	7 390.98	–	63 728.05
沙县	120 627.62	3 612.39	14 699.12	–	18 311.51
泰宁县	119 582.61	–	–	–	–
永安市	13 785.26	205 850.45	23 648.18	12.12	229 510.75
尤溪县	267 933.58	81.25	21.99	–	103.24
海沧区	2 121.72	–	563.98	1 912.51	2 476.49
湖里区	289.29	–	–	–	–
集美区	758.19	–	393.75	5 957.48	6 351.23
思明区	2 000.17	–	–	–	–
同安区	7 763.58	–	74.41	19 402.13	19 476.54
翔安区	2 852.16	–	5 122.47	0.85	5 123.32
东山县	4 284.70	–	–	–	–
华安县	20 249.78	10 316.07	52 855.20	2 685.84	65 857.11
龙海市	25 856.63	–	685.30	4 648.33	5 333.63
龙文区	1 503.44	–	–	–	–
南靖县	30 369.11	–	63 060.75	42 328.42	105 389.17
平和县	47 375.24	–	4 217.30	76 438.59	80 655.89
芗城区	1 127.86	–	–	2 145.17	2 145.17
云霄县	32 202.06	–	7.01	8 627.48	8 634.49
漳浦县	49 968.00	–	2 169.17	10 058.97	12 228.14
长泰县	6 931.74	–	12 185.58	28 691.05	40 876.63
诏安县	25 057.73	–	145.37	26 635.79	26 781.16
平潭实验区	4 478.64	–	–	4 201.33	4 201.33
总计	4 623 801.41	1 380 391.23	1 923 157.51	396 630.57	3 700 179.31

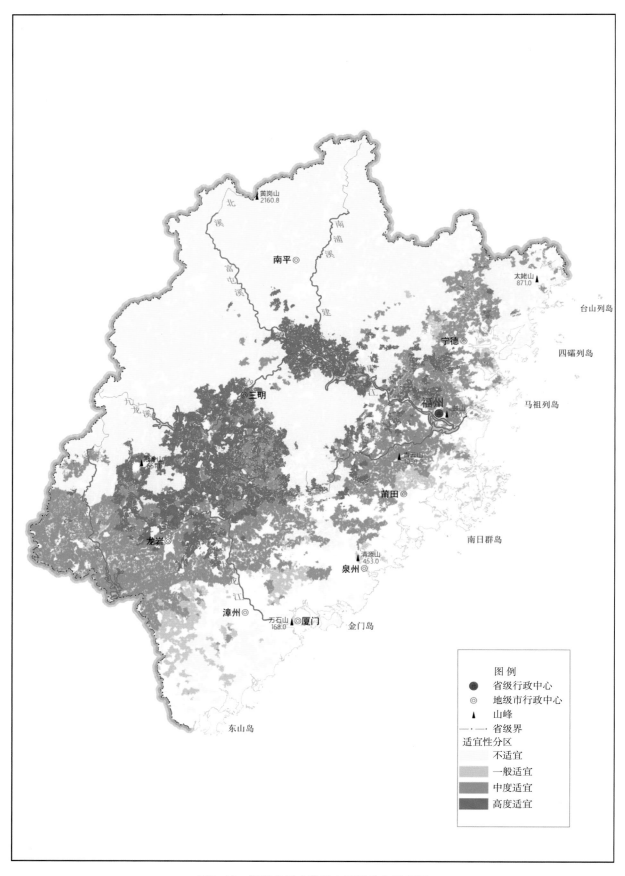

图7-11　福建省吊皮锥适宜用地分布示意图

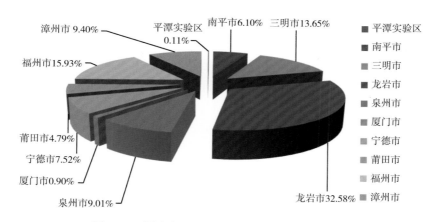

图7-12 福建省设区市吊皮锥适宜用地面积比例

（二）吊皮锥适宜用地质量及其分布

吊皮锥用地适宜性评价结果表明（表7-3、图7-11），全省高度、中度和一般适宜种植吊皮锥用地面积分别为1 380 391.23hm²、1 923 157.51hm²和396 630.57hm²，分别占全省适宜种植吊皮锥用地总面积的37.31%、51.97%和10.72%，表明福建省吊皮锥适宜用地资源以中度适宜为主。

从适宜种植吊皮锥用地质量的设区市分布情况来看（图7-13至图7-15），全省吊皮锥高度适宜种植区用地资源主要分布在龙岩（34.15%）、三明（29.33%）、南平（15.67%）和福州市（9.92%），合计面积达1 229 589.91hm²，占全省高度适宜种植吊皮锥用地资源面积的89.08%。中度适宜种植吊皮锥用地资源主要分布在龙岩（37.48%）、福州（20.78%）、泉州（11.98%）和宁德市（10.73%），合计面积达1 557 157.26hm²，占全省中度适宜种植吊皮锥用地资源面积的80.97%。一般适宜种植吊皮锥用地资源主要分布在漳州（50.99%）、福州（13.31%）、莆田（9.65%）、宁德（9.05%）等市，合计面积达329 247.12hm²，占全省一般适宜种植吊皮锥用地总面积的83.01%。

从适宜种植吊皮锥用地质量的县（市、区）分布状况来看（表7-3、图7-11），全省高度适宜种植吊皮锥用地资源主要分布在华安、德化、顺昌、闽清、晋安、安溪、仙游、梅列、古田、罗源、上杭、闽侯、永泰、永春、三元、连城、大田、新罗、漳平、延平和永安等县（市、区），合计面积达1 357 445.95hm²，占全省高度适宜种植吊皮锥用地资源的98.34%。上述区域高度适宜种植吊皮锥的原因主要是：①光热资源充足。该区域年日照时数、年均温和年无霜期均值分别为1 802.68h、18.08℃和271.43d，均高于吊皮锥用地适宜性相应评价因子标准值。②土壤立地条件优越，质地适中，土层深厚，土壤肥沃，酸碱性适宜。该区域质地多为沙壤土、轻壤土和中壤土，土层厚度、有机质含量均值分别为112.07cm和38.67g/kg，与吊皮锥适宜用地相应指标均值相比分别高11.52%和12.91%。全磷、全钾含量较为丰富，其均值分别为0.73g/kg、19.48g/kg，分别比全省吊皮锥适宜用地相应评价因子均值高25.86%和8.71%。土壤pH值为5.04，酸碱性适宜。③区位条件优越，交通便利。区位和交通通达性均值分别为1.25km和165.42km，仅分别为全省适宜种植吊皮锥相应指标均值的92.59%和96.15%。全省中度适宜种植吊皮锥的用地资源主要分布在长泰、马尾、洛江、沙县、连城、涵江、福鼎、闽清、永安、古田、晋安、福清、长汀、永春、罗源、南安、连江、漳平、华安、大田、蕉城、南靖、新罗、仙游、福安、闽侯、安溪、永泰、永定、上杭和武平等县（市、区），合计面积达1 858 606.65hm²，占全省中度适宜种植吊皮锥用地总面积的96.64%。该区域光热资源较为丰富，与高度适宜区相差不大，土层深厚、有机质含量高，但全磷、全钾含量不及高度适宜区，区位和交通通达性较差。全省一般适宜种植吊皮锥的用地资源主要分布在漳浦、惠安、城厢、连江、同安、涵江、诏安、福清、长泰、蕉城、南靖和平和等县（市、区），合计面积达316 443.57hm²，占全省一般适宜种植吊皮锥用地总面积的79.78%。这些区域种植吊皮锥的适宜程度较低的主要原因是：①降水量较少，限制水分供给。该区域年降水量均值为1 449.37mm，低于吊皮锥适宜性相应评价因子的下限值，不能满足吊皮锥正常生长对水分的需求。②土壤立地条件较差，土层瘠薄，质地较黏，有机质、全磷、全钾含量较低，水、肥、气、热不协调。该区域土层厚度、有机质、全磷、全钾含量均值分别为67.32cm、19.96g/kg、0.36g/kg和16.36g/kg，与全省适宜种植吊皮锥用地资源相应评价因子均值相比，分别低35.73%、41.72%、37.93%和8.71%。③区位和交通条件较差。该区域区位和交通通达度均值分别为1.35km和185.59km，分别为全省适宜种植吊皮锥用地资源相应评价因子均值的103.85%和105.07%。

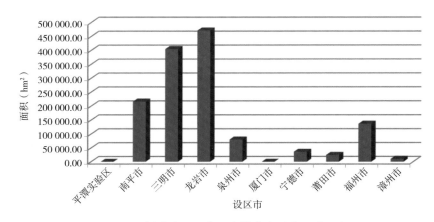

图7-13　福建省设区市吊皮锥高度适宜用地面积

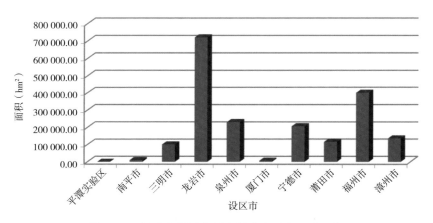

图7-14　福建省设区市吊皮锥中度适宜用地面积

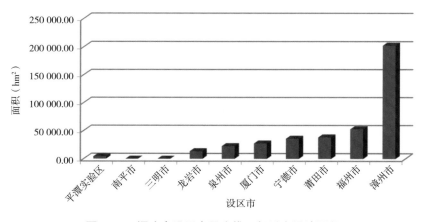

图7-15　福建省设区市吊皮锥一般适宜用地面积

第二节 壳斗科主要树种用地优化布局分析

一、锥栗用地优化布局分析

福建省锥栗用地优化布局结果表明（表7-4、图7-16），全省锥栗优化布局用地总面积为4 165 021.40hm²，分别占全省林地资源和锥栗适宜种植面积的50.04%和87.93%，其中优先种植区、次优先种植区和一般种植区面积分别为198 700.10hm²、3 366 513.03hm²和599 808.27hm²，分别占全省锥栗优化布局用地总面积的4.77%、80.83%和14.40%，可见，全省锥栗优化布局用地以次优先种植区为主。从锥栗优化布局用地的设区市分布来看（图7-17至图7-20），全省锥栗优化布局用地主要分布于龙岩、三明和南平市，合计面积为3 064 685.54hm²，占全省锥栗优化布局用地总面积的73.58%，而后依次为宁德（9.94%）>福州（8.96%）>泉州（5.63%）>莆田（0.96%）>漳州（0.89%）>厦门（0.03%），因此，应将三明、南平和龙岩市作为福建省锥栗重点发展区域。

从全省锥栗优化布局用地设区市分布情况来看，锥栗优先种植区主要分布在三明、南平和龙岩市，合计面积为160 508.20hm²，占全省锥栗优先种植区总面积的80.78%，其中以南平市面积最大，占全省锥栗优先种植区总面积的30.00%。锥栗次优先种植区主要分布在三明、南平和龙岩市，合计面积为2 530 736.52hm²，占全省锥栗次优先种植区总面积的75.17%。锥栗一般种植区主要分布在南平、三明、宁德和龙岩市，合计面积为490 960.57hm²，占全省锥栗一般种植区总面积的81.85%。

表7-4 福建省锥栗用地优化布局面积

行政区	优化布局用地面积（hm²）			合计
	优先种植区	次优先种植区	一般种植区	
仓山区	–	–	–	–
福清市	–	2 613.89	1 858.56	4 472.45
鼓楼区	–	–	–	–
晋安区	7.67	29 382.45	1 627.48	31 017.61
连江县	82.27	26 975.52	5 100.12	32 157.91
罗源县	2 183.14	36 156.81	13 026.29	51 366.25
马尾区	133.74	7 294.30	23.39	7 451.43
闽侯县	6 863.94	68 969.77	5 141.24	80 974.95
闽清县	6 210.18	53 100.61	6 014.12	65 324.90
永泰县	2 305.50	93 117.89	4 504.83	99 928.22
长乐区	–	336.89	226.83	563.73
连城县	35 303.13	105 971.67	32 658.46	173 933.26
上杭县	928.92	83 310.89	9 550.47	93 790.28
武平县	1 151.16	129 686.09	8 124.77	138 962.02
新罗区	3 621.63	109 538.95	11 463.85	124 624.43
永定区	488.03	24 216.65	10 122.14	34 826.82
漳平市	12 480.72	107 473.87	14 643.24	134 597.83

（续表）

行政区	优化布局用地面积（hm²）			合计
	优先种植区	次优先种植区	一般种植区	
长汀县	79.48	172 227.57	4 396.41	176 703.46
光泽县	886.55	1 862.12	13 155.34	15 904.01
建瓯市	3 315.80	188 279.71	7 290.90	198 886.41
建阳区	10 022.29	150 120.19	27 997.50	188 139.98
浦城县	2 277.62	75 569.88	10 665.38	88 512.89
邵武市	28 783.58	72 267.25	21 902.32	122 953.15
顺昌县	5 842.37	94 026.26	30 121.48	129 990.11
松溪县	713.46	21 039.25	10 530.32	32 283.03
武夷山市	513.31	50 856.34	18 788.00	70 157.66
延平区	4 242.08	124 639.04	1 633.79	130 514.91
政和县	3 018.16	32 217.63	2 293.19	37 528.98
福安市	546.12	54 979.15	5 486.55	61 011.83
福鼎市	4 162.74	32 213.02	35 116.31	71 492.07
古田县	10 007.61	88 246.67	3 848.08	102 102.35
蕉城区	689.28	9 977.52	9 490.20	20 156.99
屏南县	455.40	16 251.83	14 815.49	31 522.71
寿宁县	–	7 963.52	12 674.90	20 638.42
霞浦县	73.30	43 690.20	24 392.79	68 156.30
柘荣县	936.09	8 562.11	3 767.31	13 265.51
周宁县	–	17 762.52	7 928.12	25 690.64
城厢区	–	18.48	155.97	174.45
涵江区	–	7 187.43	2 143.62	9 331.05
荔城区	–	241.79	73.99	315.78
仙游县	–	4 915.87	25 400.87	30 316.73
秀屿区	–	34.11	–	34.11
安溪县	18.90	63 030.69	8 332.19	71 381.78
德化县	2 317.75	101 694.53	12 851.70	116 863.97
丰泽区	–	–	–	–
惠安县	–	84.58	37.40	121.97
晋江市	–	–	–	–
鲤城区	–	–	–	–
洛江区	–	530.90	1 010.62	1 541.52
南安市	–	5 287.82	2 864.56	8 152.37
泉港区	–	126.85	6.60	133.45

（续表）

行政区	优化布局用地面积（hm²）			合计
	优先种植区	次优先种植区	一般种植区	
石狮市	–	–	–	–
永春县	1 187.71	33 351.82	1 780.55	36 320.08
大田县	3 804.94	123 767.07	7 068.56	134 640.57
建宁县	1 109.01	7 250.64	7 199.21	15 558.86
将乐县	1 896.78	123 460.27	5 344.02	130 701.07
梅列区	296.63	18 734.12	915.50	19 946.24
明溪县	3 228.82	104 407.47	10 631.30	118 267.60
宁化县	3 516.73	135 286.59	13 970.76	152 774.08
清流县	4 716.68	105 458.06	6 822.20	116 996.94
三元区	379.35	37 146.54	2 098.69	39 624.59
沙县	1 113.43	71 594.95	7 651.20	80 359.57
泰宁县	6 440.89	7 230.06	24 156.03	37 826.97
永安市	10 249.56	133 037.28	26 068.74	169 355.58
尤溪县	10 087.12	120 060.12	26 177.00	156 324.25
海沧区	–	–	4.38	4.38
湖里区	–	–	–	–
集美区	–	–	119.20	119.20
思明区	–	–	–	–
同安区	–	522.78	531.20	1 053.99
翔安区	–	–	69.43	69.43
东山县	–	–	–	–
华安县	9.67	15 339.71	4 167.55	19 516.93
龙海市	–	–	58.17	58.17
龙文区	–	–	–	–
南靖县	0.89	5 558.42	10 883.12	16 442.43
平和县	–	214.06	522.11	736.17
芗城区	–	–	–	–
云霄县	–	–	–	–
漳浦县	–	9.01	60.36	69.37
长泰县	–	32.98	251.24	284.22
诏安县	–	–	–	–
平潭实验区	–	–	–	–
总计	198 700.10	3 366 513.03	599 808.27	4 165 021.40

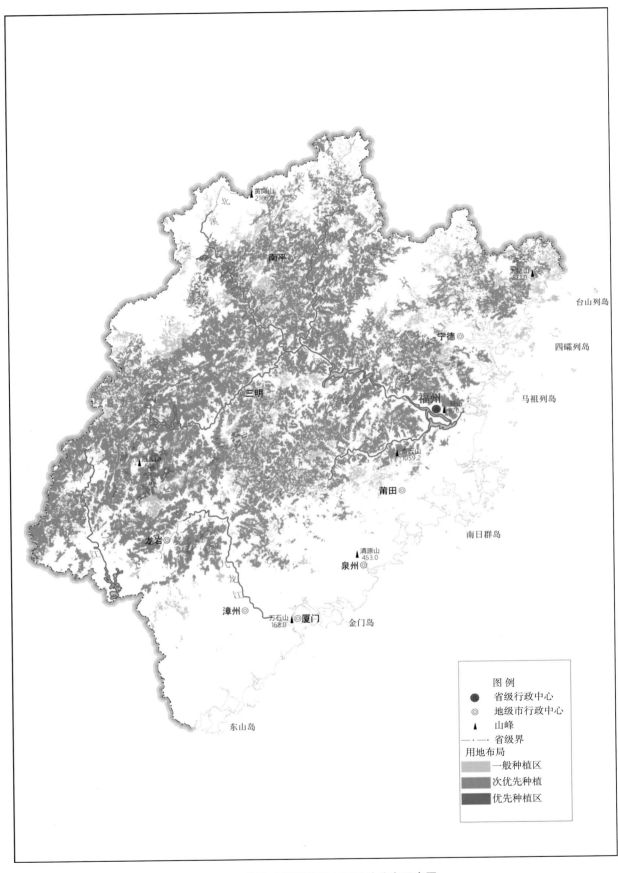

图7-16　福建省锥栗优化布局用地分布示意图

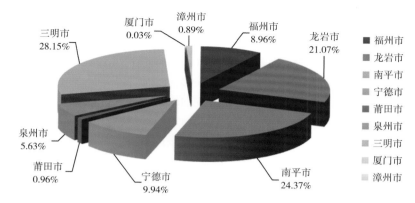

图7-17　福建省设区市锥栗优化布局用地面积比例

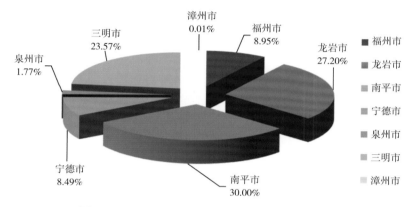

图7-18　福建省设区市锥栗优先种植区面积比例

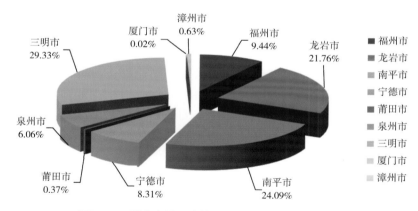

图7-19　福建省设区市锥栗次优先种植区面积比例

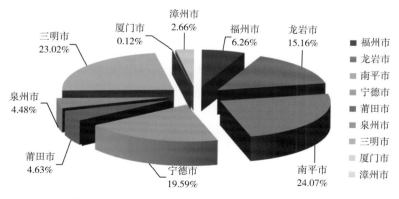

图7-20　福建省设区市锥栗一般种植区面积比例

从全省锥栗优化布局用地县（市、区）分布来看，锥栗优先种植区主要分布在古田、建阳、尤溪、永安、漳平、邵武和连城等县（市、区），合计面积为116 934.00hm²，占全省锥栗优先种植区总面积的58.85%，其中以连城和邵武县（市）的面积较大，分别占全省锥栗优先种植区总面积的17.77%和14.49%。该区域水热资源适宜，土壤较肥沃，质地适中，酸碱性适宜，土壤全磷、全钾含量丰富，地理位置优越，交通便利，这些优越的条件十分适宜发展锥栗种植，可作为福建省锥栗的优先发展区。锥栗次优先种植区主要分布在永泰、顺昌、德化、明溪、清流、连城、漳平、新罗、尤溪、将乐、大田、延平、武平、永安、宁化、建阳、长汀和建瓯等县（市、区），合计面积为2 222 252.64hm²，占全省锥栗次优先种植区总面积的66.01%，其中以建瓯和长汀县（市）面积较大，分别占全省锥栗次优先种植区总面积的5.59%和5.12%。该区域光、水资源与优先种植区差异不大，但土壤条件相对较差，交通和区位条件略逊于优先种植区。锥栗一般种植区主要分布在永定、松溪、明溪、浦城、南靖、新罗、寿宁、德化、罗源、光泽、宁化、漳平、屏南、武夷山、邵武、泰宁、霞浦、仙游、永安、尤溪、建阳、顺昌、连城和福鼎等县（市、区），合计面积为452 213.36hm²，占全省锥栗一般适宜种植区总面积的75.39%，其中以福鼎、连城和顺昌县（市）面积较大，分别占全省锥栗一般种植区总面积的5.85%、5.45%和5.02%，该区域土壤养分含量较低，地理区位和交通条件一般，对锥栗的生长发育、种植管理等较为不利，可将这些区域作为福建省锥栗种植的后备发展区域。

二、红锥用地优化布局分析

表7-5、图7-21、图7-22红锥用地优化布局结果表明，福建省红锥优化布局用地主要分布在漳州、泉州和龙岩市，合计面积为709 240.39hm²，占全省红锥用地优化布局总面积的83.09%，而后依次为福州>厦门>莆田>宁德，因此，应将漳州、泉州和龙岩市作为福建省红锥的重点发展区域。全省红锥优先种植区、次优先种植区和一般种植区面积分别为168 064.95hm²、490 526.71hm²和195 040.39hm²，分别占全省红锥用地优化布局总面积的19.69%、57.46%和22.85%，表明全省红锥用地优化布局以次优先种植区为主。

从全省红锥用地优化布局的设区市分布情况来看（图7-23至图7-25），全省红锥优先种植区主要分布在泉州、漳州、厦门和龙岩市，合计面积为144 407.53hm²，占全省红锥优先种植区总面积的85.92%，其中以泉州市面积最大，占全省红锥优先种植区总面积的47.49%。全省红锥次优先种植区主要分布在漳州、龙岩、泉州和福州市，合计面积为445 619.21hm²，占全省红锥次优先种植区总面积的90.85%，其中以漳州、龙岩市面积较大，分别占全省红锥次优先种植区总面积的44.62%和25.70%。全省红锥一般种植区主要分布在漳州、福州和莆田市，合计面积为186 208.93hm²，占全省红锥一般种植区总面积的95.47%，其中以漳州市面积最大，占全省红锥一般种植区总面积的85.68%。

从全省红锥用地优化布局的县（市、区）分布来看（表7-4、图7-21），全省红锥优先种植区主要分布在永定、永春、闽侯、南靖、安溪、翔安、华安、新罗、上杭、同安、仙游、洛江和南安等县（市、区），合计面积为154 243.22hm²，占全省红锥优先种植区总面积的91.78%，其中以南安市、仙游县和洛江区的红锥优先种植区面积较大，分别占全省红锥优先种植区总面积的30.38%、8.02%和9.23%。该区域水热资源丰富，土壤较肥沃，质地适中，酸碱性适宜，土壤全磷、全钾含量丰富，地理位置优越，交通便利，十分适宜发展红锥种植，可作为福建省红锥的优先发展区。全省红锥次优先种植区主要分布在城厢、闽侯、同安、安溪、华安、龙海、南安、长泰、漳浦、上杭、平和、南靖和永定等县（市、区），合计面积为408 822.48hm²，占全省红锥次优先种植区总面积的83.34%，其中以永定、南靖和平和县（区）的红锥次优先种植区面积较大，分别占全省红锥次优先种植区总面积的15.28%、10.55%和9.35%。该区域水热资源与优先种植区相近，但土壤条件相对较差，交通和区位条件略逊于优先种植区，可将面积较大的永定、平和及漳浦县（区）作为福建省红锥的重点发展区。全省红锥一般种植区主要分布在长泰、上杭、华安、福清、漳浦、南靖、云霄、诏安和平和等县（市、区），合计面积为178 208.14hm²，占全省红锥一般种植区总面积的91.37%，其中以平和、诏安和云霄县的红锥一般种植区面积较大，分别占全省红锥一般种植区总面积的22.89%、18.23%和16.31%，可将这些区域作为福建省红锥种植的后备发展区域。

表7-5　福建省红锥用地优化布局面积

行政区	用地优化布局面积（hm²）			
	优先种植区	次优先种植区	一般种植区	合计
仓山区	66.17	–	–	66.17
福清市	1 645.42	8 396.88	9 642.62	19 684.92
鼓楼区	354.69	–	–	354.69
晋安区	133.07	3 188.68	–	3 321.75
连江县	–	2 804.28	172.71	2 976.99
罗源县	186.93	10.89	–	197.82
马尾区	673.31	321.72	141.25	1 136.28
闽侯县	5 837.96	12 507.51	271.65	18 617.12
闽清县	–	–	–	–
永泰县	1 288.32	8 394.93	–	9 683.25
长乐区	–	–	484.87	484.87
连城县	–	–	–	–
上杭县	10 121.95	42 136.37	5 469.77	57 728.09
武平县	–	–	–	–
新罗区	8 473.84	8 995.44	–	17 469.28
永定区	3 042.65	74 950.76	2 908.81	80 902.22
漳平市	–	–	–	–
长汀县	–	–	–	–
光泽县	–	–	–	–
建瓯市	–	–	–	–
建阳区	–	–	–	–
浦城县	–	–	–	–
邵武市	–	–	–	–
顺昌县	–	–	–	–
松溪县	–	–	–	–

（续表）

行政区	用地优化布局面积（hm²）			
	优先种植区	次优先种植区	一般种植区	合计
武夷山市	–	–	–	–
延平区	–	–	–	–
政和县	–	–	–	–
福安市	–	–	–	–
福鼎市	–	–	–	–
古田县	–	–	–	–
蕉城区	–	–	172.13	172.13
屏南县	–	–	–	–
寿宁县	–	–	–	–
霞浦县	–	–	–	–
柘荣县	–	–	–	–
周宁县	–	–	–	–
城厢区	–	12 359.52	1 445.09	13 804.61
涵江区	–	326.80	3 936.14	4 262.94
荔城区	–	31.78	–	31.78
仙游县	13 471.55	7 752.70	–	21 224.25
秀屿区	–	–	–	–
安溪县	7 105.47	20 439.18	301.08	27 845.73
德化县	–	–	–	–
丰泽区	–	1 693.71	–	1 693.71
惠安县	866.36	8 921.38	342.36	10 130.1
晋江市	–	–	–	–
鲤城区	–	508.01	–	508.01
洛江区	15 518.69	918.31	–	16 437
南安市	51 059.79	25 615.19	171.91	76 846.89
泉港区	713.64	4 484.14	–	5 197.78
石狮市	–	–	–	–
永春县	4 549.20	2 464.17	–	7 013.37
大田县	–	–	–	–
建宁县	–	–	–	–

（续表）

行政区	用地优化布局面积（hm²）			
	优先种植区	次优先种植区	一般种植区	合计
将乐县	–	–	–	–
梅列区	–	–	–	–
明溪县	–	–	–	–
宁化县	–	–	–	–
清流县	–	–	–	–
三元区	–	–	–	–
沙县	–	–	–	–
泰宁县	–	–	–	–
永安市	–	–	–	–
尤溪县	–	–	–	–
海沧区	548.91	3 114.77	830.79	4 494.47
湖里区	–	261.25	–	261.25
集美区	945.82	5 705.69	–	6 651.51
思明区	144.77	504.46	1 335.40	1 984.63
同安区	12 409.79	14 670.47	9.26	27 089.52
翔安区	7 423.37	180.02	287.29	7 890.68
东山县	–	–	134.44	134.44
华安县	8 277.13	20 722.51	8 306.86	37 306.5
龙海市	1 776.12	25 424.66	2 637.67	29 838.45
龙文区	–	1 011.94	135.29	1 147.23
南靖县	6 951.83	51 727.04	19 456.96	78 135.83
平和县	1 997.67	45 871.63	44 638.57	92 507.87
芗城区	–	–	1 114.12	1 114.12
云霄县	702.72	7 038.68	31 803.30	39 544.7
漳浦县	471.51	33 629.36	18 306.77	52 407.64
长泰县	753.56	28 768.29	5 033.02	34 554.87
诏安县	552.74	4 673.59	35 550.26	40 776.59
平潭实验区	–	–	–	–
总计	168 064.95	490 526.71	195 040.39	853 632.05

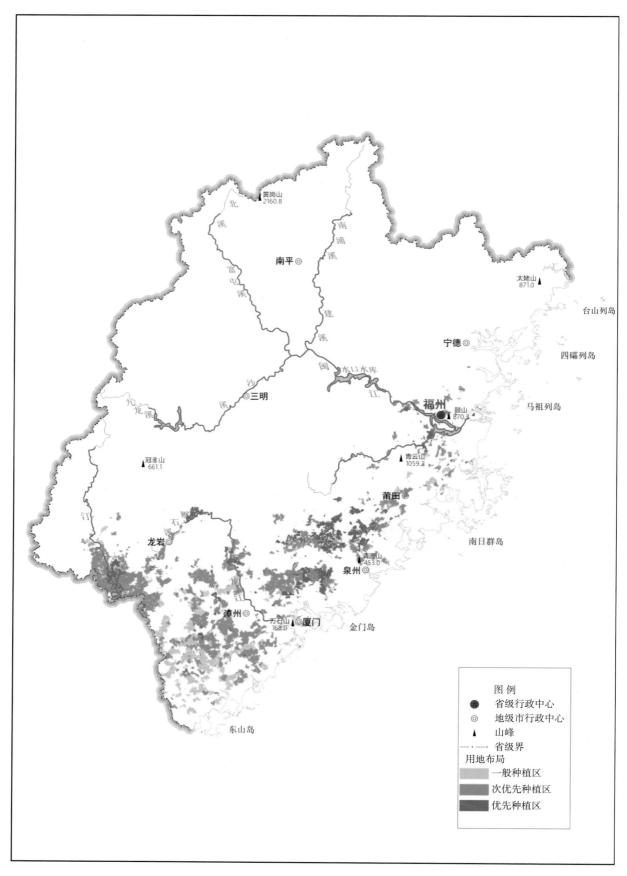

图7-21　福建省红锥优化布局用地分布示意图

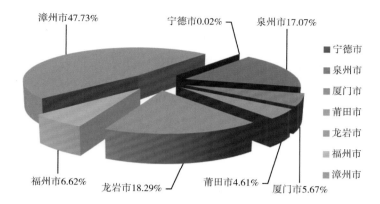

图7-22　福建省设区市红锥优化布局用地面积比例

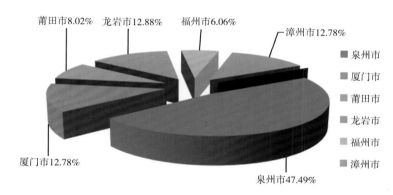

图7-23　福建省设区市红锥优先种植区面积比例

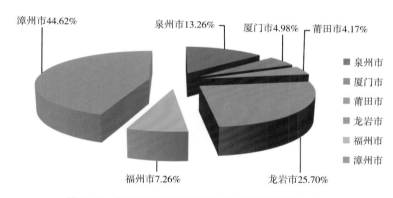

图7-24　福建省设区市红锥次优先种植区面积比例

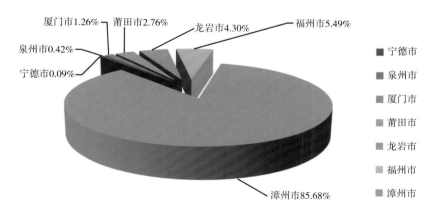

图7-25　福建省设区市红锥一般种植区面积比例

三、吊皮锥用地优化布局分析

表7-6、图7-26、图7-27吊皮锥用地优化布局结果表明，福建省吊皮锥优化布局用地主要分布在龙岩市、三明市和南平市，合计面积为1 166 984.68hm²，占全省吊皮锥优化布局用地总面积的85.47%，而后依次是宁德市、福州市、泉州市和漳州市，可将龙岩、三明和南平市作为福建省吊皮锥的重点发展区域。全省吊皮锥优先种植、次优先种植区和一般种植区面积分别为479 263.57hm²、752 815.51hm²和133 340.57hm²，分别占全省吊皮锥用地优化布局总面积的35.10%、55.13%和9.77%，可见全省吊皮锥优化布局用地以优先种植区和次优先种植区占优势。

从全省吊皮锥用地优化布局的设区市分布来看（图7-28至图7-30），全省吊皮锥优先种植区主要分布在龙岩市、南平市和三明市，合计面积为455 774.06hm²，占全省吊皮锥优先种植区总面积的95.10%，其中以龙岩和南平市的吊皮锥优先种植区面积较大，分别占全省吊皮锥优先种植区总面积的32.84%和32.04%。全省吊皮锥次优先种植区主要分布在龙岩市、三明市和宁德市，合计面积为667 091.11hm²，占全省吊皮锥次优先种植区总面积的88.61%，其中以龙岩市、三明市的吊皮锥次优先种植区面积较大，分别占全省吊皮锥次优先种植区总面积的59.36%和21.19%。全省吊皮锥一般种植区主要分布在龙岩市、宁德市和福州市，合计面积为130 363.25hm²，占全省吊皮锥一般种植区总面积的97.77%，其中以龙岩市的吊皮锥一般种植区面积较大，占全省吊皮锥一般种植区总面积的57.77%。

表7-6 福建省吊皮锥用地优化布局面积

行政区	用地优化布局面积（hm²）			
	优先种植区	次优先种植区	一般种植区	合计
仓山区	–	–	–	–
福清市	–	–	21.61	21.61
鼓楼区	–	–	–	–
晋安区	–	59.35	–	59.35
连江县	–	–	354.81	354.81
罗源县	1 051.68	794.77	–	1 846.45
马尾区	–	–	491.30	491.3
闽侯县	3 291.45	1 739.91	36.34	5 067.7
闽清县	2 122.76	8 449.35	426.24	10 998.35
永泰县	4 493.31	18 682.79	21 882.22	45 058.32
长乐区	–	–	–	–
连城县	62 718.35	57 733.81	2 497.10	122 949.26
上杭县	–	82 868.21	18 148.00	101 016.21
武平县	12.10	107 191.36	36 304.34	143 507.8
新罗区	16 081.45	66 194.16	10.59	82 286.2
永定区	–	2 015.76	–	2 015.76
漳平市	78 598.63	108 388.78	8 910.77	195 898.18
长汀县	–	22 505.47	11 160.30	33 665.77
光泽县	–	–	–	–

（续表）

行政区	用地优化布局面积（hm²）			
	优先种植区	次优先种植区	一般种植区	合计
建瓯市	198.97	904.34	–	1 103.31
建阳区	–	–	–	–
浦城县	–	–	–	–
邵武市	–	–	–	–
顺昌县	6 180.69	9.84	–	6 190.53
松溪县	–	–	–	–
武夷山市	–	–	–	–
延平区	147 187.77	24 014.87	103.61	171 306.25
政和县	–	–	–	–
福安市	10.71	24 361.12	22 538.05	46 909.88
福鼎市	–	716.89	3 491.78	4 208.67
古田县	426.49	31 122.53	1 336.77	32 885.79
蕉城区	–	3 116.76	2 709.02	5 825.78
屏南县	–	40.74	–	40.74
寿宁县	–	–	–	–
霞浦县	–	1 311.58	44.02	1 355.6
柘荣县	–	–	–	–
周宁县	–	–	–	–
城厢区	–	–	–	–
涵江区	–	–	–	–
荔城区	–	–	–	–
仙游县	–	–	–	–
秀屿区	–	–	–	–
安溪县	–	3 890.80	–	3 890.8
德化县	–	17 503.75	31.44	17 535.19
丰泽区	–	–	–	–
惠安县	–	–	–	–
晋江市	–	–	–	–
鲤城区	–	–	–	–
洛江区	–	–	116.89	116.89
南安市	–	–	–	–
泉港区	–	–	–	–
石狮市	–	–	–	–

（续表）

（续表）

行政区	用地优化布局面积（hm²）			
	优先种植区	次优先种植区	一般种植区	合计
永春县	12 093.12	8 616.06	–	20 709.18
大田县	27 677.23	42 190.20	29.21	69 896.64
建宁县	–	–	–	–
将乐县	–	–	–	–
梅列区	23 355.15	1 982.78	–	25 337.93
明溪县	–	–	–	–
宁化县	–	–	–	–
清流县	–	–	–	–
三元区	31 558.21	13 494.74	831.99	45 884.94
沙县	2 351.39	12 843.79	27.27	15 222.45
泰宁县	–	–	–	–
永安市	59 854.11	88 931.18	1 817.90	150 603.19
尤溪县	–	81.25	19.00	100.25
海沧区	–	–	–	–
湖里区	–	–	–	–
集美区	–	–	–	–
思明区	–	–	–	–
同安区	–	–	–	–
翔安区	–	–	–	–
东山县	–	–	–	–
华安县	–	1 058.57	–	1 058.57
龙海市	–	–	–	–
龙文区	–	–	–	–
南靖县	–	–	–	–
平和县	–	–	–	–
芗城区	–	–	–	–
云霄县	–	–	–	–
漳浦县	–	–	–	–
长泰县	–	–	–	–
诏安县	–	–	–	–
平潭实验区	–	–	–	–
总计	479 263.57	752 815.51	133 340.57	1 365 419.65

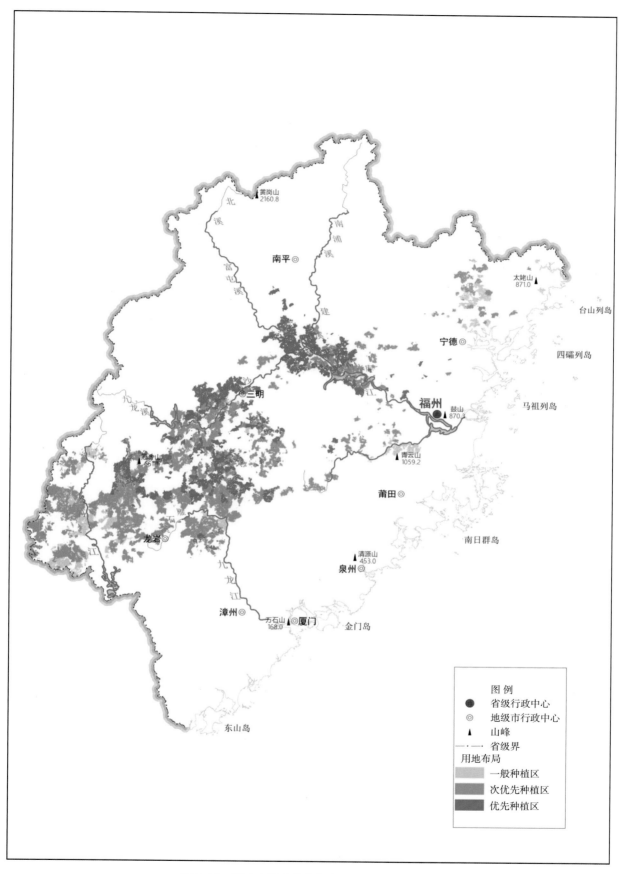

图7-26　福建省吊皮锥优化布局用地分布示意图

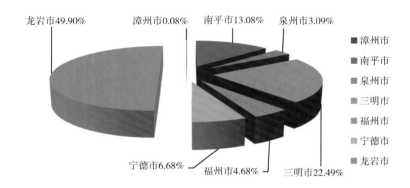

图7-27　福建省设区市吊皮锥优化布局用地面积比例

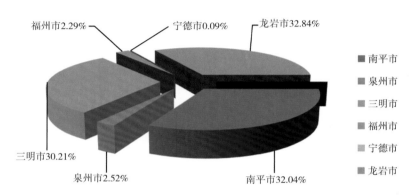

图7-28　福建省设区市吊皮锥优先种植区面积比例

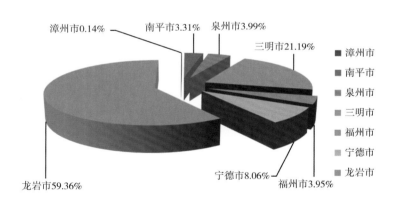

图7-29　福建省设区市吊皮锥次优先种植区面积比例

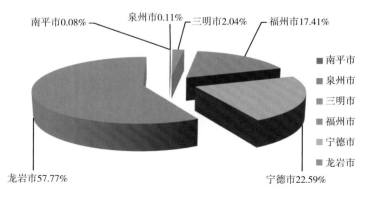

图7-30　福建省设区市吊皮锥一般种植区面积比例

　　从全省吊皮锥用地优化布局的县（市、区）分布来看（表7-5、图7-26），全省吊皮锥优先种植区主要分布在永春、新罗、梅列、大田、三元、永安、连城、漳平和延平等县（市、区），合计面积为459 124.02hm²，占全省吊皮锥优先种植区总面积的95.80%，其中以延平、漳平和连城县（市、区）的吊皮锥优先种植区面积较大，分别占全省吊皮锥优先种植区总面积的30.71%、16.40%和13.09%。该区域光、热、水资源充沛，土层深厚，土壤肥沃，全磷、全钾含量丰富，区位条件优越，交通便利，非常适宜发展吊皮锥的种植，可作为福建省吊皮锥种植的优先发展区。全省吊皮锥次优先种植区主要分布在沙县、三元、德化、永泰、长汀、延平、福安、古田、大田、连城、新罗、上杭、永安、武平和漳平等县（市、区），合计面积为718 026.77hm²，占全省吊皮锥次优先种植区用地总面积的95.38%，其中以漳平和武平县（市）的吊皮锥次优先种植区面积较大，分别占全省吊皮锥次优先种植区用地总面积的14.40%和14.24%。该区域光、热、水资源与优先种植区相差不大，土层深厚，有机质含量较高，但全磷、全钾含量不及优先种植区，区位条件优越，但交通条件略逊于优先种植区，可作为福建省吊皮锥种植的重点发展区。全省吊皮锥一般种植区主要分布在漳平、长汀、上杭、永泰、福安和武平等县（市），合计面积为118 943.67hm²，占全省吊皮锥一般种植区总面积的89.20%，其中以武平、福安和永泰县（市）的吊皮锥一般种植区面积较大，分别占全省吊皮锥一般种植区总面积的27.23%、16.90%和16.41%，可作为全省吊皮锥种植的后备发展区域。

第八章　桦木科主要树种用地适宜性与优化布局

桦木科（Betula）属双子叶植物纲、金缕梅亚纲的一科，是温带植物区系中的典型科，包括6属约100种，中国有6属70余种，各地均有分布。根据花和果的形态结构，本科分为榛族和桦木族2族，榛属、虎榛子属、鹅耳枥属、铁木属、桤木属和桦木属等6属。根据福建省主要栽培的珍贵树种名录，全省主要栽培的桦木科珍贵树种主要为桦木属，主要树种有光皮桦和西南桦等。本章根据福建省桦木科主要珍贵树种用地适宜性评价和优化布局结果，深入分析福建省光皮桦和西南桦两种主要豆科珍贵树种适宜用地的数量、质量以及用地优化的空间分布，为福建省发展桦木科珍贵树种生产提供科学依据。

第一节　桦木科主要树种用地适宜性分析

一、光皮桦用地适宜性分析

（一）光皮桦适宜用地数量及其分布

表8-1、图8-1评价结果表明，福建省适宜种植光皮桦用地总面积为7 285 365.54hm²，占福建省林地资源总面积的87.52%，主要分布在闽东、闽北和闽西南地区。从光皮桦适宜用地的设区市分布来看（图8-2），全省光皮桦适宜用地主要分布在南平、三明、龙岩、福州和宁德市，合计面积达6 339 154.34hm²，占全省光皮桦适宜用地总面积的87.01%。从县域分布来看，全省光皮桦适宜用地主要分布在福安、南靖、闽清、仙游、政和、闽侯、沙县、武夷山、安溪、明溪、清流、顺昌、永定、大田、永泰、宁化、将乐、延平、武平、新罗、连城、上杭、邵武、漳平、永安、长汀、尤溪、浦城、建阳和建瓯等县（市、区），合计面积为5 559 921.26hm²，占全省光皮桦适宜用地资源总面积的76.32%。这些区域林地资源适宜种植光皮桦的原因主要是：①限制光皮桦正常生长的极限因子均未超过极限值。②年降水量、年无霜期、年均温均值分别为1 724.36mm、269d、17.5℃，与光皮桦用地适宜性相应评价因子标准值相近，水热条件较优越。③土壤肥沃，有机质含量均值为36.83g/kg，比光皮桦用地适宜性相应评价因子标准值高22.76%。④地理位置优越，区位平均值为1.40km，仅为光皮桦用地适宜性相应评价因子标准值的28.10%。

全省光皮桦不适宜用地总面积为1 038 615.12hm²，占全省林地资源总面积的12.48%，主要分布在闽东南沿海和闽西北高海拔地区。从设区市分布来看，光皮桦不适宜用地主要分布在漳州、南平、宁德、泉州等市，合计面积达886 806.02hm²，占全省不适宜种植光皮桦用地总面积的85.38%。从县域分布来看，光皮桦不适宜用地主要分布在柘荣、福清、平潭实验区、安溪、华安、周宁、诏安、龙海、南靖、云霄、建宁、平和、泰宁、南安、漳浦、武夷山、屏南、古田、德化和光泽等县（市、区），合计面积为957 553.75hm²，占全省不适宜种植光皮桦用地总面积的92.20%。主要是因为光皮桦在降水量少、气温高的平原和丘陵区生长不良（曹健康等，2009），而福建省闽东南沿海的上述区域由于降水量较少，温度较高，故不适宜光皮桦的生长发育；闽西北高海拔区域不适宜种植光皮桦的原因主要是极端低温可达-10℃以下，对光皮桦易造成冻害，甚至导致其死亡。

（二）光皮桦适宜用地质量及其分布

光皮桦用地适宜性评价结果表明（表8-1、图8-1），福建省高度、中度、一般适宜种植光皮桦用地面积分别为2 745 097.82hm²、4 065 827.77hm²和474 439.95hm²，其中光皮桦高度和中度适宜用地总面积占全省适宜种植光皮桦用地总面积的93.49%，而光皮桦一般适宜用地面积仅占全省光皮桦适宜用地总面积的6.51%，说明全省光皮桦用地资源以高度适宜和中度适宜占优势。

从各设区市适宜种植光皮桦用地资源质量状况分布来看（图8-3至图8-5），全省光皮桦高度适宜用地资源主要分布在三明、南平、龙岩、福州和泉州市，分别占全省高度适宜种植光皮桦用地总面积的35.67%、25.02%、22.19%、7.93%和5.64%，而后依次为宁德、莆田和漳州市。全省光皮桦中度适宜用地面积从大到小顺序依次为南平、龙岩、三明、宁德、福州、泉州、漳州、莆田和厦门市，其中南平、龙岩和三明市面积较大，合计面积达2 678 112.66hm²，占全省中度适宜种植光皮桦用地总面积的65.87%。全省一般适宜种植光皮桦用地资源面积较小，主要分布在漳州、宁德和南平市，合计面积为390 020.47hm²，占全省一般适宜种植光皮桦用地资源的82.21%。

表8-1　福建省县（市、区）光皮桦用地适宜性评价面积

行政区	不适宜用地面积（hm²）	适宜用地面积（hm²）			
		高度适宜	中度适宜	一般适宜	合计
仓山区	–	–	816.82	–	816.82
福清市	8 279.92	1 516.89	33 405.44	14 185.70	49 108.03
鼓楼区	–	–	354.69	–	354.69
晋安区	11.18	24 237.82	15 633.73	–	39 871.55
连江县	3 946.92	182.44	56 408.54	6 097.66	62 688.64
罗源县	677.65	31 260.42	41 349.93	1 145.08	73 755.43
马尾区	3.24	6 527.34	6 896.05	26.96	13 450.35
闽侯县	65.63	25 891.62	107 198.98	134.01	133 224.61
闽清县	124.79	73 066.97	35 455.37	–	108 522.34
永泰县	67.42	55 061.12	113 809.32	–	168 870.44
长乐区	713.09	–	8 866.48	13 029.23	21 895.71
连城县	19.31	184 321.21	31 849.52	–	216 170.73
上杭县	1 011.30	13 885.17	202 039.76	2 543.89	218 468.82
武平县	109.46	9 490.51	202 169.20	225.66	211 885.37
新罗区	1 306.49	142 489.48	71 824.76	73.69	214 387.93
永定区	2 042.48	5 320.47	152 320.35	458.47	158 099.29
漳平市	5 218.92	198 674.02	42 964.80	9.30	241 648.12
长汀县	89.68	55 059.54	191 882.24	2 398.45	249 340.23
光泽县	161 074.03	–	14 620.35	12 679.02	27 299.37

（续表）

行政区	不适宜用地面积（hm²）	适宜用地面积（hm²）			
		高度适宜	中度适宜	一般适宜	合计
建瓯市	304.36	158 955.02	115 860.25	7 382.68	282 197.95
建阳区	1 871.82	112 481.39	151 758.26	5 400.71	269 640.36
浦城县	601.95	12 841.62	248 513.60	7 214.65	268 569.87
邵武市	307.17	43 732.63	178 352.04	9 927.27	232 011.94
顺昌县	656.65	106 206.01	48 852.00	558.66	155 616.67
松溪县	758.17	11 419.09	62 838.40	4 048.36	78 305.85
武夷山市	82 374.55	18 652.67	118 126.87	4 491.29	141 270.83
延平区	872.19	198 459.65	10 373.04	–	208 832.69
政和县	258.60	24 162.43	95 817.21	4 129.72	124 109.36
福安市	41.04	8 932.27	89 298.90	2 724.58	100 955.75
福鼎市	36.89	–	67 428.91	17 356.07	84 784.98
古田县	93 514.52	28 451.54	42 388.81	–	70 840.35
蕉城区	422.47	112.27	54 185.24	38 852.36	93 149.87
屏南县	85 732.59	116.20	17 849.07	4 554.83	22 520.1
寿宁县	3 064.02	–	59 492.97	34 289.06	93 782.03
霞浦县	1 539.53	9 671.45	74 557.23	4 520.77	88 749.45
柘荣县	8 065.76	–	13 609.05	16 841.33	30 450.38
周宁县	24 839.73	14.84	40 267.75	11 759.47	52 042.06
城厢区	10.27	–	9 351.79	10 462.01	19 813.8
涵江区	2.49	174.84	33 534.64	5 501.22	39 210.7
荔城区	385.97	–	51.34	3 511.68	3 563.02
仙游县	1 266.63	29 870.59	83 459.80	3 498.04	116 828.43
秀屿区	4 699.54	–	–	–	–
安溪县	11 615.12	60 443.63	82 731.09	3 642.99	146 817.71
德化县	101 051.64	48 485.31	26 507.38	5.68	74 998.37
丰泽区	487.09	–	–	1 704.48	1 704.48
惠安县	2 949.14	–	894.48	9 065.19	9 959.67
晋江市	4 155.89	–	–	–	–
鲤城区	609.61	–	–	–	–
洛江区	4 616.25	–	14 652.42	1 222.27	15 874.69
南安市	47 557.61	1 741.99	44 021.66	18.93	45 782.58
泉港区	774.57	–	7 762.75	536.29	8 299.04
石狮市	1 419.17	–	–	–	–

（续表）

行政区	不适宜用地面积（hm²）	适宜用地面积（hm²）			
		高度适宜	中度适宜	一般适宜	合计
永春县	293.20	44 202.61	37 841.02	–	82 043.63
大田县	19.95	91 302.99	75 722.74	–	167 025.73
建宁县	46 254.50	60.18	75 431.91	6 596.89	82 088.98
将乐县	250.79	92 552.69	100 619.88	529.18	193 701.75
梅列区	62.54	26 423.00	59.20	–	26 482.2
明溪县	120.71	94 957.43	52 453.73	16.43	147 427.59
宁化县	6.80	40 693.82	137 908.99	2 102.64	180 705.45
清流县	2 730.34	98 138.36	47 466.74	2 654.11	148 259.21
三元区	76.48	51 525.40	12 164.53	–	63 689.93
沙县	110.38	79 075.92	59 215.53	537.30	138 828.75
泰宁县	47 439.17	26 479.79	44 318.75	1 344.90	72 143.44
永安市	82.06	212 322.11	30 440.70	451.14	243 213.95
尤溪县	138.41	165 730.36	102 147.32	20.73	267 898.41
海沧区	2 121.72	–	2 474.83	1.66	2 476.49
湖里区	289.29	–	–	–	–
集美区	759.37	–	463.46	5 886.58	6 350.04
思明区	2 000.17	–	–	–	–
同安区	7 761.92	–	79.40	19 398.80	19 478.2
翔安区	2 852.16	–	5 122.47	0.85	5 123.32
东山县	4 284.70	–	–	–	–
华安县	20 247.68	17 588.51	47 258.76	1 011.94	65 859.21
龙海市	25 856.63	–	746.47	4 587.16	5 333.63
龙文区	1 503.44	–	–	–	–
南靖县	30 367.29	2 134.18	85 665.56	17 591.25	105 390.99
平和县	47 375.24	–	5 293.41	75 362.48	80 655.89
芗城区	1 127.86	–	2 145.17	–	2 145.17
云霄县	32 202.06	–	17.34	8 617.15	8 634.49
漳浦县	49 968.00	–	2 687.20	9 540.94	12 228.14
长泰县	6 950.06	–	14 583.02	26 275.29	40 858.31
诏安县	25 057.73	–	1 096.35	25 684.81	26 781.16
平潭实验区	8 679.97	–	–	–	–
总计	1 038 615.12	2 745 097.82	4 065 827.77	474 439.95	7 285 365.54

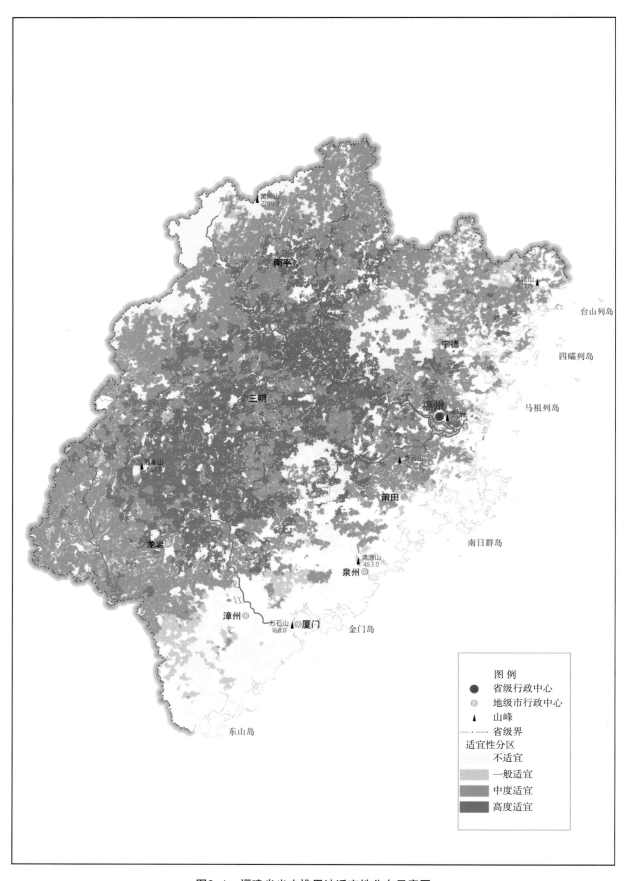

图8-1　福建省光皮桦用地适宜性分布示意图

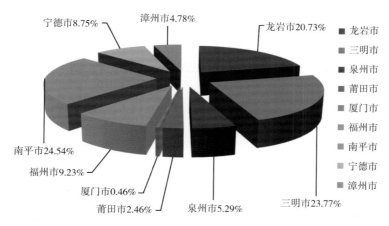

图8-2　福建省设区市光皮桦适宜用地面积比例

从各县（市、区）适宜种植光皮桦用地质量状况分析来看（表8-1、图8-1），全省高度适宜种植光皮桦用地资源主要分布在罗源、宁化、邵武、永春、德化、三元、长汀、永泰、安溪、闽清、沙县、大田、将乐、明溪、清流、顺昌、建阳、新罗、建瓯、尤溪、连城、延平、漳平和永安等县（市、区），合计面积达2 439 198.08hm²，占全省高度适宜种植光皮桦用地面积的88.86%。该区域种植光皮桦用地资源适宜程度较高的主要原因是：①具有丰富的水热资源。该区域年降水量、年均温、≥10℃年活动积温均值分别为1 715.07mm、17.97℃和5 690.81℃，均高于全省光皮桦适宜用地相应指标的均值，为光皮桦正常生长提供了较充沛的水热资源。②土壤条件优越，质地适中，土层深厚，酸碱性适宜，土壤肥力较高。该区域土壤质地多为轻壤土和砂壤土；土层厚度均值为108.96cm，比全省光皮桦适宜用地土层厚度均值高7.70%；土壤pH值均值为5.08，酸碱性适中；土壤有机质、全磷、全钾含量丰富，其均值分别为36.99g/kg、0.75g/kg和21.45g/kg，与全省适宜种植光皮桦用地相应指标均值相比，分别高2.01%、20.97%和10.91%。③该区域区位优越，交通便利。区位和交通通达度均值分别为1.18km、178.71km，仅分别为全省适宜种植光皮桦用地相应指标均值的86.76%和92.24%。全省光皮桦中度适宜用地主要分布在明溪、蕉城、连江、沙县、寿宁、松溪、福鼎、新罗、霞浦、建宁、大田、安溪、仙游、南靖、福安、政和、将乐、尤溪、闽侯、永泰、建瓯、武夷山、宁化、建阳、永定、邵武、长汀、上杭、武平和浦城等县（市、区），合计面积为3 269 239.57hm²，占全省中度适宜种植光皮桦用地面积的80.41%。该区域光照和降水资源较充沛，土层较深厚，土壤有机质含量较高，但全磷、全钾含量偏低，区位和交通条件不及高度适宜区。全省光皮桦一般适宜用地主要分布在城厢、周宁、光泽、长乐、福清、柘荣、福鼎、南靖、同安、诏安、长泰、寿宁、蕉城和平和等县（市、区），合计面积达333 766.87hm²，占全省一般适宜种植光皮桦用地总面积的70.35%。该区域种植光皮桦用地适宜程度较低的主要原因是：①水热条件较差。该区域年均温、年降水量均值分别为17.31℃和1 668.94mm，分别比全省光皮桦适宜用地区相应指标均值低1.54%和2.25%。②土层浅薄，有机质、全磷、全钾含量较少。该区域土层厚度、有机质、全磷和全钾含量均值分别为70.24cm、27.92g/kg、0.38g/kg和15.56g/kg，仅分别为全省光皮桦适宜用地相应指标均值的69.43%、77.00%、61.29%和88.51%。③区位和交通条件较差。该区域区位和交通通达度均值分别为1.64km和208.04km，比全省适宜种植光皮桦用地相应指标均值高20.59%和7.38%。

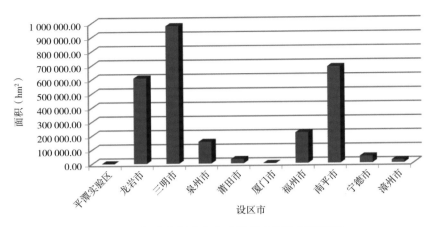

图8-3　福建省设区市光皮桦高度适宜用地面积

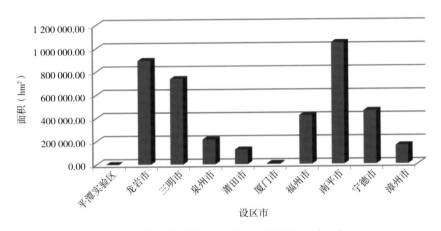

图8-4　福建省设区市光皮桦中度适宜用地面积

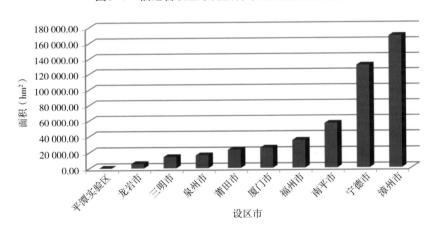

图8-5　福建省设区市光皮桦一般适宜用地面积

二、西南桦用地适宜性分析

（一）西南桦适宜用地数量及其分布

表8-2、图8-6评价结果表明，福建省适宜种植西南桦的用地总面积为2 035 365.40hm²，占福建省林地资源总面积的24.45%，可见，全省适宜西南桦种植的用地资源数量有限，主要分布在闽东和闽南地区。从西南桦适宜用地的设区市分布来看（图8-7），全省西南桦适宜用地主要分布

在龙岩、漳州、福州和泉州市，合计面积达1 790 450.63hm²，占全省西南桦适宜用地资源总面积的87.97%。从县域分布来看，全省西南桦适宜用地资源主要分布在马尾、龙海、城厢、洛江、云霄、漳浦、涵江、福清、晋安、诏安、连江、南安、长泰、罗源、蕉城、华安、永春、仙游、闽侯、平和、南靖、永泰、安溪、永定、新罗和上杭等县（市、区），合计面积达2 007 799.38hm²，占全省西南桦适宜用地资源总面积的98.65%。这些区域林地资源适宜种植西南桦的原因主要是：①限制西南桦正常生长的极限因子均未超过极限值。②年降水量、年无霜期、年日照时数和年均温均值分别为1 578mm、289d、1 898.89h和18.41℃，分别比西南桦用地适宜性相应评价因子标准值高12.71%、9.01%、5.49%和5.21%，水热条件较优越。③土壤肥沃，有机质含量均值为31.10g/kg，比西南桦用地适宜性相应评价因子标准值高55.49%。④地理位置优越，区位平均值为1.46km，仅为西南桦用地适宜性相应评价因子标准值的29.15%。

全省西南桦不适宜用地面积为6 288 615.27hm²，占全省林地资源总面积的75.55%，主要分布在闽西北和闽东南沿海地区。从设区市分布来看，全省西南桦不适宜用地主要分布在南平、三明、龙岩和宁德等市，合计面积为5 574 341.19hm²，占全省西南桦不适宜用地总面积的88.64%。从县域分布情况来看，全省不适宜种植西南桦的用地主要分布在福安、屏南、闽清、泰宁、政和、建宁、沙县、明溪、清流、顺昌、古田、大田、德化、宁化、光泽、将乐、延平、武平、连城、武夷山、邵武、永安、漳平、长汀、尤溪、浦城、建阳和建瓯等县（市、区），合计面积为5 279 100.05hm²，占全省不适宜种植西南桦用地总面积的83.95%。闽西北上述区域不适宜种植西南桦的主要原因是西南桦为热带树种，能耐一定的低温和寒冷，但不耐霜冻（郑海水等，2004），而这些区域极端低温都在-5℃以下，受地形地势影响，容易产生霜冻现象，致使西南桦顶芽嫩枝受害，甚至整株冻死（黄林青，2006）。闽东南沿海上述区域不适宜种植西南桦的主要原因是西南桦不宜在亚热带海拔200m以下的区域种植，因在这些地区种植西南桦会出现"日灼"现象，影响西南桦生长发育甚而导致死亡；此外，上述区域不适宜种植西南桦的原因还包括受土壤酸碱性、坡度、土层厚度、质地和土壤侵蚀等因素的制约（韦红等，2009）。

表8-2　福建省县（市、区）西南桦用地适宜性评价面积

行政区	不适宜用地面积（hm²）	适宜用地面积（hm²）			
		高度适宜	中度适宜	一般适宜	合计
仓山区	816.82	-	-	-	-
福清市	25 212.11	1 799.30	27 129.51	3 247.03	32 175.84
鼓楼区	354.69	-	-	-	-
晋安区	6 405.60	28 972.33	4 504.80	-	33 477.13
连江县	27 895.26	195.21	37 579.84	965.24	38 740.29
罗源县	9 470.36	46 846.53	17 869.09	247.10	64 962.72
马尾区	2 684.42	8 412.30	2 356.87	-	10 769.17
闽侯县	17 155.56	76 100.23	40 031.30	3.15	116 134.68
闽清县	108 647.12	-	-	-	-
永泰县	28 350.95	46 763.05	93 821.91	1.96	140 586.92
长乐区	21 266.78	-	783.11	558.90	1 342.01
连城县	216 190.04	-	-	-	-
上杭县	159.18	19 582.40	183 030.29	16 708.26	219 320.95
武平县	211 994.83	-	-	-	-

（续表）

行政区	不适宜用地面积（hm²）	适宜用地面积（hm²）			
		高度适宜	中度适宜	一般适宜	合计
新罗区	48.42	111 796.11	103 841.60	8.29	215 646
永定区	1 745.56	2 540.38	132 331.50	23 524.32	158 396.2
漳平市	246 867.05	–	–	–	–
长汀县	249 429.91	–	–	–	–
光泽县	188 373.40	–	–	–	–
建瓯市	282 502.31	–	–	–	–
建阳区	271 512.17	–	–	–	–
浦城县	269 171.82	–	–	–	–
邵武市	232 319.11	–	–	–	–
顺昌县	156 273.33	–	–	–	–
松溪县	79 064.03	–	–	–	–
武夷山市	223 645.38	–	–	–	–
延平区	209 704.88	–	–	–	–
政和县	124 367.97	–	–	–	–
福安市	100 996.79	–	–	–	–
福鼎市	84 821.87	–	–	–	–
古田县	164 354.87	–	–	–	–
蕉城区	21 255.10	462.14	46 637.18	25 217.92	72 317.24
屏南县	108 252.69	–	–	–	–
寿宁县	96 846.04	–	–	–	–
霞浦县	90 288.98	–	–	–	–
柘荣县	38 516.15	–	–	–	–
周宁县	76 881.79	–	–	–	–
城厢区	3 805.42	–	15 100.53	918.12	16 018.65
涵江区	8 019.05	2 431.03	28 754.83	8.28	31 194.14
荔城区	3 897.65	–	51.34	–	51.34
仙游县	7 240.67	28 087.66	82 766.73	–	110 854.39
秀屿区	4 699.54	–	–	–	–
安溪县	7 567.12	51 330.85	97 826.00	1 708.85	150 865.7
德化县	176 050.02	–	–	–	–
丰泽区	2 180.80	–	10.77	–	10.77
惠安县	8 036.76	–	924.02	3 948.03	4 872.05
晋江市	4 151.78	–	–	4.11	4.11
鲤城区	508.01	–	–	101.60	101.6
洛江区	2 195.33	–	17 551.10	744.51	18 295.61

（续表）

行政区	不适宜用地面积（hm²）	适宜用地面积（hm²）			
		高度适宜	中度适宜	一般适宜	合计
南安市	50 867.65	15 133.52	26 597.94	741.09	42 472.55
泉港区	5 641.52	–	3 432.10	–	3 432.10
石狮市	1 419.17	–	–	–	–
永春县	189.39	40 891.00	41 254.32	2.12	82 147.44
大田县	167 045.68	–	–	–	–
建宁县	128 343.49	–	–	–	–
将乐县	193 952.54	–	–	–	–
梅列区	26 544.74	–	–	–	–
明溪县	147 548.30	–	–	–	–
宁化县	180 712.25	–	–	–	–
清流县	150 989.54	–	–	–	–
三元区	63 766.41	–	–	–	–
沙县	138 939.13	–	–	–	–
泰宁县	119 582.61	–	–	–	–
永安市	243 296.00	–	–	–	–
尤溪县	268 036.82	–	–	–	–
海沧区	1 821.30	–	2 478.15	298.76	2 776.91
湖里区	289.29	–	–	–	–
集美区	5 148.59	–	1 956.86	3.97	1 960.83
思明区	1 996.41	–	3.76	–	3.76
同安区	17 592.24	–	1 231.79	8 416.09	9 647.88
翔安区	7 885.86	0.85	71.90	16.87	89.62
东山县	4 284.70	–	–	–	–
华安县	10 821.11	17 255.66	45 415.11	12 615.01	75 285.78
龙海市	17 456.77	–	3 349.86	10 383.63	13 733.49
龙文区	1 503.44	–	–	–	–
南靖县	14 783.27	1 642.13	98 017.76	21 315.12	120 975.01
平和县	10 175.55	–	22 982.49	94 873.08	117 855.57
芗城区	–	–	2 158.91	1 114.12	3 273.03
云霄县	19 599.90	–	75.01	21 161.64	21 236.65
漳浦县	38 105.19	–	5 215.09	18 875.86	24 090.95
长泰县	3 275.88	–	23 939.44	20 593.05	44 532.49
诏安县	16 125.07	–	165.69	35 548.14	35 713.83
平潭实验区	8 679.97	–	–	–	–
总计	6 288 615.27	500 242.68	1 211 248.50	323 874.22	2 035 365.40

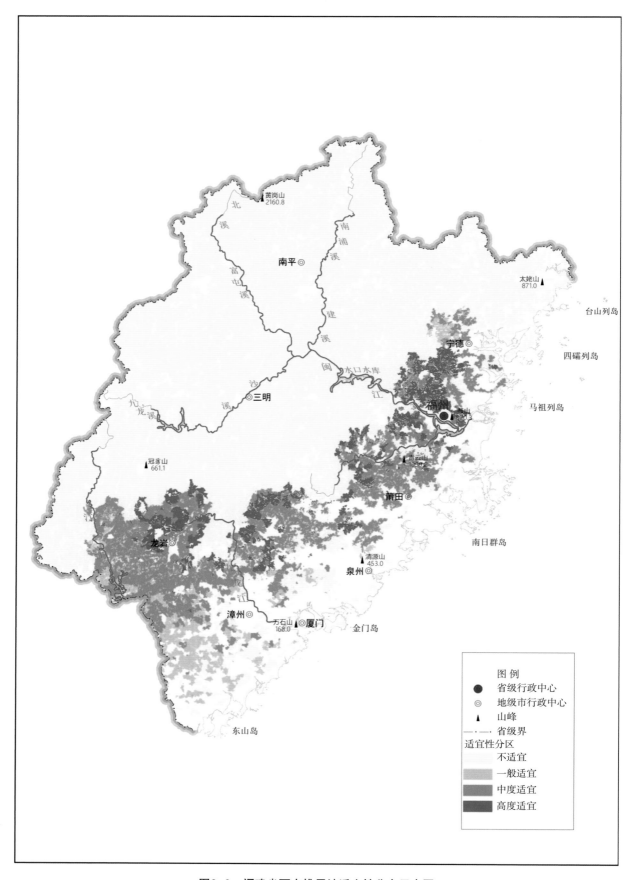

图8-6 福建省西南桦用地适宜性分布示意图

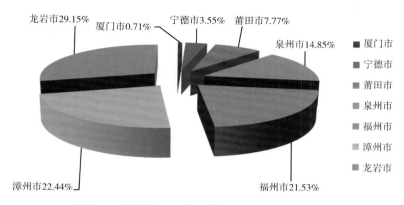

图8-7　福建省设区市西南桦适宜用地面积比例

（二）西南桦适宜用地质量及其分布

表8-2、图8-6评价结果可以看出，全省高度、中度适宜种植西南桦的用地面积分别为500 242.68hm²、1 211 248.50hm²，合计占全省适宜种植西南桦用地总面积的84.09%，而一般适宜种植西南桦用地面积仅占全省适宜种植西南桦用地面积的15.91%。可见，全省适宜西南桦种植用地以中度适宜和高度适宜为主。

从各设区市适宜种植西南桦用地资源质量分布来看（图8-8至图8-10），全省西南桦高度适宜种植用地主要集中在福州、泉州和龙岩市，合计面积为450 363.21hm²，占全省高度适宜种植西南桦用地资源总面积的90.03%，而莆田、漳州、宁德和厦门市高度适宜种植区面积相对较少。全省西南桦中度适宜用地主要集中在龙岩、泉州、漳州和福州市，合计面积为1 032 195.41hm²，占全省中度适宜种植西南桦用地面积的85.22%，其他设区市西南桦中度适宜用地面积大小顺序依次为莆田>宁德>厦门。全省西南桦一般适宜用地主要集中在漳州、龙岩和宁德市，合计面积为301 938.43hm²，占全省一般适宜种植西南桦用地面积的93.23%，而厦门、泉州、福州和莆田市一般适宜西南桦用地合计面积仅占全省西南桦一般适宜用地总面积的6.77%。

从各县（市、区）适宜种植西南桦用地质量状况分布来看（表8-2、图8-6），全省高度适宜种植西南桦用地资源主要分布在南安、华安、上杭、仙游、晋安、永春、永泰、罗源、安溪、闽侯和新罗等县（市、区），合计面积为482 759.34hm²，占全省高度适宜种植西南桦用地资源总面积的96.51%。该区域种植西南桦用地适宜程度高主要是由于：①具有充足的光、热、水资源。该区域年日照时数、年无霜期、年均温和年降水量均值分别为1 833.06h、276.30d、17.82℃和1 627.39mm，分别比全省西南桦用地适宜性评价相应因子均值高1.84%、4.26%、1.83%和16.24%，能充分保证西南桦正常生长对光、热、水条件的要求。②土壤立地条件优越，质地适中，酸碱性适宜，水肥气热较为协调。该区域土壤质地多为砂壤土和轻壤土；土层厚度均值为117.58cm，土层深厚；有机质含量高，均值达34.83g/kg，比西南桦用地适宜性评价相应因子均值高74.15%；全磷、全钾含量较丰富，均值分别为0.64g/kg、17.99g/kg，分别比全省西南桦适宜用地相应指标均值高25.49%和3.09%；土壤pH值均值为5.11，酸碱性适宜。③区位条件优越，交通便利。该区域区位和交通通达性均值分别为1.42km、154.52km，仅分别为全省西南桦适宜用地相应因子均值的94.04%和87.97%。全省中度适宜种植西南桦用地资源主要分布在城厢、洛江、罗源、平和、长泰、南安、福清、涵江、连江、闽侯、永春、华安、蕉城、仙游、永泰、安溪、南靖、新罗、永定和上杭等县（市、区），合计面积为1 182 478.45hm²，占全省中度适宜种植西南桦用地资源总面积的97.62%。该区域光热资源较丰富，水分资源不如高度适宜区，土层较深厚，有机质含量较高，但全磷、全钾含量不及高度适宜区，区位较优越，但交通条件较差。全省一般适宜种植西南桦的用地资源主要分布在龙海、华安、上杭、漳浦、长泰、云霄、南靖、永定、蕉城、诏安和平和等县（市、区），合计面积为300 816.03hm²，占全省一般适宜种植西南桦用地面积的92.88%。该区域种植西南桦用地适宜程度较低主要是由于：①水分条件一般。该区域年降水量均值为1 496.04mm，比全省适宜种植西南桦用地相应因子均值低5.00%。②土层浅薄，有机质、全磷、全钾含量较低。该区域土层厚度均值仅为65.64cm；有机质、全磷、全钾含量均值分别为23.36g/kg、0.39g/kg、15.24g/kg，分别比全省适宜种植西南桦用地相应因子均值低23.31%、23.53%、12.66%。

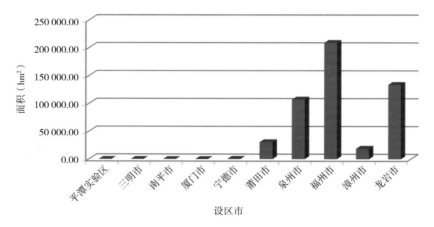

图8-8　福建省设区市西南桦高度适宜用地面积

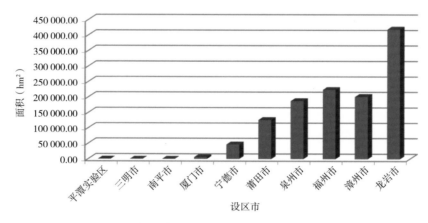

图8-9　福建省设区市西南桦中度适宜用地面积

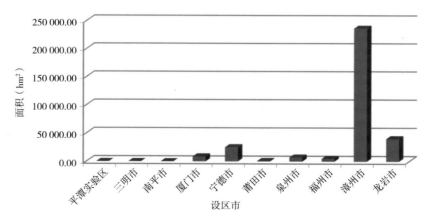

图8-10　福建省设区市西南桦一般适宜用地面积

第二节　桦木科主要树种用地优化布局分析

一、光皮桦用地优化布局分析

福建省光皮桦用地优化布局结果表明（表8-3、图8-11、图8-12），全省光皮桦优化布局用地主要分布在三明、龙岩和南平市，合计面积为471 758.03hm²，占全省光皮桦优化布局用地总面积的83.45%，其他设区市光皮桦优化布局用地面积大小依次为宁德>福州>泉州>莆田>漳州。全省光皮桦优先种植区、次优先种植区和一般种植区面积分别为195 719.39hm²、311 254.93hm²和58 357.05hm²，分别占全省光皮桦用地优化布局总面积的34.62%、55.06%和10.32%。可见，福建省光皮桦用地优化布局以优先种植区和次优先种植区占优势。

从光皮桦用地优化布局设区市分布来看（图8-13至图8-15），全省光皮桦优先种植区主要分布在三明、南平、福州、泉州和龙岩市，合计面积为192 659.58hm²，占全省光皮桦优先种植区总面积的98.44%，其中以三明、南平市面积较大，分别占全省光皮桦优先种植区总面积的44.78%和34.46%。全省光皮桦次优先种植区主要分布在龙岩、三明、南平和宁德市，合计面积为299 509.04hm²，占全省光皮桦次优先种植区总面积的96.23%，其中以龙岩、三明市面积较大，分别占全省光皮桦次优先种植区总面积的44.07%和32.50%。全省光皮桦一般种植区主要分布在龙岩、宁德和福州市，合计面积为45 852.28hm²，占全省光皮桦一般种植区总面积的78.57%，其中以龙岩和宁德市面积较大，分别占全省光皮桦一般种植区总面积的36.87%和26.14%。

表8-3　福建省光皮桦用地优化布局面积

行政区	用地优化布局面积（hm²）			
	优先种植区	次优先种植区	一般种植区	合计
仓山区	-	371.51	-	371.51
福清市	-	-	1 173.82	1 173.82
鼓楼区	-	-	-	-
晋安区	-	39.51	-	39.51
连江县	-	-	101.64	101.64
罗源县	-	-	542.72	542.72
马尾区	-	-	-	-
闽侯县	-	70.13	262.03	332.16
闽清县	13 454.65	6 723.25	-	20 177.9
永泰县	-	-	-	-
长乐区	-	-	7 000.90	7 000.9
连城县	6 212.72	421.66	-	6 634.38
上杭县	-	-	270.84	270.84
武平县	-	-	-	-
新罗区	-	-	-	-
永定区	-	8.85	817.16	826.01

（续表）

行政区	用地优化布局面积（hm²）			
	优先种植区	次优先种植区	一般种植区	合计
漳平市	−	4 469.89	−	4 469.89
长汀县	5 331.23	132 283.45	20 427.43	158 042.11
光泽县	−	−	−	−
建瓯市	33 501.83	9 529.07	47.16	43 078.06
建阳区	13 791.90	1 962.47	361.07	16 115.44
浦城县	171.45	1 846.62	6.82	2 024.89
邵武市	2 105.45	797.46	123.92	3 026.83
顺昌县	10 034.21	1 929.29	−	11 963.5
松溪县	764.56	6 528.14	2 081.36	9 374.06
武夷山市	2 747.01	8 609.52	2 944.17	14 300.7
延平区	−	−	−	−
政和县	4 338.25	3 962.90	1 030.60	9 331.75
福安市	−	4 527.77	103.78	4 631.55
福鼎市	−	3 057.35	3 550.82	6 608.17
古田县	3 059.80	44.31	−	3 104.11
蕉城区	−	−	548.90	548.9
屏南县	−	−	−	−
寿宁县	−	2 866.03	242.32	3 108.35
霞浦县	−	13 666.06	10 809.92	24 475.98
柘荣县	−	1 839.13	−	1 839.13
周宁县	−	−	−	−
城厢区	−	−	−	−
涵江区	−	−	2 287.38	2 287.38
荔城区	−	−	−	−
仙游县	−	1 129.69	−	1 129.69
秀屿区	−	−	−	−
安溪县	−	−	−	−
德化县	12 570.91	3 047.41	6.96	15 625.28
丰泽区	−	−	−	−
惠安县	−	−	−	−
晋江市	−	−	−	−
鲤城区	−	−	−	−
洛江区	−	−	−	−
南安市	−	−	−	−

（续表）

行政区	用地优化布局面积（hm²）			
	优先种植区	次优先种植区	一般种植区	合计
泉港区	–	–	69.33	69.33
石狮市	–	–	–	–
永春县	–	–	–	–
大田县	–	–	–	–
建宁县	–	–	–	–
将乐县	12 642.89	736.71	–	13 379.6
梅列区	–	–	–	–
明溪县	9 042.61	93.89	12.19	9 148.69
宁化县	194.97	41 234.18	1 086.70	42 515.85
清流县	11 844.58	7 337.26	2 321.16	21 503
三元区	–	–	–	–
沙县	12 305.09	23 987.96	37.96	36 331.01
泰宁县	434.14	1 594.09	9.18	2 037.41
永安市	5 515.49	4 166.95	–	9 682.44
尤溪县	35 655.65	22 008.02	37.89	57 701.56
海沧区	–	–	–	–
湖里区	–	–	–	–
集美区	–	–	–	–
思明区	–	–	–	–
同安区	–	–	–	–
翔安区	–	–	–	–
东山县	–	–	–	–
华安县	–	364.40	–	364.4
龙海市	–	–	–	–
龙文区	–	–	–	–
南靖县	–	–	18.26	18.26
平和县	–	–	–	–
芗城区	–	–	–	–
云霄县	–	–	–	–
漳浦县	–	–	–	–
长泰县	–	–	–	–
诏安县	–	–	22.66	22.66
平潭实验区	–	–	–	–
总计	195 719.39	311 254.93	58 357.05	565 331.37

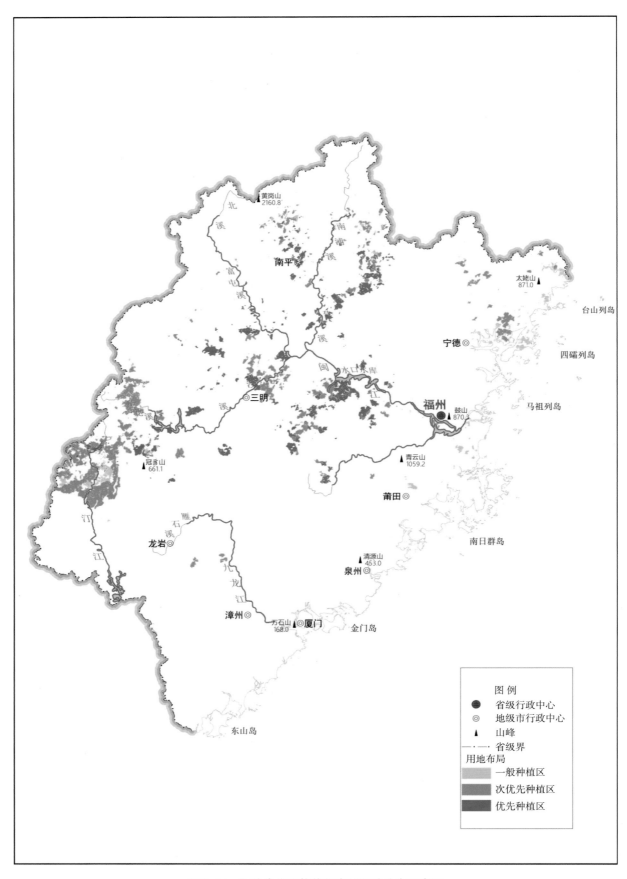

图8-11 福建省光皮桦优化布局用地分布示意图

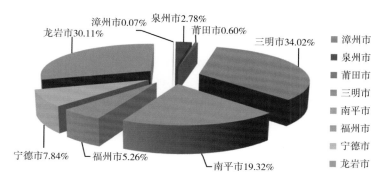

图8-12　福建省设区市光皮桦优化布局用地面积比例

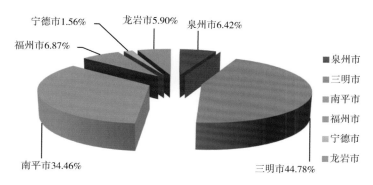

图8-13　福建省设区市光皮桦优先种植区面积比例

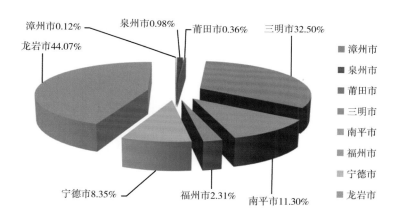

图8-14　福建省设区市光皮桦次优先种植区面积比例

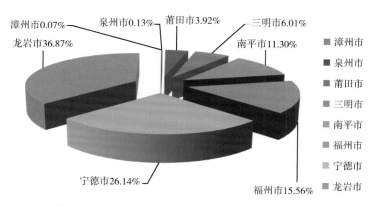

图8-15　福建省设区市光皮桦一般种植区面积比例

从县（市、区）光皮桦用地优化布局结果来看（表8-3、图8-11），全省光皮桦优先种植区主要分布在政和、长汀、永安、连城、明溪、顺昌、清流、沙县、德化、将乐、闽清、建阳、建瓯和尤溪等县（市、区），合计面积为186 242.00hm²，占全省光皮桦优先种植区总面积的95.16%，其中以建瓯市、尤溪县分布面积较大，分别占全省光皮桦优先种植区总面积的17.12%和18.22%。该区域水、热资源较为丰富，交通便利，区位条件优越，土壤环境条件较好，非常适宜种植光皮桦，可作为福建省光皮桦种植的优先发展区域。全省光皮桦次优先种植区主要分布在政和、永安、漳平、福安、松溪、闽清、清流、武夷山、建瓯、霞浦、尤溪、沙县、宁化和长汀等县（市、区），合计面积为289 034.43m²，占全省光皮桦次优先种植区总面积的92.86%，其中以长汀、宁化、沙县面积较大，分别占全省光皮桦次优先种植区总面积的42.50%、13.25%和7.71%。该区域光、热、水资源与优先种植区相比差异不大，土壤有机质含量较高，但土层稍薄，全磷、全钾含量不及优先种植区，交通和区位条件也不如优先种植区，可作为福建省光皮桦种植的重点发展区。全省光皮桦一般种植区主要分布在松溪、涵江、清流、武夷山、福鼎、长乐、霞浦和长汀等县（市、区），合计面积为51 423.14hm²，占全省光皮桦一般种植区总面积的88.12%，其中长汀和霞浦县的面积较大，分别占全省光皮桦一般种植区总面积的35.00%和18.52%，可将这些区域作为福建省光皮桦种植的后备发展区域。

二、西南桦用地优化布局分析

由表8-4、图8-16、图8-17西南桦用地优化布局结果可见，福建省西南桦优化布局用地主要分布在泉州、福州和龙岩市，合计面积为615 679.86hm²，占全省西南桦优化布局用地总面积的72.22%，而后依次为漳州>莆田>宁德>厦门。全省西南桦优先种植区、次优先种植区和一般种植区面积分别为234 951.65hm²、473 218.10hm²和144 323.90hm²，分别占全省西南桦用地优化布局总面积的27.56%、55.51%和16.93%。可见，全省西南桦用地优化布局以次优先种植区和优先种植区为主。

从西南桦用地优化布局的设区市分布来看（图8-18至图8-20），全省西南桦优先种植区主要分布在福州、龙岩和泉州市，合计面积为203 593.48hm²，占全省西南桦优先种植区总面积的86.65%，其中以福州市面积最大，占全省西南桦优先种植区总面积的41.09%。全省西南桦次优先种植区主要分布在泉州、龙岩和福州市，合计面积为341 075.50hm²，占全省西南桦次优先种植区总面积的72.08%，其中以泉州市和龙岩市面积较大，分别占全省西南桦次优先种植区总面积的28.21%和23.74%。全省西南桦一般种植区主要分布在漳州、龙岩、福州和莆田市，合计面积为137 602.30hm²，占全省西南桦一般种植区总面积的95.34%，其中以漳州和龙岩市面积较大，分别占全省西南桦一般种植区总面积的37.87%和28.15%。

表8-4　福建省西南桦用地优化布局面积

行政区	用地优化布局面积（hm²）			
	优先种植区	次优先种植区	一般种植区	合计
仓山区	-	-	-	-
福清市	777.93	16 348.70	10 407.19	27 533.82
鼓楼区	-	-	-	-
晋安区	22 732.00	7 051.64	-	29 783.64
连江县	182.44	8 554.84	4 413.21	13 150.49
罗源县	13 087.77	3 286.63	4 863.61	21 238.01
马尾区	4 824.95	3 594.03	-	8 418.98
闽侯县	46 296.63	23 181.09	1 539.47	71 017.19

（续表）

行政区	用地优化布局面积（hm²）			
	优先种植区	次优先种植区	一般种植区	合计
闽清县	–	–	–	–
永泰县	8 632.17	33 217.39	1 929.58	43 779.14
长乐区	–	–	771.34	771.34
连城县	–	–	–	–
上杭县	3 642.41	26 103.28	13 948.91	43 694.6
武平县	–	–	–	–
新罗区	62 373.12	39 656.47	66.62	102 096.21
永定区	2 313.74	46 569.57	26 611.58	75 494.89
漳平市	–	–	–	–
长汀县	–	–	–	–
光泽县	–	–	–	–
建瓯市	–	–	–	–
建阳区	–	–	–	–
浦城县	–	–	–	–
邵武市	–	–	–	–
顺昌县	–	–	–	–
松溪县	–	–	–	–
武夷山市	–	–	–	–
延平区	–	–	–	–
政和县	–	–	–	–
福安市	–	–	–	–
福鼎市	–	–	–	–
古田县	–	–	–	–
蕉城区	–	1 668.79	201.77	1 870.56
屏南县	–	–	–	–
寿宁县	–	–	–	–
霞浦县	–	–	–	–
柘荣县	–	–	–	–
周宁县	–	–	–	–
城厢区	–	3 908.62	2 095.01	6 003.63
涵江区	690.61	14 761.93	13 857.66	29 310.2
荔城区	–	–	12.22	12.22
仙游县	15 697.68	61 139.87	2 437.53	79 275.08
秀屿区	–	–	–	–
安溪县	29 805.06	89 882.08	5 202.56	124 889.70
德化县	–	–	–	–
丰泽区	–	–	10.77	10.77
惠安县	–	–	–	–

（续表）

（续表）

行政区	用地优化布局面积（hm²）			
	优先种植区	次优先种植区	一般种植区	合计
晋江市	-	-	-	-
鲤城区	-	-	-	-
洛江区	-	2 933.59	-	2 933.59
南安市	917.31	15 257.64	-	16 174.95
泉港区	-	3 085.98	-	3 085.98
石狮市	-	-	-	-
永春县	8 007.95	22 352.57	1 246.04	31 606.56
大田县	-	-	-	-
建宁县	-	-	-	-
将乐县	-	-	-	-
梅列区	-	-	-	-
明溪县	-	-	-	-
宁化县	-	-	-	-
清流县	-	-	-	-
三元区	-	-	-	-
沙县	-	-	-	-
泰宁县	-	-	-	-
永安市	-	-	-	-
尤溪县	-	-	-	-
海沧区	-	-	-	-
湖里区	-	-	-	-
集美区	-	392.57	35.75	428.32
思明区	-	-	-	-
同安区	-	8.32	24.73	33.05
翔安区	-	-	-	-
东山县	-	-	-	-
华安县	14 772.14	16 478.40	15 571.78	46 822.32
龙海市	-	70.29	-	70.29
龙文区	-	-	-	-
南靖县	197.74	28 886.38	27 159.64	56 243.76
平和县	-	2 560.27	7 397.87	9 958.14
芗城区	-	-	2 158.91	2 158.91
云霄县	-	-	-	-
漳浦县	-	96.59	-	96.59
长泰县	-	2 170.57	2 258.02	4 428.59
诏安县	-	-	102.13	102.13
平潭实验区	-	-	-	-
总计	234 951.65	473 218.10	144 323.90	852 493.65

（续表）

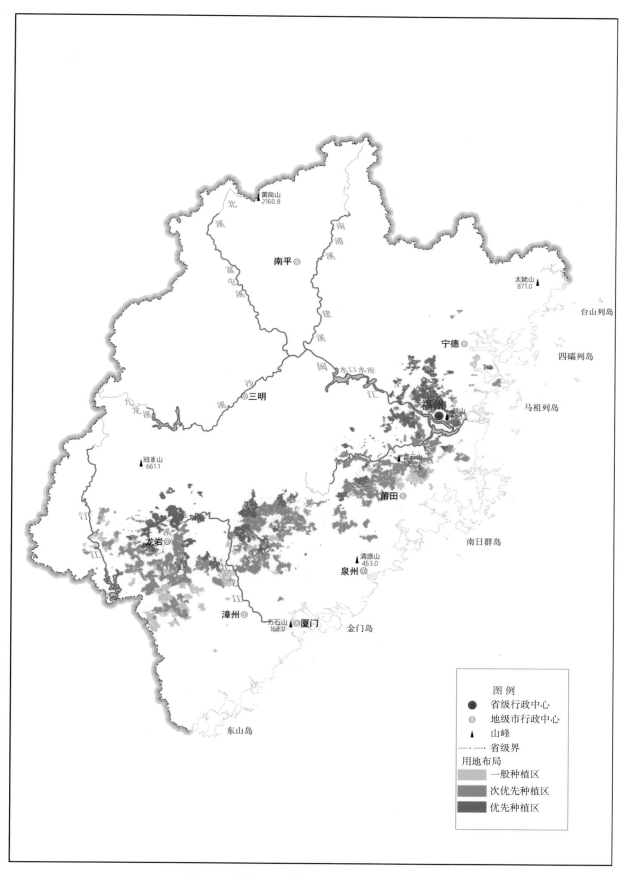

图8-16　福建省西南桦优化布局用地分布示意图

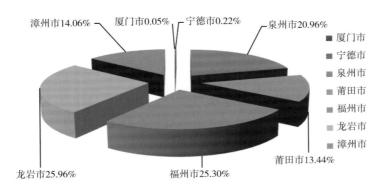

图8-17　福建省设区市西南桦优化布局用地面积比例

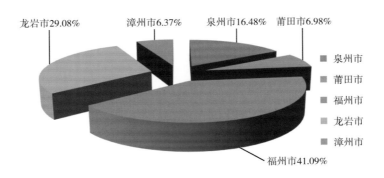

图8-18　福建省设区市西南桦优先种植区面积比例

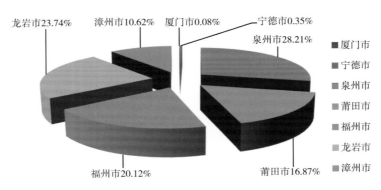

图8-19　福建省设区市西南桦次优先种植区面积比例

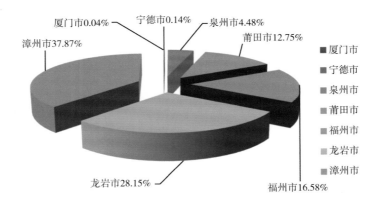

图8-20　福建省设区市西南桦一般种植区面积比例

从西南桦用地优化布局的县（市、区）分布来看（表8-4、图8-16），全省西南桦优先种植区主要分布在永春、永泰、罗源、华安、仙游、晋安、安溪、闽侯和新罗等县（市、区），合计面积为221 404.52hm²，占全省西南桦优先种植区总面积的94.23%，其中以新罗区、闽侯县和安溪县面积较大，分别占全省西南桦优先种植区总面积的26.55%、19.70%和12.69%。该区域光、热、水资源充沛，土壤有机质含量高，全磷、全钾资源较为丰富，土壤肥沃，质地适中，酸碱性适宜，地理区位条件优越，交通便利，为西南桦的正常生长提供了良好的立地条件，应将该区域作为福建省西南桦种植的优先发展区域。全省西南桦次优先种植区主要分布在晋安、连江、涵江、南安、福清、华安、永春、闽侯、上杭、南靖、永泰、新罗、永定、仙游和安溪等县（市、区），合计面积为449 441.85hm²，占全省西南桦次优先种植区总面积的94.98%，其中以安溪、仙游县面积较大，分别占全省西南桦次优先种植区总面积的18.99%和12.92%。该区域热量资源与优先种植区差异不大，土层较深厚，土壤有机质含量较高，区位条件优越，但该区域水分条件、土壤全磷、全钾含量和交通条件都不如优先种植区，因此，应将该区域作为全省西南桦种植的重点发展区。全省西南桦一般种植区主要分布在连江、罗源、安溪、平和、福清、涵江、上杭、华安、永定和南靖等县（市、区），合计面积为129 434.01hm²，占全省西南桦一般种植区总面积的89.68%，其中以南靖县和永定区面积较大，分别占全省西南桦一般种植区用地总面积的18.82%和18.44%，应将该区域作为全省西南桦种植的后备发展区域。

第九章　红豆杉科主要树种用地适宜性与优化布局

红豆杉科（Taxaceae）是裸子植物门、红豆杉目的一个科，分为5属，约23种，中国有4属，13种，包括穗花杉属、白豆杉属、红豆杉属、榧树属。其中红豆杉属种类较多，约11种，中国有4种，分布于东北至西南；白豆杉属仅白豆杉1种，特产中国浙江、江西、湖南、广东及广西；穗花杉属共3种，在中国均有分布，台湾穗花杉产于中国台湾，云南穗花杉产于云南、贵州，穗花杉产于秦岭至大别山以南，东自浙江龙泉，西至西藏墨脱；榧树属共7种，中国有4种，长叶榧树分布于浙江及福建，云南榧树分布于云南，巴山榧树分布于甘肃、四川、陕西、湖北，榧树分布于华东至华中。根据福建省主要栽培的珍贵树种名录，全省主要栽培的红豆杉科珍贵树种包括红豆杉属和榧树属等，主要树种有南方红豆杉、香榧等。本章根据福建省红豆杉科主要珍贵树种用地适宜性评价和优化布局结果，深入分析福建省南方红豆杉、香榧两种主要红豆杉科珍贵树种适宜用地的数量、质量以及用地优化的空间分布，为福建省发展红豆杉科珍贵树种生产提供科学依据。

第一节　红豆杉科主要树种用地适宜性分析

一、南方红豆杉用地适宜性分析

（一）南方红豆杉适宜用地数量及其分布

福建省南方红豆杉用地适宜性评价结果（表9-1、图9-1）表明，全省适宜种植南方红豆杉的用地总面积为6 891 697.37hm²，占福建省林地资源总面积的82.79%，可见，全省南方红豆杉适宜用地资源较为丰富，主要分布在闽东、闽北、闽西和闽西南地区。从南方红豆杉适宜用地设区市分布来看（图9-2），全省南方红豆杉适宜用地主要分布在南平、三明、龙岩、宁德和福州等市，合计面积为6 264 762.42hm²，占全省适宜种植南方红豆杉用地总面积的90.90%。从县域分布来看，全省南方红豆杉适宜用地资源主要分布在福安、闽清、宁化、德化、泰宁、建宁、安溪、政和、闽侯、沙县、明溪、永泰、清流、顺昌、光泽、武夷山、大田、上杭、将乐、新罗、武平、延平、漳平、连城、邵武、长汀、永安、尤溪、浦城、建阳和建瓯等县（市、区），合计面积为5 430 128.48hm²，占全省南方红豆杉适宜用地资源总面积的78.79%。这些区域林地资源适宜种植南方红豆杉的原因主要有：①限制南方红豆杉正常生长的极限因子均未超过极限值。②年降水量、年无霜期、年日照时数和年均温均值分别为1 738mm、267d、1 789.75h和17.42℃，分别比南方红豆杉用地适宜性相应评价因子标准值高8.64%、2.76%、5.28%和16.14%，水热条件较优越。③土壤肥沃，有机质含量均值为37.80g/kg，比南方红豆杉用地适宜性相应评价因子标准值高26.01%。④地理位置优越，区位平均值为1.42km，仅为南方红豆杉用地适宜性相应评价因子标准值的28.44%。

全省南方红豆杉不适宜用地面积为1 432 283.29hm²，占全省林地资源总面积的17.21%，主要分布在闽东南沿海地区和闽西高海拔地区。从设区市分布来看，南方红豆杉不适宜用地主要分布在漳州、泉州、宁德和龙岩等市，合计面积为1 045 958.69hm²，占全省南方红豆杉不适宜用地总面积的73.03%。从县域分布来看，全省不适宜种植南方红豆杉的用地资源主要分布在洛江、武平、建宁、惠安、福清、松溪、永泰、仙游、新罗、周宁、同安、龙海、光泽、漳平、安溪、华安、长泰、云霄、上杭、诏安、漳浦、武夷山、永定、德化、屏南、宁化、南安、南靖、古田和平和等县（市、区），合计面积为1 289 458.27hm²，占全省不适宜种植南方红豆杉用地总面积的90.03%。上述区域不适宜种植南方红豆杉的主要原因是：①水分条件限制。闽东南沿海上述区域不宜种植南方红豆杉主要是由于年降水量在1 300mm以下，年均温和≥10℃年活动积温均较高，蒸发量较大，难以满足南方红豆杉生长对水分条件的要求，容易导致其因干旱而枯死。②低温限制。闽西部上述区域极端低温在-11℃以下，超出了南方红豆杉可以忍耐的极端低温的下限值，容易产生冻害，甚至导致其死亡。③立地条件较差。南方红豆杉不宜在地势低洼、积水、土壤黏重地段种植（易东等，2009），在干旱瘠薄土壤上，植株矮化，长势较差（茹文明等，2006），在碱性土壤下生长不良（袁伟等，2008）。

表9-1　福建省县（市、区）南方红豆杉用地适宜性评价面积

行政区	不适宜用地面积（hm²）	适宜用地面积（hm²）			
		高度适宜	中度适宜	一般适宜	合计
仓山区	413.53	24.15	379.15	–	403.3
福清市	16 097.46	–	12 412.70	28 877.79	41 290.49
鼓楼区	354.69	–	–	–	–
晋安区	193.75	10 160.51	29 528.47	–	39 688.98
连江县	4 574.22	1 642.79	58 574.23	1 844.32	62 061.34
罗源县	659.13	50 902.49	22 161.28	710.17	73 773.94
马尾区	–	2 013.91	11 439.67	–	13 453.58
闽侯县	7 330.01	44 390.19	78 323.38	3 246.67	125 960.24
闽清县	1 392.00	57 892.45	49 362.67	–	107 255.12
永泰县	20 930.69	38 274.19	109 732.98	–	148 007.17
长乐区	7 939.84	–	2 353.58	12 315.36	14 668.94
连城县	51.20	89 991.72	126 053.22	93.90	216 138.84
上杭县	47 472.92	13 790.97	142 478.50	15 737.74	172 007.21
武平县	10 238.00	2 240.80	199 182.63	333.41	201 756.84
新罗区	22 891.38	33 181.84	159 615.94	5.26	192 803.04
永定区	64 789.73	1.38	75 811.61	19 539.04	95 352.03
漳平市	37 771.64	113 063.77	96 028.32	3.33	209 095.42
长汀县	7 317.66	1 669.20	221 580.97	18 862.08	242 112.25
光泽县	31 805.72	103 220.54	53 347.13	–	156 567.67
建瓯市	7 470.20	178 239.02	96 745.92	47.16	275 032.1
建阳区	1 518.64	152 275.50	117 314.76	403.26	269 993.52

（续表）

行政区	不适宜用地面积（hm²）	适宜用地面积（hm²）			
		高度适宜	中度适宜	一般适宜	合计
浦城县	522.15	91 862.98	174 893.49	1 893.20	268 649.67
邵武市	3 610.43	150 166.20	78 542.49	–	228 708.69
顺昌县	564.69	150 475.13	5 233.51	–	155 708.64
松溪县	18 878.51	16 668.07	42 988.28	529.16	60 185.51
武夷山市	64 123.85	29 786.19	129 662.02	73.31	159 521.52
延平区	692.26	176 129.67	32 882.96	–	209 012.63
政和县	1 238.71	85 441.56	37 670.51	17.20	123 129.27
福安市	18.07	19 026.96	81 854.96	96.80	100 978.72
福鼎市	723.45	15 830.70	68 166.90	100.82	84 098.42
古田县	80 966.79	45 385.81	38 002.27	–	83 388.08
蕉城区	527.79	24 086.88	67 471.79	1 485.88	93 044.55
屏南县	69 757.32	27 338.98	11 156.39	–	38 495.37
寿宁县	2 363.79	8 873.90	85 213.37	394.98	94 482.25
霞浦县	1 662.17	23 094.18	61 313.04	4 219.58	88 626.8
柘荣县	–	25 717.87	12 798.28	–	38 516.15
周宁县	24 845.09	28 409.90	23 626.79	–	52 036.69
城厢区	4 390.90	–	12 422.44	3 010.73	15 433.17
涵江区	4 042.68	646.74	22 024.54	12 499.24	35 170.52
荔城区	3 897.65	–	51.34	–	51.34
仙游县	21 126.31	9 408.32	87 480.05	80.38	96 968.75
秀屿区	4 699.54	–	–	–	–
安溪县	37 784.07	9 057.66	110 383.85	1 207.25	120 648.76
德化县	67 541.88	57 642.74	50 865.39	–	108 508.13
丰泽区	2 191.57	–	–	–	–
惠安县	12 908.81	–	–	–	–
晋江市	4 155.89	–	–	–	–
鲤城区	609.61	–	–	–	–
洛江区	10 074.99	–	10 415.95	–	10 415.95
南安市	76 434.98	–	16 905.22	–	16 905.22
泉港区	9 073.62	–	–	–	–
石狮市	1 419.17	–	–	–	–
永春县	1 973.81	19 641.94	60 721.08	–	80 363.02

（续表）

行政区	不适宜用地面积（hm²）	适宜用地面积（hm²）			
		高度适宜	中度适宜	一般适宜	合计
大田县	67.41	128 071.04	38 907.23	–	166 978.27
建宁县	12 053.63	76 479.36	39 810.50	–	116 289.86
将乐县	1 325.90	151 675.76	40 911.71	39.17	192 626.64
梅列区	57.03	24 829.74	1 657.98	–	26 487.72
明溪县	367.25	144 371.42	2 809.62	–	147 181.04
宁化县	72 392.27	34 110.30	74 209.69	–	108 319.99
清流县	2 678.14	79 524.52	66 734.58	2 052.31	148 311.41
三元区	29.74	41 681.81	22 054.86	–	63 736.67
沙县	69.20	44 474.44	94 377.03	18.46	138 869.93
泰宁县	8 373.98	94 635.39	16 573.25	–	111 208.64
永安市	34.35	107 696.71	135 288.44	276.50	243 261.65
尤溪县	2 551.22	204 821.32	60 664.28	–	265 485.6
海沧区	4 598.21	–	–	–	–
湖里区	289.29	–	–	–	–
集美区	7 073.66	–	–	35.75	35.75
思明区	2 000.17	–	–	–	–
同安区	27 240.12	–	–	–	–
翔安区	7 975.48	–	–	–	–
东山县	4 284.70	–	–	–	–
华安县	38 562.05	2 397.72	44 811.98	335.14	47 544.84
龙海市	31 190.26	–	–	–	–
龙文区	1 503.44	–	–	–	–
南靖县	80 190.68	–	34 259.09	21 308.51	55 567.6
平和县	97 437.50	–	2 570.01	28 023.61	30 593.62
芗城区	3 273.03	–	–	–	–
云霄县	40 836.55	–	–	–	–
漳浦县	61 922.99	–	166.16	106.99	273.15
长泰县	40 547.51	–	2.57	7 258.29	7 260.86
诏安县	50 644.60	–	–	1 194.29	1 194.29
平潭实验区	8 679.97	–	–	–	–
总计	1 432 283.29	3 042 437.33	3 660 983.00	188 277.04	6 891 697.37

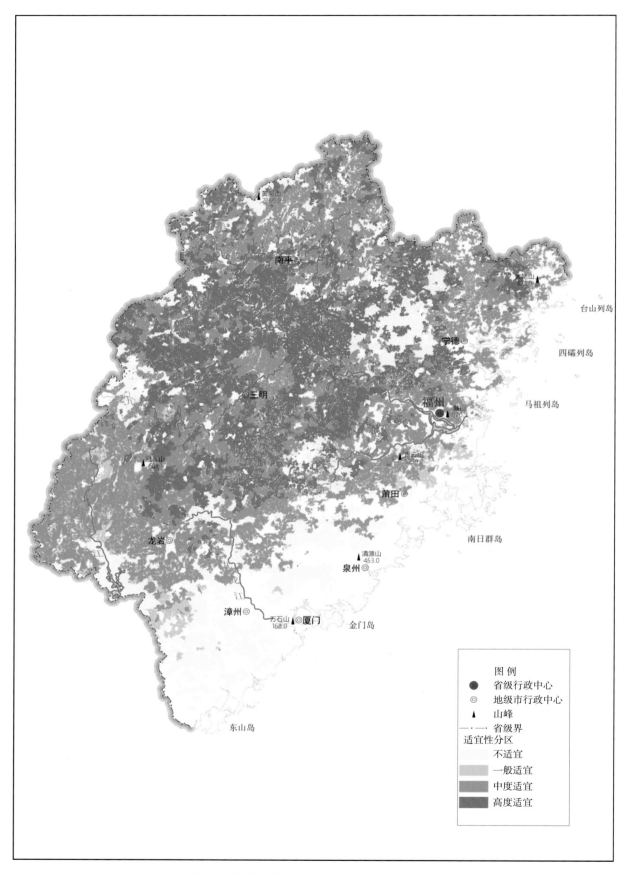

图9-1 福建省南方红豆杉适宜用地分布示意图

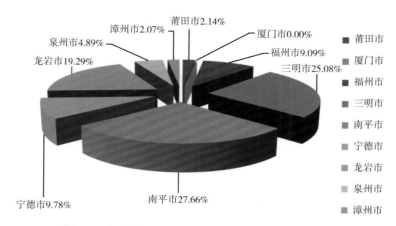

图9-2 福建省设区市南方红豆杉适宜用地面积比例

（二）南方红豆杉适宜用地质量及其分布

由表9-1、图9-1评价结果可见，福建省高度、中度适宜种植南方红豆杉用地资源比较丰富，面积分别为3 042 437.33hm²和3 660 983.00hm²，分别占全省适宜种植南方红豆杉用地总面积的44.15%和53.12%，而全省一般适宜种植南方红豆杉用地资源相对较少，仅占全省适宜种植南方红豆杉用地总面积的2.73%，可见，福建省南方红豆杉适宜用地质量总体较高。

从各设区市适宜种植南方红豆杉用地资源的质量分布来看（图9-3至图9-5），全省南方红豆杉高度适宜种植用地集中分布在南平和三明市，合计面积为2 266 636.67hm²，占全省高度适宜种植南方红豆杉用地面积的74.50%，其他设区市适宜种植南方红豆杉用地资源相对较少，面积比例大小顺序依次为龙岩（8.35%）、宁德（7.16%）、福州（6.75%）、泉州（2.84%）、莆田（0.33%）和漳州市（0.08%）。全省南方红豆杉中度适宜种植用地主要分布在龙岩、南平、三明、宁德和福州市，合计面积为3 207 903.32hm²，占全省中度适宜种植南方红豆杉用地总面积的87.62%。全省南方红豆杉一般适宜用地主要分布在漳州、龙岩、福州和莆田市，合计面积为175 386.25hm²，占全省一般适宜种植南方红豆杉用地资源的93.15%。

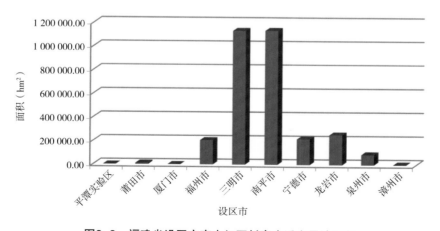

图9-3 福建省设区市南方红豆杉高度适宜用地面积

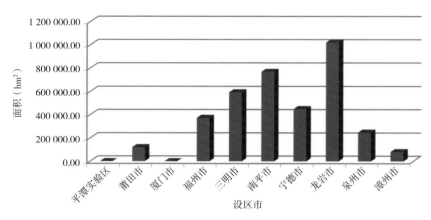

图9-4 福建省设区市南方红豆杉中度适宜用地面积

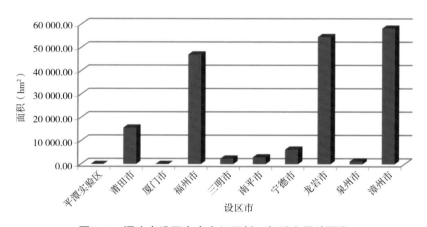

图9-5 福建省设区市南方红豆杉一般适宜用地面积

从各县（市、区）适宜种植南方红豆杉用地质量状况分布来看（表9-1、图9-1），全省高度适宜种植南方红豆杉用地资源主要分布在罗源、德化、闽清、建宁、清流、政和、连城、浦城、泰宁、光泽、永安、漳平、大田、明溪、邵武、顺昌、将乐、建阳、延平、建瓯和尤溪等县（市、区），合计面积为2 444 579.29hm²，占全省高度适宜种植南方红豆杉用地总面积的80.35%。该区域种植南方红豆杉用地适宜程度较高的主要原因是：①光、热、水资源比较充足。该区域年日照时数、年均温、年无霜期和年降水量均值分别达1 752.61h、16.97℃、261.18d和1 780.07mm，与南方红豆杉用地适宜性评价相应指标均值相比，分别高3.09%、13.13%、0.45%和11.25%。②土壤环境条件较好，土层深厚、质地适中、酸碱性适宜，有机质、全磷、全钾含量丰富。该区域土层厚度达109.93cm，质地以砂壤土、轻壤土和中壤土为主，pH值均值为5.06；有机质、全磷和全钾含量均值分别为41.37g/kg、0.72g/kg和21.71g/kg，分别比全省适宜种植南方红豆杉用地相应指标均值高10.67%、16.13%和11.68%。③地理位置优越，交通便利。该区域区位和交通通达性均值分别为187.06km和1.34km，分别仅为全省适宜种植南方红豆杉用地相应指标均值的95.60%和96.40%。全省南方红豆杉中度适宜用地主要分布在闽清、德化、光泽、连江、尤溪、永春、霞浦、清流、蕉城、福鼎、宁化、永定、闽侯、邵武、福安、寿宁、仙游、沙县、漳平、建瓯、永泰、安溪、建阳、连城、武夷山、永安、上杭、新罗、浦城、武平和长汀等县（市、区），合计面积为3 071 994.69hm²，占全省中度适宜种植南方红豆杉用地总面积的83.91%。该区域拥有丰富的光、热、水资源，土层深厚，有机质含量较高，但全磷、全钾含量较低，交通和区位条件也不及高度适宜区。全省南方红豆杉一般适宜用地主要分布在长乐、涵江、上杭、长汀、永定、南靖、平和和福清等县（市、区），合计面积为157 163.37hm²，占全省一般适宜种植南方红豆杉用地总面积的83.47%。该区域种植南方红豆杉用地适宜程度较低的主要原因是：①降水资源不足。年降水量均值仅为1 496.04mm，比全省适宜种植南方红豆杉用地相应指标均值低13.72%。②土壤有机质含量低，土层浅薄，土壤磷、钾含量缺乏。该区域土壤有机质含量、土层厚度均值分别为18.44g/kg、64.58cm，仅为全省适宜种植南方红豆杉用地相应指标均值的49.33%和63.65%；全磷、全钾含量均值分别为0.37g/kg、14.46g/kg，分别比全省适宜种植南方红豆杉用地相应指标均值低40.32%和25.62%。③区位条件较差。该区域区位均值为1.45km，比全省适宜种植南方红豆杉用地的区位均值高4.32%。

二、香榧用地适宜性分析

（一）香榧适宜用地数量及其分布

福建省香榧用地适宜性评价结果表明（表9-2、图9-6），全省香榧适宜用地总面积达5 474 162.14hm²，占福建省林地资源总面积的65.76%，可见，全省适宜种植香榧的用地资源较为丰富。从香榧适宜用地的设区市分布来看（图9-7），主要分布在三明、龙岩、南平和宁德等市，合计面积为4 232 811.09hm²，占全省适宜种植香榧的用地资源总面积的77.32%。从各县（市、区）适宜种植香榧用地资源分布来看，主要分布在蕉城、闽侯、顺昌、永泰、周宁、沙县、寿宁、泰宁、永春、仙游、延平、南靖、建阳、政和、平和、建宁、屏南、清流、建瓯、永定、古田、安溪、明溪、武夷山、将乐、光泽、宁化、漳平、大田、德化、上杭、尤溪、永安、邵武、新罗、浦城、武平、连城和长汀等县（市、区），合计面积为4 847 871.67hm²，占全省香榧适宜用地总面积的88.56%。这些区域林地资源适宜种植香榧的原因主要是：①限制香榧正常生长的极限因子均未超过极限值。②年降水量、年无霜期、年日照时数和年均温均值分别为1 722mm、271d、1 803.60h和17.54℃，分别比香榧用地适宜性相应评价因子标准值高18.79%、8.39%、3.06%和9.61%，水热条件较优越。③土壤肥沃，有机质含量均值为36.20g/kg，比香榧用地适宜性相应评价因子标准值高20.66%。④地理位置优越，区位平均值为1.44km，仅为香榧用地适宜性相应评价因子标准值的28.79%。

表9-2　福建省县（市、区）香榧用地适宜性评价面积

行政区	不适宜用地面积（hm²）	适宜用地面积（hm²）			
		高度适宜	中度适宜	一般适宜	合计
仓山区	816.82	–	–	–	–
福清市	41 196.26	1.44	12 842.21	3 348.04	16 191.69
鼓楼区	354.69	–	–	–	–
晋安区	26 355.78	11 034.45	2 492.50	–	13 526.95
连江县	36 154.90	1 610.60	28 868.25	1.81	30 480.66
罗源县	38 577.51	25 540.54	10 315.02	–	35 855.56
马尾区	10 612.10	2 321.51	519.97	–	2 841.48
闽侯县	77 421.60	45 313.06	10 555.57	–	55 868.63
闽清县	68 730.66	32 870.70	7 045.76	–	39 916.46
永泰县	104 129.41	49 136.20	15 672.26	–	64 808.46
长乐区	7 064.20	3.92	3 934.72	11 605.96	15 544.6
连城县	4 349.64	76 012.29	130 940.54	4 887.57	211 840.4

（续表）

行政区	不适宜用地面积（hm²）	适宜用地面积（hm²）			
		高度适宜	中度适宜	一般适宜	合计
上杭县	59 404.00	13 770.99	85 750.84	60 554.29	160 076.12
武平县	11 069.92	342.59	181 367.42	19 214.90	200 924.91
新罗区	38 527.57	27 295.36	137 343.89	12 527.59	177 166.84
永定区	32 994.02	58.32	47 615.45	79 473.97	127 147.74
漳平市	95 974.08	69 216.92	81 460.85	215.20	150 892.97
长汀县	36 121.30	1 407.07	146 147.50	65 754.03	213 308.6
光泽县	39 146.45	59 829.42	85 064.60	4 332.93	149 226.95
建瓯市	156 443.63	90 503.89	35 097.37	457.42	126 058.68
建阳区	172 019.00	62 997.76	36 137.32	358.09	99 493.17
浦城县	84 735.83	83 830.18	98 583.00	2 022.82	184 436
邵武市	60 490.30	97 803.52	73 581.04	444.25	171 828.81
顺昌县	95 274.91	56 913.45	4 084.97	–	60 998.42
松溪县	34 610.58	24 510.31	19 290.24	652.90	44 453.45
武夷山市	84 621.87	36 684.42	100 723.30	1 615.80	139 023.52
延平区	122 423.09	79 075.04	8 206.74	–	87 281.78
政和县	24 616.31	67 929.96	29 544.23	2 277.47	99 751.66
福安市	92 930.16	6 517.83	1 548.80	–	8 066.63
福鼎市	61 749.97	37.29	23 034.61	–	23 071.9
古田县	36 154.33	90 483.88	37 509.91	206.75	128 200.54
蕉城区	41 018.56	3 724.22	48 504.91	324.65	52 553.78
屏南县	1 893.52	33 374.48	72 278.90	705.79	106 359.17
寿宁县	22 578.89	1 549.27	56 678.93	16 038.95	74 267.15
霞浦县	69 956.45	8 367.30	11 965.23	–	20 332.53
柘荣县	13 219.51	4 005.51	21 289.77	1.35	25 296.63
周宁县	10 012.70	10 039.09	56 641.22	188.78	66 869.09
城厢区	15 904.94	–	–	3 919.13	3 919.13
涵江区	28 816.88	1 527.41	8 868.90	–	10 396.31
荔城区	3 948.99	–	–	–	–
仙游县	33 191.55	9 718.23	74 325.55	859.74	84 903.52
秀屿区	4 699.54	–	–	–	–
安溪县	24 457.73	9 057.66	120 815.96	4 101.48	133 975.1
德化县	16 052.51	91 396.40	68 593.21	7.90	159 997.51
丰泽区	2 191.57	–	–	–	–
惠安县	12 042.45	–	–	866.36	866.36
晋江市	4 155.89	–	–	–	–
鲤城区	609.61	–	–	–	–

（续表）

行政区	不适宜用地面积（hm²）	适宜用地面积（hm²）			
		高度适宜	中度适宜	一般适宜	合计
洛江区	10 074.99	–	10 415.95	–	10 415.95
南安市	57 761.75	2.13	24 653.24	10 923.08	35 578.45
泉港区	1 801.46	–	3 174.96	4 097.20	7 272.16
石狮市	1 419.17	–	–	–	
永春县	3 016.85	18 798.69	58 928.66	1 592.63	79 319.98
大田县	16 067.24	69 755.11	81 220.38	2.94	150 978.43
建宁县	24 226.31	40 555.30	63 561.87	–	104 117.17
将乐县	46 103.54	107 718.15	40 091.68	39.17	147 849
梅列区	20 573.15	5 370.25	601.33	–	5 971.58
明溪县	9 721.91	123 640.34	13 870.41	315.65	137 826.4
宁化县	31 205.02	59 026.68	90 043.92	436.63	149 507.23
清流县	41 504.15	27 918.84	75 759.67	5 806.88	109 485.39
三元区	36 287.91	20 624.15	6 854.35	–	27 478.5
沙县	65 860.01	27 286.06	45 525.16	267.89	73 079.11
泰宁县	41 293.51	47 405.92	30 528.74	354.44	78 289.1
永安市	71 775.73	93 117.46	77 315.11	1 087.70	171 520.27
尤溪县	100 255.41	149 320.59	18 460.82	–	167 781.41
海沧区	2 070.80	–	543.34	1 984.07	2 527.41
湖里区	289.29	–	–	–	
集美区	757.01	–	622.98	5 729.42	6 352.4
思明区	2 000.17	–	–	–	
同安区	6 833.57	–	963.63	19 442.91	20 406.54
翔安区	385.01	–	5 120.72	2 469.75	7 590.47
东山县	1 593.18	–	–	2 691.52	2 691.52
华安县	37 258.36	2 321.72	23 812.41	22 714.41	48 848.54
龙海市	14 858.08	4.35	6 461.93	9 865.90	16 332.18
龙文区	1 503.44	–	–	–	
南靖县	47 584.78	–	34 291.79	53 881.71	88 173.5
平和县	25 345.99	–	2 609.36	100 075.77	102 685.13
芗城区	1 114.12	–	–	2 158.91	2 158.91
云霄县	7 106.09	–	858.84	32 871.62	33 730.46
漳浦县	29 315.01	–	339.38	32 541.75	32 881.13
长泰县	5 234.10	–	10 569.48	32 004.78	42 574.26
诏安县	19 119.19	–	25.80	32 693.90	32 719.70
平潭实验区	8 679.97	–	–	–	
总计	2 849 818.45	2 078 678.22	2 722 467.37	673 016.55	5 474 162.14

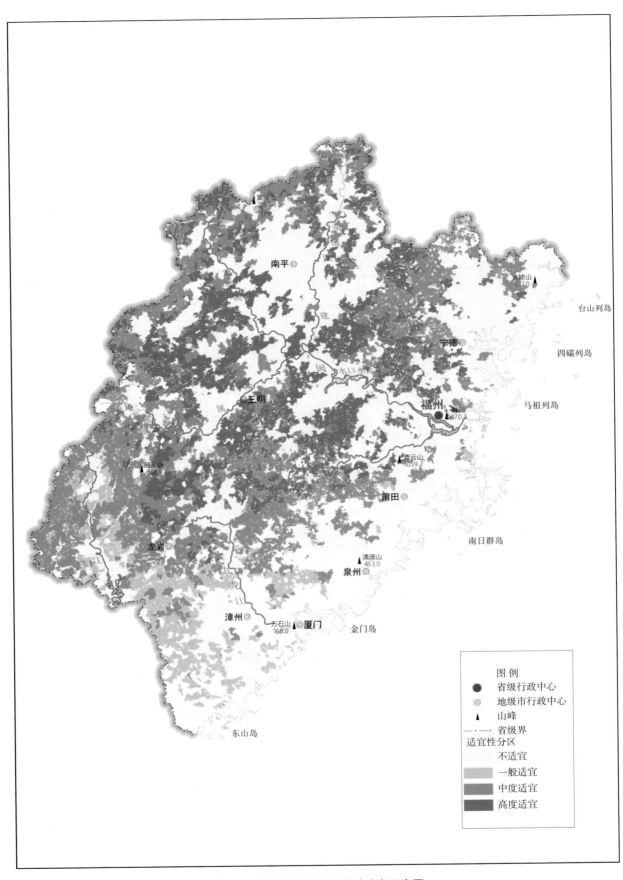

图9-6 福建省香榧适宜用地分布示意图

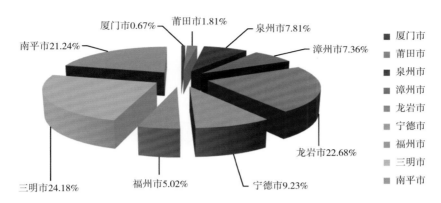

图9-7　福建省设区市香榧适宜用地面积比例

福建省不适宜种植香榧用地总面积为2 849 818.45hm²，占全省林地资源总面积的34.24%，主要分布在闽东和闽西北地区。从设区市分布来看，香榧不适宜用地主要分布在南平、三明、福州、宁德和龙岩市，合计面积为2 418 624.40hm²，占全省香榧不适宜用地总面积的84.87%。从县域分布来看，全省不适宜种植香榧的用地主要分布在南安、上杭、邵武、福鼎、沙县、闽清、霞浦、永安、闽侯、武夷山、浦城、福安、顺昌、漳平、尤溪、永泰、延平、建瓯和建阳等县（市、区），合计面积为1 701 957.85hm²，占全省不适宜种植香榧用地面积的59.72%。上述区域不适宜种植香榧的主要原因是：①夏季高温、强日照是香榧幼年阶段生长发育的限制因子，在福建省东部沿海海拔200m以下区域，夏季气温在38℃以上，易产生日灼危害，表现为叶表灼伤，幼梢枯萎，甚至整株枯死，在阳光直射、土壤瘠薄的地区亦不适宜种植香榧（金志凤等，2012；程晓建等，2009）。②夏季香榧的蒸腾作用较强，如遇高温干旱天气，土壤水分缺乏，根系不能吸收足够的水分，香榧树的蒸腾作用减弱，正常的光合作用等生理过程因受到阻碍而导致死亡（吴君根等，1994）。③海拔过高、冬季最低气温过低，对香榧生长也不利（叶传伟，2008）。闽西北上述地区海拔过高，温度过低，极端低温在-15℃以下，易产生低温冻害（金志凤等，2012），限制了香榧的正常生长，甚至导致其死亡。④香榧不耐积水涝注（周永忠等，2008），一般不宜栽培于排水性差的地区（胡绍泉等，2015）。⑤过黏和砂性太强的土壤上生长的香榧品质较差（戴文圣等，2006）。

（二）香榧适宜用地质量及其分布

表9-2和图9-6香榧适宜性评价结果表明，福建省香榧高度和中度适宜用地资源比较丰富，面积分别为2 078 678.22hm²和2 722 467.37hm²，分别占全省适宜种植香榧用地总面积的24.97%和32.71%，而一般适宜种植香榧用地资源较少，面积为673 016.55hm²，仅占全省适宜种植香榧用地总面积的8.09%。

从各设区市香榧适宜用地质量状况评价结果来看（图9-8至图9-10），全省高度适宜种植香榧用地资源集中分布在三明和南平市，合计面积为1 431 816.82hm²，占全省高度适宜种植香榧用地资源面积的68.88%，其他设区市香榧高度适宜用地资源相对较少，面积比例从大到小依次为龙岩（9.05%）、福州（8.07%）、宁德（7.61%）、泉州（5.74%）、莆田（0.54%）和漳州市（0.11%）。全省中度适宜种植香榧用地资源主要分布在龙岩、三明、南平、宁德和泉州市，合计面积为2 460 807.02hm²，占全省中度适宜种植香榧用地资源面积的90.39%。全省一般适宜种植香榧的用地资源主要分布在漳州和龙岩市，合计面积564 127.82hm²，占全省一般适宜种植香榧用地总面积的83.82%。

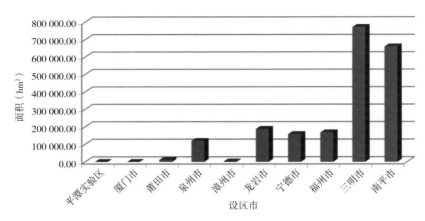

图9-8 福建省设区市香榧高度适宜用地面积

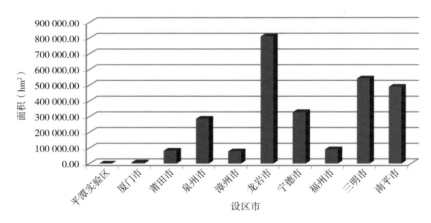

图9-9 福建省设区市香榧中度适宜用地面积

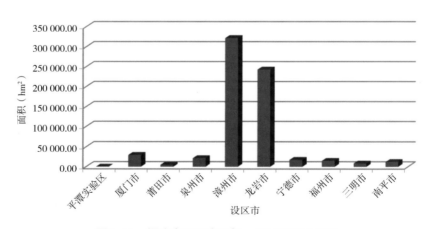

图9-10 福建省设区市香榧一般适宜用地面积

从各县（市、区）香榧适宜用地质量状况分析来看（表9-2、图9-6），全省高度适宜种植香榧用地资源主要分布在顺昌、宁化、光泽、建阳、政和、漳平、大田、连城、延平、浦城、古田、建瓯、德化、永安、邵武、将乐、明溪和尤溪等县（市、区），合计面积为1 528 571.06hm²，占全省高度适宜种植香榧用地资源总面积的73.54%。上述区域香榧种植用地资源适宜程度较高主要有以下几个原因：①光、热、水资源较为丰富。该区域年日照时数、年均温、年无霜期、年降水量均值分别为1 767.00h、16.49℃、256.30d、1 796.99mm，均高于香榧用地适宜性相应评价因子的均值。②立地条件优越，质地适中，土层深厚，土壤较肥沃。该区域土壤质地以砂壤土和轻壤土为主，土层厚度为110cm，土层深厚；有机质、全磷、全钾含量较高，均值分别为42.18g/kg、0.68g/kg、20.97g/kg，分别比全省香榧适宜用地相应评价因子均值高8.52%、13.33%和12.80%。③区位条件优越，交通便利。该区域区位和交通通达度均值分别为1.55km和184.90km，仅分别为全省适宜种植香榧用地相应评价因子均值的98.10%和92.83%。全省中度适宜种植香榧的用地资源主要分布在周宁、寿宁、永春、建宁、德化、屏南、邵武、仙游、清流、永安、大田、漳平、光泽、上杭、宁化、浦城、武夷山、安溪、连城、新罗、长汀和武平等县（市、区），合计面积为2 017 126.36hm²，占全省中度适宜种植香榧用地总面积的74.09%。该区域光、热、水资源丰富，土层深厚，有机质含量较高，但土壤全磷、全钾含量不如高度适宜区，交通和区位条件也不及高度适宜区。全省一般适宜种植香榧用地资源主要分布在龙海、南安、长乐、新罗、寿宁、武平、同安、华安、长泰、漳浦、诏安、云霄、南靖、上杭、长汀、永定和平和等县（市、区），合计面积为612 185.53hm²，占全省一般适宜种植香榧用地总面积的90.96%。该区域香榧种植用地适宜程度较低的主要原因是：①水分资源不足。该区域年降水量均值为1 573.58mm，比全省适宜种植香榧用地相应评价因子均值低9.96%。②土层较浅薄，有机质、全磷、全钾含量较低。该区域土层厚度、有机质、全磷、全钾含量均值分别为82.01cm、27.98g/kg、0.42g/kg、15.82g/kg，与全省适宜种植香榧用地相应评价因子均值相比，分别低18.97%、28.02%、30%、14.90%。③交通条件较差。交通通达度均值为218.82km，比全省适宜种植香榧用地相应评价因子均值高9.85%。

第二节　红豆杉科主要树种用地优化布局分析

一、南方红豆杉用地优化布局分析

福建省南方红豆杉用地优化布局结果表明（表9-3、图9-11、图9-12），全省南方红豆杉优化布局用地主要分布在南平、三明和宁德市，合计面积为3 378 265.38hm²，占全省南方红豆杉优化布局用地总面积的83.59%，而后从大到小依次为福州、龙岩、泉州和莆田市。全省南方红豆杉优先种植区、次优先种植区和一般种植区面积分别为1 124 250.82hm²、2 438 930.84hm²和478 307.754hm²，分别占全省南方红豆杉用地优化布局总面积的27.82%、60.35%和11.83%。可见，全省南方红豆杉以次优先种植区和优先种植区占优势。

从南方红豆杉优化用地的设区市分析来看（图9-13至图9-15），全省南方红豆杉优先种植区主要分布在三明、南平和福州市，合计面积为955 116.79hm²，占全省南方红豆杉优先种植区总面积的84.96%，其中以三明和南平市面积较大，分别占全省南方红豆杉优先种植区总面积的46.86%和27.46%。全省南方红豆杉次优先种植区主要分布在南平、三明、宁德和龙岩市，合计面积为2 240 259.92hm²，占全省南方红豆杉次优先种植区总面积的91.85%，其中以南平市面积最大，占全省南方红豆杉次优先种植区总面积的46.02%。全省南方红豆杉一般种植区主要分布在宁德、南平和三明市，合计面积为385 991.33hm²，占全省南方红豆杉一般种植区总面积的80.70%，其中以宁德和南平市面积较大，分别占全省南方红豆杉一般种植区总面积的34.52%和31.78%。

从南方红豆杉优化用地的县（市、区）分析来看（表9-3、图9-11），全省南方红豆杉优先种植区主要分布在清流、古田、沙县、建阳、闽侯、建宁、延平、闽清、大田、罗源、建瓯、连城、将乐、邵武、顺昌、泰宁、政和、永安、明溪和尤溪等县（市、区），合计面积为932 073.60hm²，占全省南方红豆杉优先种植区总面积的82.91%，其中以尤溪、明溪和永安等县（市）面积较大，分别占全省南方红豆杉优先种植区总面积的13.13%、7.47%和5.16%。该区域光、水、热资源充足，土壤立地条件较好，交通便利，区位条件优越，能保证南方红豆杉的正常生长，可作为福建省南方红豆杉种植的优先发展区域。全省南方红豆杉次优先种植区主要分布在永安、漳平、古田、寿宁、屏南、福安、柘荣、松溪、霞浦、福鼎、连城、闽清、周宁、永泰、政和、沙县、明溪、泰宁、德化、尤溪、武平、蕉城、大田、宁化、建宁、顺昌、清流、武夷山、将乐、光泽、浦城、邵武、建瓯和建阳等县（市、区），合计面积为2 338 199.31hm²，占全省南方红豆杉次优先种植区总面积的95.87%，其中以建瓯、建阳和浦城等县（市、区）面积较大，分别占全省南方红豆杉次优先种植区总面积的8.87%、7.50%和6.91%。该区域光、热、水资源与优先种植区相差不大，但土壤条件较差，交通和区位条件略逊于优先种植区。全省南方红豆杉一般种植区主要分布在建瓯、武平、沙县、清流、福安、松溪、霞浦、蕉城、宁化、连江、长汀、福鼎、武夷山、寿宁和浦城等县（市、区），合计面积为411 717.42hm²，占全省南方红豆杉一般种植区总面积的86.08%，其中以寿宁、浦城和武夷山等县（市）面积较大，分别占全省南方红豆杉一般种植区总面积的14.95%、13.68%和10.04%。

表9-3　福建省南方红豆杉用地优化布局面积

行政区	用地优化布局面积（hm²）			
	优先种植区	次优先种植区	一般种植区	合计
仓山区	–	379.15	–	379.15
福清市	–	14.45	–	14.45
鼓楼区	–	–	–	–
晋安区	1 723.15	3 657.24	798.87	6 179.26
连江县	1 561.53	12 263.73	24 652.74	38 478
罗源县	37 152.90	9 130.02	3 295.64	49 578.56
马尾区	598.09	2 344.22	–	2 942.31
闽侯县	29 225.15	7 235.39	1 040.16	37 500.7
闽清县	31 162.59	42 312.24	3 498.15	76 972.98
永泰县	18 089.28	46 204.74	3 640.62	67 934.64
长乐区	–	–	1 911.28	1 911.28
连城县	44 192.93	40 147.62	293.49	84 634.04
上杭县	13 651.74	471.14	339.50	14 462.38
武平县	77.98	54 175.70	12 536.10	66 789.78
新罗区	2 846.69	10 054.39	32.36	12 933.44
永定区	–	7.16	35.19	42.35
漳平市	12 626.98	24 585.09	3 170.87	40 382.94
长汀县	–	19 686.37	31 101.15	50 787.52
光泽县	18 445.17	131 557.88	4 934.39	154 937.44
建瓯市	40 283.53	182 821.30	11 110.38	234 215.21
建阳区	28 011.69	216 262.23	5 756.89	250 030.81

（续表）

行政区	用地优化布局面积（hm²）			
	优先种植区	次优先种植区	一般种植区	合计
浦城县	19 696.18	164 999.41	71 524.78	256 220.37
邵武市	53 648.48	168 484.58	3 632.84	225 765.9
顺昌县	54 816.08	81 379.32	551.52	136 746.92
松溪县	3 284.62	33 544.76	16 122.90	52 952.28
武夷山市	2 548.93	91 035.75	48 021.47	141 606.15
延平区	30 687.21	5 496.08	98.69	36 281.98
政和县	57 352.56	46 813.77	3 350.05	107 516.38
福安市	6 549.34	26 893.55	15 602.32	49 045.21
福鼎市	1 884.79	39 566.33	32 355.28	73 806.4
古田县	22 482.74	24 833.30	128.30	47 444.34
蕉城区	6 642.60	54 366.07	18 694.89	79 703.56
屏南县	11 438.98	26 597.67	362.04	38 398.69
寿宁县	33.60	25 107.65	65 445.21	90 586.46
霞浦县	63.92	39 090.35	17 420.25	56 574.52
柘荣县	8 780.66	27 007.16	856.80	36 644.62
周宁县	7 660.89	43 086.24	1 124.20	51 871.33
城厢区	–	–	–	–
涵江区	119.99	1 432.01	8.71	1 560.71
荔城区	–	–	–	–
仙游县	9 106.22	1 460.63	231.18	10 798.03
秀屿区	–	–	–	–
安溪县	–	624.31	444.74	1 069.05
德化县	17 730.56	52 380.62	4 905.81	75 016.99
丰泽区	–	–	–	–
惠安县	–	–	–	–
晋江市	–	–	–	–
鲤城区	–	–	–	–
洛江区	–	–	–	–
南安市	–	–	–	–
泉港区	–	–	–	–
石狮市	–	–	–	–

（续表）

（续表）

行政区	用地优化布局面积（hm²）			
	优先种植区	次优先种植区	一般种植区	合计
永春县	3 243.45	19 194.03	379.85	22 817.33
大田县	33 297.00	62 856.10	29.59	96 182.69
建宁县	30 137.47	79 705.13	5 986.86	115 829.46
将乐县	47 454.60	127 135.47	4 201.12	178 791.19
梅列区	425.68	626.56	−	1 052.24
明溪县	83 960.76	49 651.53	2 031.98	135 644.27
宁化县	12 802.59	69 634.55	19 249.86	101 687
清流县	21 753.87	89 090.37	14 689.25	125 533.49
三元区	10 543.62	6 616.51	−	17 160.13
沙县	24 311.64	49 254.82	13 190.83	86 757.29
泰宁县	56 504.79	50 430.88	4 065.74	111 001.41
永安市	57 987.61	23 116.99	176.79	81 281.39
尤溪县	147 649.99	54 070.13	5 276.11	206 996.23
海沧区	−	−	−	−
湖里区	−	−	−	−
集美区	−	−	−	−
思明区	−	−	−	−
同安区	−	−	−	−
翔安区	−	−	−	−
东山县	−	−	−	−
华安县	−	38.15	−	38.15
龙海市	−	−	−	−
龙文区	−	−	−	−
南靖县	−	−	−	−
平和县	−	−	−	−
芗城区	−	−	−	−
云霄县	−	−	−	−
漳浦县	−	−	−	−
长泰县	−	−	−	−
诏安县	−	−	−	−
平潭实验区	−	−	−	−
总计	1 124 250.82	2 438 930.84	478 307.74	4 041 489.40

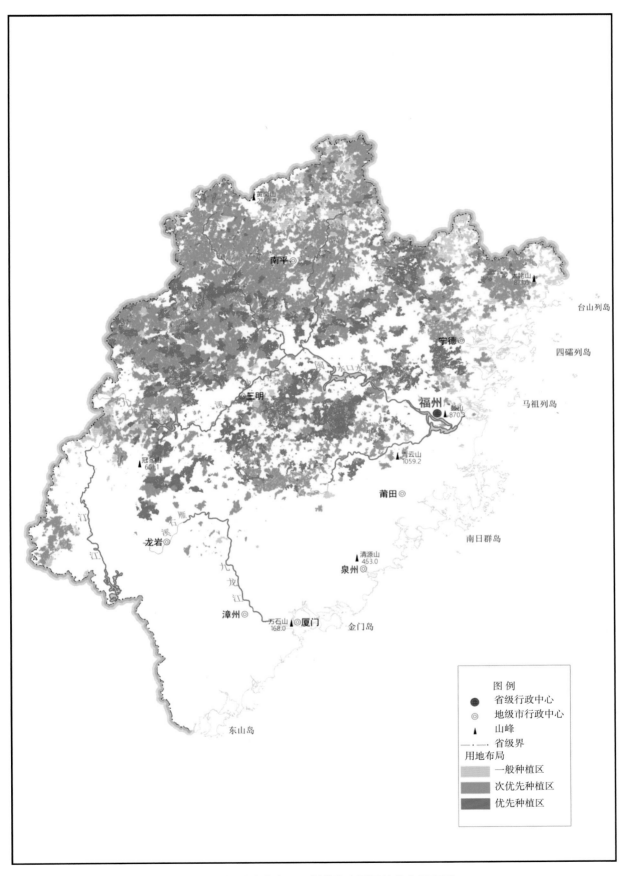

图9-11　福建省南方红豆杉优化布局用地分布示意图

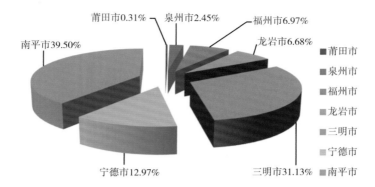

图9-12 福建省设区市南方红豆杉优化布局用地面积比例

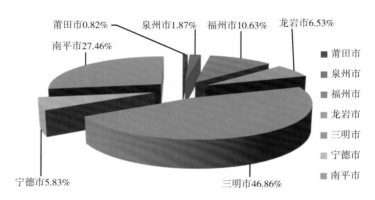

图9-13 福建省设区市南方红豆杉优先种植区面积比例

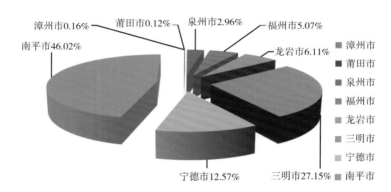

图9-14 福建省设区市南方红豆杉次优先种植区面积比例

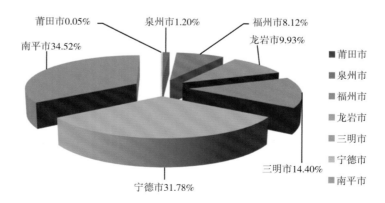

图9-15 福建省设区市南方红豆杉一般种植区面积比例

二、香榧用地优化布局分析

由表9-4、图9-16、图9-17香榧用地优化布局结果表明，福建省香榧优化布局用地主要分布在宁德、南平和泉州市，合计面积为395 164.03hm²，占全省香榧优化布局用地总面积的95.67%，而三明、福州、龙岩、莆田和漳州市的香榧优化布局用地面积相对较小，因此应将宁德、南平和泉州市作为福建省香榧种植的重点发展区域。全省香榧优先种植区、次优先种植区和一般种植区面积分别为81 624.34hm²、236 344.05hm²和95 089.91hm²，分别占全省香榧用地优化布局总面积的19.76%、57.22%和23.02%。可见，福建省香榧优化布局用地以次优先种植区为主，优先种植区面积相对较小。

从香榧用地优化布局的设区市分析来看（图9-18至图9-20），全省香榧优先种植区主要分布在宁德、南平、泉州和三明市，合计面积为80 950.49hm²，占全省香榧优先种植区总面积的99.17%，其中以宁德和南平市面积较大，分别占全省香榧优先种植区总面积的34.94%和26.13%。全省香榧次优先种植区主要分布在宁德、南平、三明和泉州市，合计面积为227 821.31hm²，占全省香榧次优先种植区总面积的96.39%，其中以宁德市面积最大，占全省香榧次优先种植区总面积的38.30%。全省香榧一般种植区主要分布在宁德、南平和福州市，合计面积为83 602.40hm²，占全省香榧一般种植区总面积的87.92%，其中以宁德和南平市面积较大，分别占全省香榧一般种植区总面积的54.55%和26.69%。

表9-4　福建省香榧用地优化布局面积

行政区	用地优化布局面积（hm²）			
	优先种植区	次优先种植区	一般种植区	合计
仓山区	–	–	–	–
福清市	–	–	–	–
鼓楼区	–	–	–	–
晋安区	–	387.61	–	387.61
连江县	–	748.37	4 288.93	5 037.3
罗源县	–	–	–	–
马尾区	117.65	333.27	–	450.92
闽侯县	46.37	–	–	46.37
闽清县	–	–	–	–
永泰县	465.01	971.97	–	1 436.98
长乐区	–	–	2 058.84	2 058.84
连城县	–	–	–	–
上杭县	–	–	–	–
武平县	30.30	–	–	30.30
新罗区	–	–	–	–
永定区	–	–	–	–
漳平市	–	–	–	–
长汀县	–	614.16	2 177.2	2 791.36

（续表）

行政区	用地优化布局面积（hm²）			
	优先种植区	次优先种植区	一般种植区	合计
光泽县	1 408.95	15 297.54	5 617.94	22 324.43
建瓯市	2 788.16	113.22	–	2 901.38
建阳区	1 236.76	362.62	–	1 599.38
浦城县	5 179.78	1 874.95	9.19	7 063.92
邵武市	17.49	2 236.57	–	2 254.06
顺昌县	62.10	–	–	62.10
松溪县	3 201.22	11 521.83	95.15	14 818.20
武夷山市	1 841.51	23 671.10	19 656.30	45 168.91
延平区	493.26	–	–	493.26
政和县	5 099.81	1 459.51	–	6 559.32
福安市	–	–	–	–
福鼎市	–	–	–	–
古田县	17 654.03	47 175.1	3 924.98	68 754.11
蕉城区	–	–	4 058.36	4 058.36
屏南县	9 854.86	32 168.02	25 757.76	67 780.64
寿宁县	–	–	2 336.56	2 336.56
霞浦县	1 007.23	2 126.98	–	3 134.21
柘荣县	–	–	–	–
周宁县	–	9 038.59	15 798.37	24 836.96
城厢区	–	–	–	–
涵江区	14.50	–	–	14.50
荔城区	–	–	–	–
仙游县	–	5 467.37	–	5 467.37
秀屿区	–	–	–	–
安溪县	–	–	–	–
德化县	19 320.89	40 274.29	4 232.30	63 827.48
丰泽区	–	–	–	–
惠安县	–	–	–	–
晋江市	–	–	–	–
鲤城区	–	–	–	–
洛江区	–	–	–	–
南安市	–	–	–	–
泉港区	–	–	–	–

（续表）

行政区	用地优化布局面积（hm²）			
	优先种植区	次优先种植区	一般种植区	合计
石狮市	–	–	–	–
永春县	–	–	–	–
大田县	138.36	–	–	138.36
建宁县	7.28	6 085.42	4 905.3	10 998
将乐县	–	1 040.84	–	1 040.84
梅列区	–	–	–	–
明溪县	2 002.75	11.60	–	2 014.35
宁化县	3 815.66	32 039.63	–	35 855.29
清流县	–	–	–	–
三元区	370.38	–	–	370.38
沙县	–	–	–	–
泰宁县	3 724.02	1 323.49	–	5 047.51
永安市	–	–	–	–
尤溪县	1 726.01	–	–	1 726.01
海沧区	–	–	–	–
湖里区	–	–	–	–
集美区	–	–	–	–
思明区	–	–	–	–
同安区	–	–	–	–
翔安区	–	–	–	–
东山县	–	–	–	–
华安县	–	–	–	–
龙海市	–	–	–	–
龙文区	–	–	–	–
南靖县	–	–	–	–
平和县	–	–	–	–
芗城区	–	–	–	–
云霄县	–	–	172.73	172.73
漳浦县	–	–	–	–
长泰县	–	–	–	–
诏安县	–	–	–	–
平潭实验区	–	–	–	–
总计	81 624.34	236 344.05	95 089.91	413 058.30

（续表）

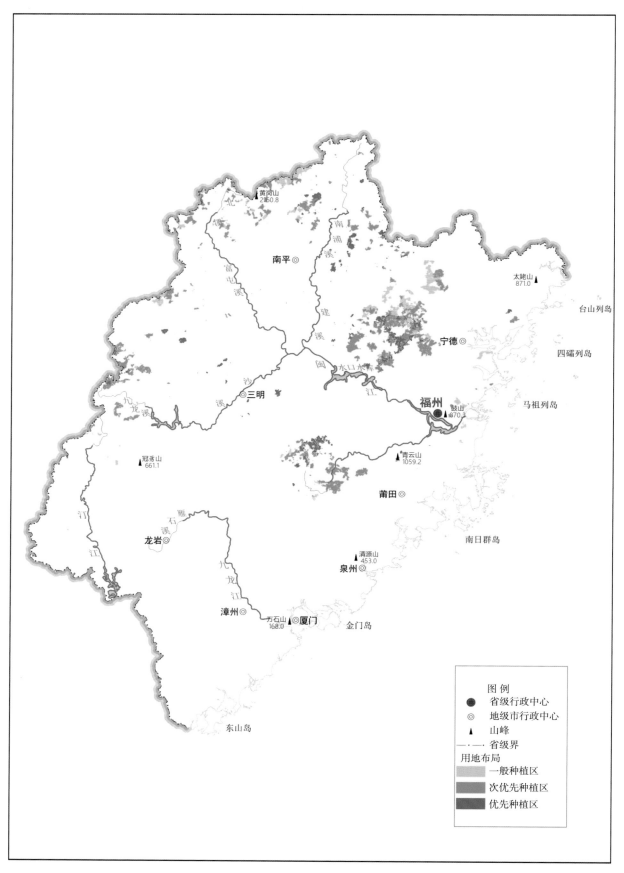

图9-16　福建省香榧优化布局用地分布示意图

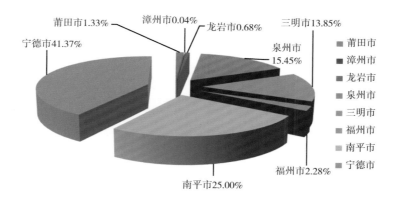

图9-17　福建省设区市香榧优化布局用地面积比例

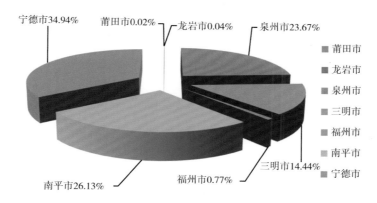

图9-18　福建省设区市香榧优先种植区面积比例

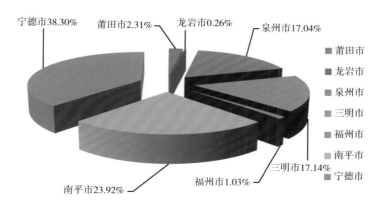

图9-19　福建省设区市香榧次优先种植区面积比例

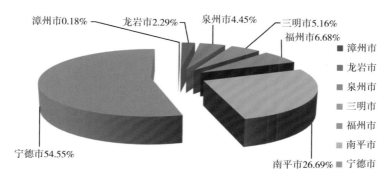

图9-20　福建省设区市香榧一般种植区面积比例

　　从香榧用地优化布局的县（市、区）分析来看（表9-4、图9-16），全省香榧优先种植区主要分布在德化、古田、屏南、政和、宁化、浦城、泰宁、松溪、建瓯、明溪、武夷山、尤溪、光泽、建阳和霞浦等县（市、区），合计面积为79 861.63hm²，占全省香榧优先种植区总面积的97.84%，其中以德化和古田县面积较大，分别占全省香榧优先种植区总面积的23.67%和21.63%。该区域水热资源充足，土壤立地条件较好，交通便利，区位条件优越，能保证香榧的正常生长，可作为福建省香榧种植的优先发展区域。全省香榧次优先种植区主要分布在古田、德化、屏南、宁化、武夷山、光泽、松溪、周宁、建宁和仙游等县（市、区），合计面积为222 738.90hm²，占全省香榧次优先种植区总面积的94.24%，其中以古田、德化和屏南县面积较大，分别占全省香榧次优先种植区总面积的19.96%、17.04%和13.61%。该区域水分资源充足，光照和热量资源不如优先种植区，土层深厚，有机质含量较高，但全磷、全钾含量不高，交通和区位条件也不如优先种植区，可作为全省香榧种植的重点发展区。全省香榧一般种植区主要分布在古田、蕉城、德化、连江、建宁、光泽、周宁、武夷山和屏南等县（市、区），合计面积为88 240.25hm²，占全省香榧一般种植区总面积的92.80%，其中屏南、武夷山和周宁等县（市）的面积较大，分别占全省香榧一般种植区用地总面积的27.09%、20.67%和16.61%，可作为全省香榧种植的后备发展区域。

第十章　珍贵树种用地优化布局信息管理系统研制

珍贵树种既是宝贵的植物资源，也是自然生态环境的重要组成部分，建立面向珍贵树种用地的信息管理系统，利用信息技术的实时动态性、公众开放性和可远程管理性，实现区域珍贵树种用地优化布局的信息化、动态化和可视化管理以及区域珍贵树种用地优化布局大数据的开放共享，不仅对提高区域珍贵树种用地的信息化管理水平、优化资源配置具有重要的作用，而且可以为各级政府、相关部门提供决策依据，为发展珍贵树种生产提供基础依据，从而全面提高区域珍贵树种用地资源的经营和管理水平，为区域珍贵树种用地的合理开发利用、促进生态系统平衡、实现区域林地资源的可持续利用提供技术支持。

第一节　系统需求与设计

一、系统需求分析

珍贵树种属于珍贵、稀有资源，很多用户对于珍贵树种重要性以及综合价值了解甚少，对于珍贵树种用地质量和数量的认识以及用地优化布局方面还存在一定的盲目性。因此，为了帮助普通用户快速、便捷地了解福建省主要珍贵树种用地适宜性及其优化布局情况，为珍贵树种的优化布局提供辅助决策，本研究运用WebGIS技术，将福建省主要珍贵树种用地适宜性评价及优化布局相关研究成果进行发布和共享，使用户能通过Web浏览器查询相关信息，快速便捷。系统提供多种地图操作工具和查询方法，从而搭建具有多种分析功能、便捷的福建省主要珍贵树种用地优化布局信息管理系统门户网站。

系统采用开源PostGIS（空间数据库）、Geoserver（地图服务器）、OpenLayers（客户端）搭建基于B/S（Browser/Server，即浏览器/服务器）设计模式的WebGIS系统。

系统分为浏览器端、服务器端和数据库端三个层次，系统架构如图10-1所示。浏览器端供用户操作及地图或其他信息的显示，服务器端进行数据与信息的计算与处理，数据库端存储用户信息以及地图数据（其中用户信息使用普通数据库，地图数据使用空间数据库）。

通过系统业务需求分析，本系统主要实现以下功能。

（1）后台数据管理功能，需要提供数据导入、替换、更新的功能。

（2）具有管理员系统，可修改网站信息、用户权限等功能。

（3）普通用户系统，用户可修改自己的用户名及密码，可以进行信息查询，地图基本操作、统计报表输出和专题图制作功能。

（4）信息查询功能，用户可根据自身需求选择地图的渲染方式。既可以根据行政区定位地图，查看某个行政区适宜种植的珍贵树种，也可以通过查询某一个树种名称，查看该珍贵树种在哪些县（市、区）适宜种植，还可以实现从图形到属性信息的查询。

（5）地图基本操作功能，可实现对地图的放大、缩小、平移和漫游等功能。

（6）统计报表输出功能，可实现对所查区域属性信息以表格形式打印输出。

（7）专题图制作功能，可根据不同行政区和不同树种打印输出福建省珍贵树种用地适宜性评价图和福建省珍贵树种用地优化布局图。

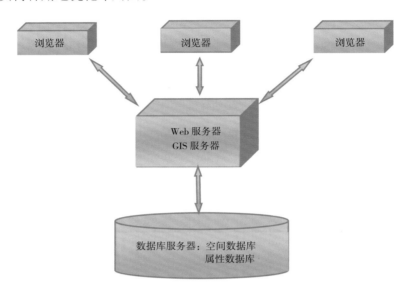

图10-1　B/S设计模式的WebGIS系统基本架构

二、系统总体设计与数据设计

（一）系统总体设计

福建省主要珍贵树种用地优化布局信息管理系统采用如下的体系结构（图10-2），主要使用HTML+OpenLayers作为GIS地图客户端，服务器端的web服务器采用Tomcat 6.0，GIS应用服务器部署了开源软件平台GeoServer并采用GeoWebCache作为瓦片地图服务器；数据存储层采用空间数据文件和关系数据库相结合的方式（PostGIS和PostgreSQL）对地理数据进行管理和维护。空间数据文件负责该特征数据存储，关系数据文件负责存储属性数据。

1.地图制图方案

当前互联网技术环境下，通常采用的网络地图制图模式为"基础地图+操作地图+任务"。基础地图往往是静态的，更新频率较低，所以应尽量预先制作成瓦片地图，以提高浏览速度。操作图层即业务图层是绘制在基础地图之上，供用户浏览、查询和编辑操作的主题图层。通常情况下，操作图层的坐标和属性信息被下载到客户端，由客户端负责管理和渲染表达。所谓任务即WebGIS应用通常提供多种工具，如寻址、导航和查询等通用工具以及用户机构的专用工具。

福建省主要珍贵树种用地优化布局信息管理系统以福建省土地利用现状图（1∶25万）为基础地图，其中包括福建省行政区划、道路、水域用地、居民点工矿用地等，使用ArcMap进行配图（mxd地图文档），并使用ArcGIS Server进行切图。使用GeoWebcache进行发布，从而提高系统的效率。操作图层以福建省主要珍贵树种用地适宜性评价数据库和用地优化布局数据库叠加在基础地图之上形成，主要包括年均温、年降水量、年无霜期、土层厚度、全磷、全钾、有机质、适宜等级、优化布局等级等数据，通过OpenLayers地图API操作接口进行图形及属性数据库的浏览、查询检索和编辑。

2. WebGIS服务器

GeoServer是OpenGIS Web服务器规范的J2EE实现，利用GeoServer可以方便地发布地图数据，允许用户对特征数据进行更新、删除、插入操作，使用GeoServer可发布符合OGC标准的网络服务（OGCWeb Service，OWS），包括WMS、WFS和WPS等，用户可使用HTTP协议对服务进行访问，并获取标准的结果集。OGC标准服务极大地促进了地理信息服务的共享与互操作。

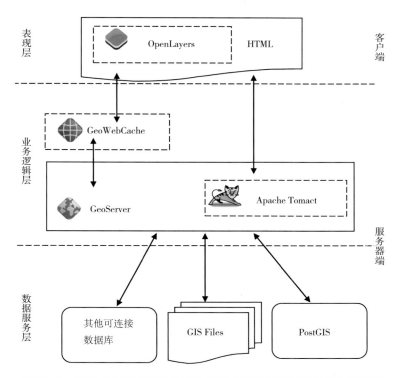

图10-2 福建省主要珍贵树种用地优化布局信息管理系统架构设计图

GeoWebCache用于发布基础地图切片服务。GeoWebCache作为连接客户端（OpenLayer）和服务器（GeoServer）的中介，会根据配置信息，把相应的地图切片，放入磁盘中，然后使用OpenLayer加载地图服务，把地图服务的地址指向GeoWebCache，GeoWebCache接收到请求后，会根据请求的位置和比例尺在切片目录中找到对应的预存瓦片并返回给用户，省去了动态生成地图的过程，使浏览速度大幅度提高。

3. Web应用服务器

Tomcat服务器是一个免费的开放源代码的Web应用服务器，属于轻量级应用服务器，在中小型系统和并发访问用户不是很多的场合下被普遍使用，是开发和调试JSP程序的首选。Tomcat部分是Apache服务器的扩展，但它是独立运行的，所以当运行Tomcat时，它实际上作为一个与Apache独立的进程单独运行的。Apache仅仅支持静态网页，对于支持动态网页就会显得无能为力，Tomcat既能为动态网页服务，同时也能为静态网页提供支持。Tomcat作为Web应用服务器，同时也是GeoServer和GeoWebCache的Java容器，它用来处理网络传输过来的一些请求，比如HTTP请求，并处理请求，返回数据。

4. Openlayers地图前端

OpenLayers是一个专为WebGIS客户端开发提供的JavaScript类库包，用于实现标准格式发布的地图数据访问。在操作方面，OpenLayers除了可以在浏览器中帮助开发者实现地图浏览的基本效果，比如放大（Zoom In）、缩小（Zoom Out）、平移（Pan）等常用操作之外，还可以进行选取面、选取线、要素选择、图层叠加等不同的操作，甚至可以对已有的OpenLayers操作和数据支持类型进行扩充，为其赋予更多的功能。

5. 数据库、空间数据库方案

系统使用PostgreSQL存储基础业务数据（用户表、辅助表），利用PostGIS空间扩展存储空间业务数据。PostgreSQL支持丰富的空间数据类型和空间操作，并有强大的查询处理和空间检索功能，为此，可以有效实现基础业务数据的存储与管理。PostGIS作为PostgreSQL对象—关系型数据库系统的扩展模块，支持所有的空间数据类型和一系列重要的GIS函数。PostGIS支持GIS空间数据的存储，把地理对象如：点（point）、线（linestring）、多边形（polygon）、多点（multipoint）、多线（multilinestring）、多多边形（multipolygon）和集合对象集（geometrycollection）等添加到PostgreSQL中。

（二）系统数据设计

福建省主要珍贵树种用地优化布局信息管理系统空间数据主要包括基础地理数据库、业务地理数据库2个方面（表10-1）。

1. 基础地理数据库

基础地理数据库主要作为底图背景显示，往往是静态的，具有持久性，更新频率低。主要包括福建省行政区划数据和土地利用现状数据。

（1）行政区划数据。行政区划数据主要包括地级市行政中心、县（市、区）行政中心和行政区划图。图层及其属性见表10-2。

（2）土地利用现状数据。土地利用现状数据主要包括道路、居民点用地、水域利用现状，图层及其属性见表10-3。

2. 业务地理数据库

业务地理数据库是建立在基础地理数据库基础之上，主要包括土壤类型及其属性数据、DEM数据、气象数据、福建省主要珍贵树种用地适宜性评价及其用地优化布局数据。

（1）土壤数据。土壤数据包括土壤类型和土壤的理化性质（有机质、全磷、全钾、pH值、土层厚度、侵蚀模数和质地），其属性见表10-4。

表10-1　数据类型分析

序号	数据类型	数据内容
1	基础地理数据	福建省1：25万含县（市、区）边界的行政区划图 福建省1：25万土地利用现状图
2	业务地理数据	福建省1：25万土壤类型图 福建省1：25万DEM（数字高程模型） 福建省近30年气象数据（1：25万） 福建省主要珍贵树种用地适宜性评价数据 福建省主要珍贵树种用地优化布局数据

表10-2　福建省行政区划数据属性

字段名	字段描述	字段类型	字段长度
FID	FID	Object ID	4
Shape	图斑	Polygon	-

（续表）

字段名	字段描述	字段类型	字段长度
市名称	地级市行政中心	Text	50
县（市、区）名称	县（市、区）行政中心	Text	50
县行政代码	县（市、区）行政区代码	Double	10
省界	省界	Line	–
市界	市界	Line	–
县界	县界	Line	–

表10-3 福建省土地利用现状数据属性

字段名	字段描述	字段类型	字段长度
FID	FID	Object ID	4
道路	公路、农村道路、铁路	Line	–
居民点	城市、建制镇、村庄	Polygon	–
水域	坑塘、水库、河流、湖泊	Polygon	–

（2）数字高程模型（DEM）数据。DEM数据主要包括坡度、坡向、海拔，主要运用ArcGIS相关模块，自动生成福建省坡度、坡向和海拔地形因子的属性及其空间数据库，其属性见表10-5。

（3）气象数据。气象数据主要包括年均温、年降水量、年无霜期、≥10℃年活动积温、年日照时数、极端高温、极端低温，其属性见表10-6。

（4）珍贵树种用地适宜性评价数据。珍贵树种用地评价数据主要包括土壤数据（表10-4）、气象数据（表10-6）、地形数据（表10-5）、社会经济数据、适宜性评价得分和适宜性评价等级，其属性见表10-7。

表10-4 福建省土壤类型数据属性

字段名	字段描述	字段类型	字段长度
FID	FID	Object ID	4
Shape	图斑	Polygon	–
类型	土壤类型	Text	17
有机质	有机质	Double	19
全磷	全磷	Double	19
全钾	全钾	Double	19
pH	pH值	Double	19
土层厚度	土层厚度	Double	19
侵蚀模数	侵蚀模数	Double	19
质地	质地	Double	19
内部标识码	内部标识码	Double	10

表10-5　福建省DEM数据属性

字段名	字段描述	字段类型	字段长度
FID	FID	Object ID	4
Shape	图斑	Polygon	–
坡度	坡度	Double	19
坡向	坡向	Text	10
海拔	海拔	Double	19
内部标识码	内部标识码	Double	10

表10-6　福建省气象数据属性

字段名	字段描述	字段类型	字段长度
FID	FID	Object ID	4
Shape	图斑	Polygon	–
年均温	年均温	Double	19
年降水量	年降水量	Double	19
年无霜期	年无霜期	Double	19
年积温	≥10℃年活动积温	Double	19
年日照时数	年日照时数	Double	19
极端高温	极端高温	Double	19
极端低温	极端低温	Double	19
内部标识码	内部标识码	Double	10

表10-7　珍贵树种适宜性评价数据属性

字段名	字段描述	字段类型	字段长度
FID	FID	Object ID	4
Shape	图斑	Polygon	–
交通通达度	交通通达度	Double	19
区位	区位	Double	19
地类	林地、园地、草地、未利用地	Text	50
适宜性得分	适宜性得分	Double	16
适宜性评价结果	（高度、中度、一般、不适宜）	Text	50
aera	每块图斑的面积	Double	19
平差	每块图斑的实际面积	Double	19
内部标识码	内部标识码	Double	10

（5）珍贵树种用地优化布局数据。珍贵树种用地优化布局数据主要包括珍贵树种用地优化布局总得分和用地优化布局结果，其属性见表10-8。

表10-8　珍贵树种用地优化布局数据属性

字段名	字段描述	字段类型	字段长度
FID	FID	Object ID	4
Shape	图斑	Polygon	–
优化布局总得分	优化布局总得分	Double	16
优化布局结果	（优先种植区、次优先种植区、一般种植区、不适宜区）	Text	50
aera	每块图斑的面积	Double	19
平差	每块图斑的实际面积	Double	19
内部标识码	内部标识码	Double	10

第二节　系统功能模块设计与实现

福建省主要珍贵树种用地优化布局信息管理系统本着系统结构清晰、用户界面友好的设计原则，依据其服务于普通用户的主题，设计了系统的整体风格和功能。本系统功能设计主要分为两个模块：管理员模块和普通用户模块。管理员和普通用户分别拥有不同的权限，管理员用户负责系统的后台运行，主要拥有网站信息编辑、个人信息编辑、修改密码和权限管理功能。普通用户主要是系统前端网页浏览，主要拥有用户注册及登录功能、地图查询、统计报表输出和专题图生成功能。系统功能结构如图10-3所示。

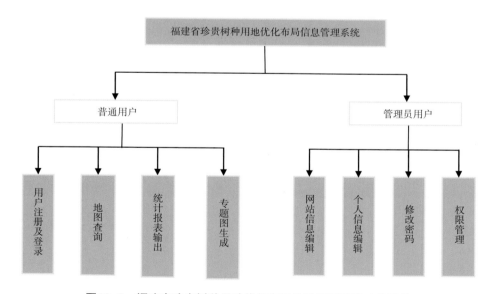

图10-3　福建省珍贵树种用地优化布局信息管理系统功能结构

一、管理员用户模块

系统管理员拥有对整个系统的操作权限，主要包括网站信息编辑、个人信息编辑、修改密码和权限管理，管理员登录界面如图10-4所示，主要进行后台管理。管理员用户可以对网站信息进行编辑，主要包括制作单位、联系人、联系方式和邮箱，以便普通用户咨询问题。管理员用户也可以进行个人信息编辑和密码修改。权限管理主要是管理员用户可以进行数据输入、数据更新、数据删除并对数据进行备份，保证系统数据的安全性，防止数据信息的泄露，同时，管理员用户决定普通用户是否有权限注册和登录，还可以赋予普通用户某一项具体功能权限，使该普通用户只能在管理员分配的权限内进行访问和操作。

图10-4　管理员用户登录界面

二、普通用户模块

普通用户通过申请，只能在系统管理员分配的权限范围内进行访问与操作。授权用户须先进行注册，注册成功，凭用户名和密码登录系统，登录界面如图10-5所示。登录失败，将提示并重新登录。登录成功，则进入系统主界面（图10-6），用户可在系统主界面进行地图查询、统计报表输出和专题图保存输出等功能的操作。

图10-5　系统登录界面

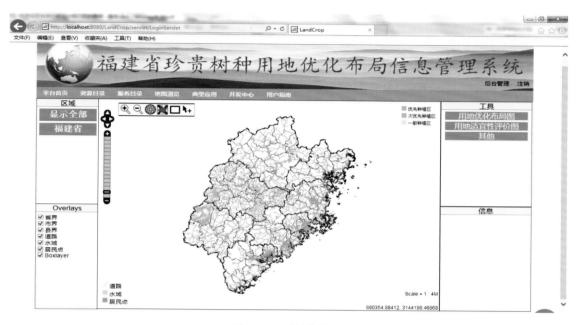

图10-6　系统主界面

三、地图查询功能模块

地图查询模块主要由导航区、图层显示区、地图区、操作搜索区和信息显示区所组成，如图10-7所示。

图10-7　地图查询模块功能区

1.导航区设计

导航区主要采用菜单式导航，使用行政区划导航到市级、县级，动态生成从配置文件（xml）或者数据库中读取市级、县级单位。单击某个市级行政区，地图区的基础数据缩放到该级别行政区划，在下拉菜单单击龙岩市，地图区基础数据缩放到龙岩市，当单击到某个县级区域时，业务数据（WMS）叠加到该县级基础地图数据上，在下拉菜单选择长汀县，该县级业务数据（WMS）会叠加到该县级基础地图数据上，如图10-8所示。

2. 图层显示区

图层显示区指地图区所有显示的数据图层，包括基础地理数据和业务地理数据，在前面的框勾选则显示在地图区。

图10-8　导航区操作

3. 地图区设计

对加载在窗口的地图进行一系列操作，提供缩放、平移、全图显示、漫游要素等基础地图浏览工具，如图10-9所示，提供对业务数据的框选、增选和缩放至要素工具或者功能。

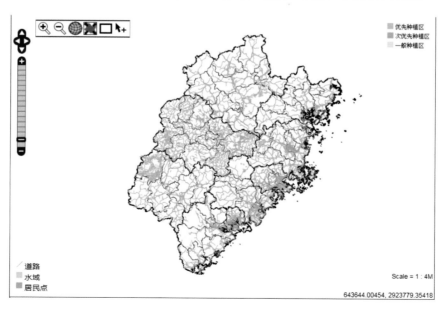

图10-9　地图操作基本工具

（1）缩放地图。提供拉框（鼠标滚动）放大、拉框（鼠标滚动）缩小，或点击地图区左上角放大、缩小工具进行缩放地图。

（2）平移地图。可以鼠标拖动地图移动位置，也可以使用地图区左侧上、下、左、右按钮平移地图，在一定比例尺下对地图任意位置进行浏览。

（3）全图显示。将图层中的整个地图缩放到地图区的中心位置。

（4）漫游地图。可拖动地图浏览，可以在任意比例尺下查看任意范围内的地图内容。

（5）框选工具。在地图区选中某一区域，可以查询这一区域的珍贵树种用地适宜性评价或用地优化布局相关信息，如图10-10所示。

（6）缩放至要素工具。缩放至当前高亮要素范围，如图10-11所示。

（7）增选工具。在原有选择基础上添加图斑信息，如图10-12所示，查询图斑增加到了7个，图中高亮图斑为第一个选择图斑。可与框选同时使用，实现加入一个区域图斑。

4. 操作搜索区

操作搜索区可以按照珍贵树种种类和所属区域（县、市、区）分别进行查询，也可以进行两者结合的综合查询。在下拉框选中某一个成果图，在地图区中，通过构造WMS（使用Filter筛选出选中的县、市、区，或某一个珍贵树种，使用Style参数确定选中图层的SLD样式的名称、每个图的SLD样式在GeoServer中预配置并且保存好），将WMS地图加载叠加到基础地图切片上，直观地显示查询结果。在用地优化布局图下拉框中选择南方红豆杉，则可以在地图区显示，如图10-13所示，在用地适宜性评价图下拉框选择红锥，则显示红锥用地适宜性评价图，如图10-14所示。也可进行图斑搜索，即根据所属区域和珍贵树种种类综合搜索，如点击图斑搜索，弹出搜索对话框，选择南平市建瓯市，输入用地优化布局和红豆杉一般种植区，则在地图区选中建瓯市南方红豆杉一般种植区图斑，如图10-15所示。

图10-10　框选工具

图10-11 缩放至要素工具

图10-12 增选工具

5. 信息显示区

信息显示区用于显示操作搜索区查询的相关属性信息表，由Sevlet提供访问，使用Javascript请求获取，点击建瓯市南方红豆杉次优先种植区图斑，当前高亮显示，则在该区域显示其相关属性信息，如图10-16所示。

图10-13　南方红豆杉用地优化布局图

图10-14　红锥用地适宜性评价图

图10-15　图斑搜索

图10-16　信息显示

四、统计报表输出模块

珍贵树种用地优化布局统计报表是树种优化布局的一项非常重要的成果，包括珍贵树种生态习性、立地条件，及珍贵树种用地适宜性评价和用地优化布局相关属性表，能直观地提供给用户珍贵树种的详细信息，以方便用户对珍贵树种的种植、管理和决策。在地图区选中某个区域，可将该区域主要珍贵树种用地适宜性评价和用地优化布局相关属性信息以表格形式输出，如图10-17所示。

图10-17　统计报表输出

五、专题图生成模块

专题图主要包括福建省主要珍贵树种用地适宜性评价图和福建省主要珍贵树种用地优化布局图，该系统针对用户权限，在用户权限内根据用户需要生成相应地图，图片输出为jpg格式，图上根据比例尺大小有不同的文字注释，配有指北针、比例尺、图例等，使用户能一目了然地了解珍贵树种的适宜性范围和用地优化布局范围。如用户需要光皮桦用地优化布局图，则可将该图保存输出，也可选中某个区域，制作该区域光皮桦用地优化布局图，如图10-18所示。

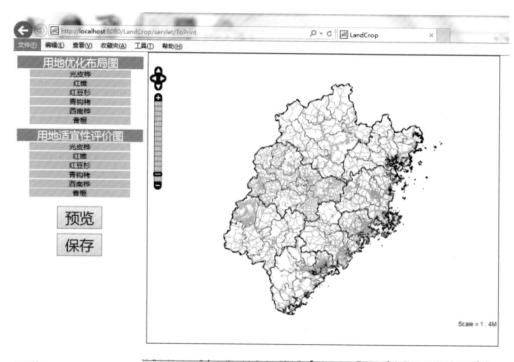

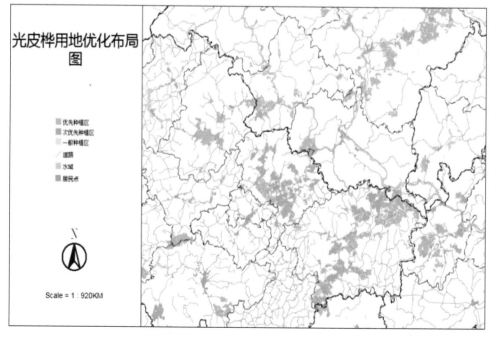

图10-18　光皮桦用地优化布局图

参考文献

曹健康，方乐金，项阳，等，2009. 光皮桦人工幼林不同立地条件生长效应分析[J]. 黄山学院学报，11（5）：43-46.

陈存及，曹永慧，董建文，等，2001. 乳源木莲天然林优势种群结构与空间格局[J]. 福建林学院学报，21（3）：207-211.

陈存及，陈伙法，2000. 阔叶树种栽培[M]. 北京：中国林业出版社.

陈家兴，谢云华，辛严惠，等，2007. 富源县光皮桦生长规律研究[J]. 林业调查规划，32（3）：63-67.

陈淑容，2010. 不同立地因子对楠木生长的影响[J]. 福建林学院学报，30（2）：157-160.

陈远征，吴鹏飞，侯晓龙，等，2010. 福建万木林自然保护区沉水樟林种群生态位分析[J]. 热带亚热带植物学报，18（5）：530-535.

程晓建，黎章矩，戴文圣，等，2009. 香榧的生态习性及其适生条件[J]. 林业科技开发，23（1）：39-42.

戴文圣，黎章矩，程晓建，等，2006. 香榧林地土壤养分状况的调查分析[J]. 浙江林学院学报，23（2）：140-144.

方炎明，1984. 中国鹅掌楸的地理分布与空间格局[J]. 南京林业大学学报，18（2）：13-18.

福建省林业资源管理总站，2014. 福建省第八次全国森林资源清查及森林资源状况调查报告[J]，福建林业（2）：9-10.

付小勇，杨建荣，刘永刚，等，2014. 基于 GIS 云南西南桦气候生态适宜性区划[J]. 西部林业科学（6）：104-108.

甘国勇，2011. 不同立地质量红豆树人工林造林效果分析[J]. 福建热作科技，36（1）：8-11.

葛永金，王军峰，方伟，等，2012. 闽楠地理分布格局及其气候特征研究[J]. 江西农业大学学报，34（4）：749-753+761.

何开跃，李晓储，黄利斌，等，2004. 3种含笑耐寒生理机制研究[J]. 南京林业大学学报（自然科学版），28（4）：62-64.

何中声，2012. 格氏栲天然林林窗微环境特征及幼苗更新动态研究[D]. 福州：福建农林大学.

胡绍泉，张益锋，2015. 香榧的生态生物学特征及其播种培育技术[J]. 绍兴文理学院学报，35（7）：28-31.

黄林青，2006. 福建南安五台山西南桦不同种源生长差异比较[J]. 福建林业科技，33（4）：146-151.

黄义雄，2013. 福建滨海木麻黄防护林生态功能研究[D]. 长春：东北师范大学.

黄招，2013. 不同施肥处理与红锥幼林生长相关性的研究[J]. 林业勘察设计（1）：113-115.

姜卫兵，曹晶，李刚，等，2005. 我国木兰科观赏新树种的开发及在园林绿化中的应用[J]. 上海农业学报，21（2）：68-73.

金志凤，杨忠恩，赵宏波，等，2012. 基于气候-地形-土壤因子和GIS技术的浙江省香榧种植综合区划[J]. 林业科学，48（1）：42-47.

康永武，2012. 优良乡土树种乳源木莲的研究现状与发展前景[J]. 林业勘察设计（福建）（2）：98-101.

李晓艳，2012. 珍稀树种红豆树母树林营建技术及遗传改良策略研究[J]. 海峡科学（4）：12-13+16.

李志辉，聂侃谚，2011. 湘西喀斯特地区香樟生长及生产力研究[J]. 中南林业科技大学学报，31（3）：12-16+20.

林桂桃，吴启发，汤忠华，等，2013. 锥栗引种栽培技术试验[J]. 中国林副特产（4）：26-27.

刘志雄，费永俊，2011. 我国楠木类种质资源现状及保育对策[J]. 长江大学学报（自然科学版），8（5）：221-223+2.

龙汉利，梁国平，辜云杰，等，2011. 四川香樟人工林生长特性研究[J]. 四川林业科技，32（4）：1-4.

卢洪霖，李晓储，黄利斌，等，2003. 深山含笑、乐昌含笑、醉香含笑引种栽培试验[J]. 江苏林业科技，30（4）：23-25.

孟宪帅，韦小丽，2011a. 濒危植物花榈木野生种群生命表及生存分析[J]. 种子，30（7）：66-68.

孟宪帅，韦小丽，2011b. 不同水分环境对花榈木幼苗生理生化的影响[J]. 山地农业生物学报，30（3）：215-220.

倪必勇，林文俊，陈世品，等，2015. 福建省珍贵用材树种选择与评价[J]. 森林与环境学报，35（4）：351-357.

倪臻，王凌晖，吴国欣，等，2008. 降香黄檀引种栽培技术研究概述[J]. 福建林业科技，35（2）：265-268.

丘小军，朱积余，蒋燚，等，2006. 红锥的天然分布与适生条件研究[J]. 广西农业生物科学，25（2）：175-179.

茹文明，张金屯，张峰，等，2006. 濒危植物南方红豆杉濒危原因分析[J]. 植物研究，26（5）：624-628.

苏秀城，2000. 福建含笑杉木混交林幼龄期生产力及生态特性研究[J]. 中南林学院学报，20（4）：76-80.

唐启义，2013. DPS数据处理系统（第二卷）：现代统计及数据挖掘[M]. 北京：科学出版社.

唐熙麟，2010. 红锥苗期生长节律及育苗技术研究[D]. 长沙：中南林业科技大学.

田如男，薛建辉，李晓储，等，2004. 深山含笑和乐昌含笑的抗寒性测定[J]. 南京林业大学学报（自然科学版），28（6）：55-57.

王超，张胜俊，谢宜芬，2008. 降香黄檀人工栽培技术[J]. 安徽农学通报，14（23）：221，76.

王小明，王珂，秦遂初，等，2008. 香榧适生环境研究进展[J]. 浙江林学院学报，25（3）：382-386.

王兴龙，金则新，李建辉，等，2012. 花榈木光合作用日进程及其与环境因子的相关性[J]. 江苏农业科学，40（3）：143-147.

韦红，邢世和，2009. 基于GIS技术的区域主要桉树树种用地适宜性评价[J]. 林业勘查设计（2）：61-63.

吴承祯，洪伟，陈辉，等，2000. 珍稀濒危植物青钩栲种群数量特征研究[J]. 应用生态学报，11（2）：173-176.

吴君根，刘宇，1994. 香榧山核桃高产技术问答[M]. 北京：气象出版社，1-30.

吴银兴，2011. 降香黄檀生物学特性及栽培技术[J]. 安徽农学通报（上半月刊），17（17）：135-136+143.

谢春平，2014. 南方红豆杉分布区生态适应性分析[J]. 热带地理（3）：359-365.

谢一青，黄儒珠，李志真，等，2009. 福建光皮桦野生种群遗传变异及其与生境的关系[J]. 林业科学，45（9）：60-65.

邢世和，2000. 土地资源与利用规划[M]. 厦门：厦门大学出版社，77.

邢世和，梁一池，2006. 福建林地资源评价[M]. 北京：中国农业出版社.

邢世和，张黎明，周碧青，2012. 福建农用地利用区划[M]. 北京：中国农业科学技术出版社.

许雪英，2012. 光皮桦不同造林密度林分生长效应分析[J]. 绿色科技（5）：15-17.

杨玉盛，何宗明，邹双全，等，1998. 格氏栲天然林与人工林根际土壤微生物及其生化特性的研究[J]. 生态学报，18（2）：198-202.

叶传伟，2008. 洞桥香榧的气候适应性研究与种植推广对策[J]. 安徽林业科技（12）：17-18，22.

易东，冉建祥，秦小平，等，2009. 南方红豆杉生物生态学特性及育苗技术研究[J]. 绿色大世界·绿色科技（10）：45-47.

袁伟，洪玫，魏冬梅，2008. 基于B/S模式的WebGIS设计与实现[J]. 计算机技术与发展（8）：8-11.

岳军伟，骆昱春，黄文超，等，2011. 沉水樟种质资源及培育技术研究进展[J]. 江西林业科技（3）：43-45.

张志翔，2008. 树木学[M]. 北京：中国林业出版社.

赵小敏，邵华，郭熙，等，1999. GIS支持下的南丰蜜桔种植地适宜性评价[J]. 江西农业大学学报（1）：67-70.

郑海水，曾杰，2004.西南桦的特性及其在福建的发展潜力[J].福建林业科技，31（1）：85-89.

周永忠，娄伟平，2008.气象条件对诸暨香榧生产的影响[J].安徽农业科学，36（15）：6 340-6 341，6 366.

周志凯，任旭琴，潘国庆，2010.土壤养分含量对杂交马褂木生长的影响[J].中南林业科技大学学报，30（12）：42-47.

朱周俊，2016.锥栗树体生长发育特性研究[D].长沙：中南林业科技大学.

Helmi Z M S，Mohd H I，Mohd K M R，et al，2012. Application of LiDAR and optical data for oil palm plantation management in Malaysia [J]. The International Society for Optical Engineering，8526（8）：1-14.